洗 | 染 | 业 | 培 | 训 | 丛 | 书

洗衣解难

手边书

XIYI JIENAN SHOUBIANSHU

吴京淼 吴瑞章 汪学仁 等编著

U0201582

化学工业出版社

·北京·

本书为《洗染业培训丛书》之一，是洗染从业者答疑解惑的工具书。书中归纳了几乎整个洗染行业在历史上曾经遇到的方方面面问题，包括干洗、水洗、去渍、熨烫、洗涤设备、洗涤化料、操作技术等各个方面内容。

本书以问答形式分门别类地进行介绍，可为从事洗染业的朋友提供参考。

图书在版编目（CIP）数据

洗衣解难手边书/吴京淼等编著． —北京：化学工业出版社，2020.4（2024.1重印）
（洗染业培训丛书）
ISBN 978-7-122-35996-4

Ⅰ．①洗⋯　Ⅱ．①吴⋯　Ⅲ．①服装-洗涤-问题解答　Ⅳ．①TS973.1-44

中国版本图书馆CIP数据核字（2020）第003205号

责任编辑：张　彦　　　　　　　　　　装帧设计：王晓宇
责任校对：宋　玮

出版发行：化学工业出版社（北京市东城区青年湖南街13号　邮政编码100011）
印　　装：北京科印技术咨询服务有限公司数码印刷分部
710mm×1000mm　1/16　印张18　字数346千字　2024年1月北京第1版第4次印刷

购书咨询：010-64518888　　　　　　　售后服务：010-64518899
网　　址：http://www.cip.com.cn
凡购买本书，如有缺损质量问题，本社销售中心负责调换。

定　　价：68.00元　　　　　　　　　　　版权所有　违者必究

序

　　把洗染说成是一个行业还是近几年的事，客观地说它是一个既古老又新兴的行业。说它古老，是因为大概从人类开始穿衣服起，人们就有了让衣服更加美观洁净的愿望，服务的洗衣自然就应运而生；说它新兴，是因为它是近十几年才真正发展起来的一个行业，而且是一个前途无量的朝阳行业。

　　随着社会的发展，洗衣走向了社会，逐渐形成了一个行业。在我国，20世纪60年代初，洗染行业开始有了小步发展；20世纪90年代，加快了发展速度；近年来突飞猛进，似乎在一夜之间洗染店遍布了大街小巷，大型洗衣厂星罗棋布。O2O及自助衣柜的出现，更使消费者足不出户就可以解决衣物洗涤问题。但在解决了洗衣方便的同时，洗衣投诉量也在逐年上升，其主要原因就是从业人员专业技术水平参差不齐——洗衣企业发展很快，技术培训却不能同步跟进。培训工作就成了当务之急。

　　历史上由于大多数洗衣店规模比较小，业务量也不是很大，因此一般都是师傅带徒弟口传心授。随着洗染行业的不断发展，行业逐渐有了一定的规模，有了专门培训的学校，但是受到当时科技水平的制约以及各方面条件的限制，均与当前的洗染行业所需培训内容不可同日而语。数年来，我们通过各种途径编印了一些资料，但是，不是不规范就是不完整，缺乏系统的培训材料。为了使洗染行业尽快提升整体水平，依据现有的专家优势，我们组织编写了这套《洗染业培训丛书》，为提升行业整体业务水平出点儿力。

　　洗染行业虽然是个小行业，但麻雀虽小，五脏俱全。从范围上分，有客衣和布草两大类。从工种上分，有干洗、水洗、熨烫、织补、染色、皮衣养护、营业员等诸多工种，现在又发展到了皮鞋护理、家庭皮饰、皮具、汽车座椅护理、奢侈品护理等新型工种。从技能上分又有纤维识别、面料识别、去渍技术、设备操作、熨烫、染色、皮革及裘皮护理等专业技术。布草洗涤又分医疗卫生系统、宾馆酒店系统、邮政运输系统等各个方面。每一个工种、每一种技能、每个方面都有很多东西要学，我们请到了相关方面的专家编撰图书，为大家提供服务，也请各位有识之士把自己的真知灼见贡献出来，为行业的发展出谋划策、添砖加瓦。

本丛书从建厂开店、洗涤技术、设备操作、各项技能运用、网上洗衣等方面全面地介绍了洗染业从业知识，为欲进入洗染行业和想提升技能的人士提供帮助。

本丛书的出版，得到了中国商业联合会洗染专业委员会、北京洗染行业诸位专家的关注与认可，更融入了他们的大量心血，洗染业退役军人俱乐部也从退役转业军人就业的特点方面，给予了悉心的指导。由于内容系统实用，便于学习掌握，特确定为洗染行业指定培训教材。

北京市洗染行业协会

前　言

随着国家对第三产业的重视程度不断提升，以及人民生活的客观需求，服务行业所占国民收入的比重也在快速增长。尤其服务行业不仅可以使人民生活更加方便、生活质量得到提高，更是一个就业安置渠道，于国于民都是一件好事。洗染业就是典型的服务行业。历史上的洗衣企业绝大多数规模都比较小，随着家庭劳动社会化进程的加快，洗衣行业也逐渐产业化。20世纪90年代以后，洗染行业的发展更是突飞猛进，洗衣店遍地开花，洗染行业一片繁荣。

洗染行业是一门相对简单的劳动密集型产业，是进入服务行业比较快捷的通道之一，开店要求的条件相对较低，不需要太多的资金投入，如果开一家加盟店，只需购置一些必要的设备，技术支持可由所加盟企业的总店负责，就可以较为轻松地进入市场了。但是，看似简单的洗衣也涉及不少专业学科，需要了解的知识也很广泛，从业人员必须要经过一定的学习，才能避免遭受不必要的损失。为了使从业人员尽快提升水平，少走弯路，我们编写了本书。

本书汇集了多位前辈的工作经验，总结出了500个较为常见的问题及解决方案，为各位同行在日常操作当中、遇到问题时提供一定的借鉴与指导，但是由于环境条件的不同、人员设备的差异，出现的问题也不同，所以书中所述虽不能面面俱到，但也能为您提供一些参考。

本书在编写中，得到了潘炜、王继东等给予的指导与支持。另外，为了此书的出版，北京市洗染行业协会专家组的多位专家都给予了极大的关注与支持，许艳梅、高云丽、刘惠琴等都不同程度地参与其中，在此一并表示感谢。感谢各位参与本书编写和提供帮助的朋友以及所参考书籍作者对本书的支持。由于各方面的限制，书中难免有不妥之处，敬请各位专家、读者、业内人士指教。

编　者

目 录

第三章 纺织纤维与服装面料的种类

第四章　服装干洗

第七章　洗涤工艺

第八章 去渍技术 89

第九章 熨烫与整理 ····················118

第十章　洗涤去渍化料 ·············· 179

第十四章 干洗机原理

附　录 ······ 253

第一章 初步认识社会化洗衣

1.洗衣店与家庭洗衣究竟有什么不同?

洗衣店是专业的洗衣服务企业,规范的洗衣店应该具有符合国家法规规定的相应资质,配备专业设备、专职技术人员和各种原料、辅料、助剂等。所以,洗衣店的洗衣与家庭洗衣是有很大差别的。一般来讲,家庭洗衣主要是洗涤内衣、内裤、一些不特别讲究的单衣、运动休闲服装以及床上用品、家居用品等。而当这类衣物上沾染了特殊污垢时,家庭洗衣也就显得力不从心了。同是洗衣,洗衣店的专业技术优势是显而易见的,那些职业服装、高档服饰、皮革或裘皮服装在家里无论如何也是无法完成洗涤的,当然只能由洗衣店来完成这些衣物的洗涤熨烫处理。

2.什么是干洗? 干洗是什么时候出现的?

干洗是使用有机溶剂进行衣物洗涤的,也就是利用溶剂来去除油垢或污渍。由于干洗溶剂中几乎不含水,所以称为干洗。

干洗溶剂可以溶解和去除衣物上的油污。另外,羊毛织物和某些丝绸类的天然纤维水洗后很容易产生变形及褪色,但是干洗就可以处理得很好。还有,某些亲油性合成纤维织物也可以干洗得很干净。此外,一些服装经过水洗以后有可能仍然残留某些油性污渍,而经过干洗以后的效果就会很好。

干洗的起源有很多不同的版本,据说是有人不小心把一种石油类的溶剂洒到沾有油污的衣料上,结果溶剂挥发以后还把油渍去除了。1840年巴黎出现的贝林干洗店,可能是最早向社会服务的干洗店。当时的洗染业经营者发现松节油、苯、煤油以及汽油这四种溶剂都可以用来作为干洗剂。由于这些溶剂油都具有很强的易燃性,所以干洗店存在着很大的危险性。1926年经营干洗剂的企业专门为干洗业开发出一种石油类干洗溶剂——斯托达德（stoddard），于是有了专业干洗溶剂。但是这类干洗溶剂仍然存在易燃、易爆的属性，所以那时干洗业仍然是很有风险的行业。在这期间也有人使用四氯化碳和三氯乙烯作为干洗剂，虽然易燃、易爆的问题得以解决，但是由于它们仍然存在种种缺点而未能大面积普及。1930年前后人们开发出新的干洗溶剂四氯乙烯。四氯乙烯不燃、不爆、无闪点，是单一组分的溶剂，其他方面的综合性能也比较好，而且使用四氯乙烯干洗后的衣物洗净度也很高，自然受到广泛欢迎，于是便延续性地使用下来。直到今天，大部分洗染业者都是使用这种干洗溶剂。

3. 洗衣店的"干洗"是怎样洗衣服的？

洗衣店对顾客服务的项目包括服装干洗、衣物水洗、熨烫、织补以及其他相关的服务项目，其中"干洗"是很重要的一个内容。"干洗"是使用有机溶剂洗涤衣物的一种方法，不使用水作为洗涤介质，同家庭中的洗涤有着本质上的差别。现代干洗技术仅有一百多年的历史，我国引进现代干洗技术也只有几十年。干洗技术中最关键的是干洗设备——干洗机。目前在社会上使用的干洗机从档次上分，有分体开式机、一体开式机、普通封闭式干洗机、全封闭式干洗机。其中全封闭式干洗机级别最高，符合绿色和环境保护要求。其他形式的干洗机都存在着某些缺欠或不足，有的可使衣物上残留较多干洗溶剂，有的洗净度较低，也有一些干洗机会对大气环境造成严重污染。从使用溶剂上看，有四氯乙烯干洗机和碳氢溶剂（石油溶剂）干洗机之分。其中四氯乙烯溶剂洗净度较高，设备要求也较高；碳氢溶剂洗净度稍差，防火要求较高。不论什么样的干洗技术都具有专业要求，从设备、原料、助剂以及从业人员国家相关法规都有要求的规定。

衣物在干洗前和干洗以后还要进行去渍、熨烫、检验、核查以及打包登记等环节，再交到顾客手中。

4. 干洗符号中不同字母所表示的含义是什么？

在服装的洗涤熨烫标志上面，常常标注一些要求干洗的符号。一般的干洗符号只是使用一个圆圈表示。有的还在圆圈内标有不同的英文字母。那些带有不同字母的干洗符号各表示什么含义呢？

根据中华人民共和国国家标准GB 5296.4—1998中附录B中解释如下。

A表示可使用所有常规干洗剂。包括符号P代表的所有溶剂以及三氯乙烯和三氯乙烷。

P表示可使用四氯乙烯、一氟三氯乙烷和符号F代表的所有溶剂。不可使用三氯乙烯和三氯乙烷。

F表示仅可使用三氟三氯乙烷（CFC-113，含氟干洗溶剂）和白酒精（蒸馏温度在150～210℃，燃点在38～60℃）。

上述解释中由于含有一些目前已经不使用的干洗溶剂，所以叙述比较繁琐。根据当前大多数洗衣企业使用的干洗溶剂情况，我们可以作如下的简洁解释。

A表示可以使用四氯乙烯干洗剂，也可以使用碳氢溶剂（石油溶剂）干洗剂或其他干洗溶剂。

P表示可以使用四氯乙烯干洗剂，也可以使用碳氢溶剂（石油溶剂）干洗。

F表示仅可以使用三氟三氯乙烷和碳氢溶剂（石油溶剂）干洗。

由于三氟三氯乙烷破坏臭氧层，已被有关国际组织限期禁用，属于淘汰型干洗剂，除目前只有极少数洗衣店还在使用以外，大多数洗衣店所使用的干洗溶剂仅限于四氯乙烯和碳氢溶剂（石油溶剂）。

第二章　认识纺织纤维

5.为什么学习洗衣技术首先要掌握纺织纤维知识？

因为纤维是组成服装最基本的元素。在服装养护的全过程中，没有哪一道工序可以脱离纤维知识。收活过程中，前台营业员开票时，必须注明衣物的材质名称；洗涤过程中，要根据衣物的材质制定工艺流程、选择洗涤原材料、确定水温和洗涤时间等；去渍过程中，要根据衣物材质的化学性质的不同选择适合的去渍剂；熨烫过程中，也同样需要根据衣物的材质采用合理的熨烫温度等。

总而言之，在洗衣服务过程中，掌握纺织纤维的性能和客观规律是进入洗染行业的第一道门槛。每个工种都离不开纤维知识，甚至对纤维了解得不够深透还会招致诸多麻烦。所以，要想干好洗衣业，必须首先迈过纤维知识这道坎。这是一条必经之路，没有捷径。

6.为什么纺织纤维应具备一定的力学性能？

因为纺织纤维在加工及应用过程中要能承受一定的拉伸、剪切、摩擦、弯曲、扭转及反复承受负荷的外力而产生相应的变形和一定的恢复变形的能力，否则，由纤维转变成纺织品的目的就无法达到，即使勉强制成纺织品，也不会具备较高的使用价值。

7.为什么纺织纤维应具备一定的长度和细度？

纺织纤维具备一定长度与细度比例是为了便于进行纺纱时的捻合加工，并控制纺织品相应的厚度。如果不能达到该种要求，就不能称其为纺织纤维。

8.为什么纺织纤维应具有保温性？

纺织纤维大多用作人类服装原材料，因此，应具有一定的保温性，以满足人类御寒保暖的需要。

9.为什么纺织纤维应具有一定的吸湿性？

纺织纤维在作为服装使用过程中应该有利于人体皮肤新陈代谢物的排放，而使人体感觉舒适，所以，需要纺织纤维具有一定的吸湿性。夏天人们之所以愿意穿天然纤维材质的服装，其原因即在于此。

10.为什么纺织纤维应具有一定的化学稳定性？

由于自然界及人类生存环境复杂，纺织纤维应对酸、碱、盐、光、热等各种外界条件具有一定的稳定性，否则就失去其实际使用价值。但任何一种纺织纤维也不可能具备所有的化学稳定性。如棉麻类纤维耐碱不耐酸，而丝、毛类纤维则耐酸不耐碱。

11. 为什么棉、麻及柞蚕丝纤维在潮湿状态下强度不下降，反而会有所上升？

天然纤维中的棉、麻纤维比较特殊，它们在吸湿后的强度不仅不会下降反而会升高。其原因是该种纤维内大分子的聚合度非常高，结晶度也很高。故此，纤维的断裂主要表现为大分子的断裂。再加上水分子进入纤维后对大分子之间结合力的减弱不显著，而且水分子进入纤维后，能将部分大分子之间的结合点拆开，大分子间原先受力的不均匀性得到改善，同时受力的大分子数量增加，使大分子能够较为平均地承担外力的拉伸，这就是强度不降反升的原因。

柞蚕丝润湿后强度提高的原因是，由于其所含侧基中复杂的氨基酸多，特别是在无定形区，由于分子的侧链庞大且排列杂乱纠缠，在外力拉伸作用下，因纤维的润湿，这些大分子链上的缠结被打开，分子链的舒展及受力分子链的增加而使强度提高。

12.为什么棉纤维可作保温填充材料？

由于棉纤维在成熟后，其呈中空状态，而空气是热的不良导体，所以，用棉纤维作保温填充材料效果很好。

13.为什么纤维在吸湿的过程中会放出热量？

这是由于运动中的水分子被纤维大分子吸附时，水分子会将动能转化为热能而释放，这种放热会使纤维温度上升。在熨烫闷水的衣物时，用手拿闷好水的衣物会有热的感觉，一般认为是捂得发热，其实，这就是纤维在吸湿过程中所产生的热量。故在夏季或温度较高的环境中，如当天没有熨烫完闷水衣物，必须要用衣架晾起，不得闷水过夜，以免发霉事故产生。

另外，在潮湿季节或潮湿地区，为了维持熨烫后衣物的挺括度和定型效果，应安装吸湿机，尽量降低熨烫成品库房的湿度，防止库存衣物发霉或降低熨烫效果。

14. 为什么纤维干燥的速度要比润湿的速度慢？

在纤维吸湿过程中，纤维内的通道是敞开着的，位置是空着的，水分子可以很方便地从任意通道进入空位，并且可多通道同时进入。而在放湿过程中，纤维内各通道已被占位的水分子或液态水堵塞，水分子要离开纤维就必须挨个进行，此时是单方向的，而且存在通道变化所产生的死穴而无法退出。这种进入容易、退出难，进入快、退出慢，进入多通道、退出单方向的现象，导致了纤维干燥速度比润湿速度慢。

在熨烫过程中，蒸汽熨斗如有漏水，哪怕只有一滴，便很快（不到1秒的时间）就会进入到织物中。但要想将其烫干，就需要几十倍甚至上百倍的时间，这种现象就是水对纤维的进出差异所造成的。故此，在熨烫时，水分的给量及烘干（在不喷汽状态下的熨烫）时间的控制就显得十分重要，以保证熨烫的挺括度及服装的定型效果。

15. 为什么拉伸抽缩衣物时要增加湿度？

纤维吸湿后，其力学性质如强度、模量、伸长率、弹性、刚度等都会随之变化。一般纤维，随着回潮率的增大，其强度、模量、弹性和刚度下降，伸长率增加。其原因是水分子的进入，使纤维大分子链间的相互作用力减弱，分子易于构象变化和滑移，因此，强度和模量下降，伸长增加。润湿后所有纤维的断裂伸长率都会随湿度的升高而增大。其原因是水分子进入纤维内部后，减弱了大分子之间的结合力，使其在受外力作用时容易伸直并产生相对的滑移。熨烫过程中，处理抽缩服装时的喷水润湿作用即在于此。

16. 为什么黏胶纤维的湿强度会明显下降？

当纤维润湿后一般强度要下降，这是因为水分子进入纤维内部后，减弱了大分子之间的结合力，当受外力作用时容易滑脱。其强度下降的程度要根据纤维内部结构及吸湿量而定。黏胶纤维大分子聚合度及结晶度均较低，纤维的断裂主要表现为大分子之间的滑脱，同时水分子进入纤维后对大分子之间结合力的减弱也较多，故润湿后其强度明显下降，这就成为黏胶纤维的主要缺点。所以，在水洗过程中，如遇黏胶纤维织物，尤其是人造棉，要格外小心，不要用手拧干。即使是机械甩干，也要将其集中放在一处，以免多方向受力而造成破损。在熨烫时的拉伸，也要格外小心。

17. 为什么需要拉伸织物的长度愈长拉伸效果愈明显？

由于织物长度大，纤维在长度范围内可变形、滑移的分子数量多，每个分子变形、滑移一点点，其积累尺寸就会很大，在较低的拉力下即可达到所需拉伸长度。所以，需要拉伸的织物长度愈长，需要的拉力愈低，同时伸长量就愈大。

18.为什么合成纤维受热会产生收缩现象?

按一般的规律,固体材料在热的作用下,有可逆的热胀冷缩现象。但合成纤维受热后会产生不可逆的收缩现象,这称为合成纤维的热收缩性。

合成纤维之所以具有该种特殊的性质,其原因主要是在纺丝后的加工过程中,为改善纤维的力学性能,提高纤维内分子的取向度,要经过多次拉伸,故而纤维内会残留一定的内应力。在一般情况下,纤维受玻璃态的约束,不会产生收缩现象。当纤维受热温度超过一定限度后,大分子间的约束力减弱,此时内应力得以显现并发挥作用,从而导致纤维的收缩。

合成纤维的品种不同,其热收缩率不同。氯纶的热收缩率最高,在70℃左右即开始收缩,到100℃时收缩率可达50%以上。即使同一品种的合成纤维,由于纺丝后拉伸倍数不同,热收缩率也会不同。长丝的拉伸倍数比短纤维多,故长丝比短纤维热收缩率高。在熨烫过程中,要根据纤维的不同合理调整熨烫温度,防止产生热收缩事故。

由于水的渗入有助于减弱纤维内分子间的作用力,会提高热收缩的能力,因此,加热介质不同,合成纤维的热收缩率也会不同。所以,在给水熨烫及水洗合成纤维材料的衣物时,提高温度要谨慎。

19.为什么麻质面料穿着凉爽?

原麻收剥晾干后,纤维组织收缩,在纤维体间产生沟槽和间隙,呈现为微管状,吸湿和发散性能良好。还有,麻纤维的热导率较高(平行纤维轴方向的热传导系数为1.6624),因此散热性能很好。所以,麻质面料穿着凉爽。

20.为什么蚕丝织物不耐阳光直晒?

蚕丝的耐光性最差,是由于其光照稳定性差。光照损伤主要是短波长、高能量的紫外线辐射,特别是在有氧条件下将促使纤维氧化裂解。而蚕丝纤维的化学组成中,以芳香族为核的物质,如酪氨酸、色氨酸、苯丙氨酸等,对紫外线最为敏感,这些氨基酸的侧链在光线照射下会被切断与主链—CO、—NH的连接。所以,蚕丝织物不耐阳光直晒。

21.为什么毛纤维会产生缩绒现象?

因毛纤维表面有鳞片层,在纤维之间形成较大的摩擦阻力,毛纤维集合体在有水的条件下和外力的作用时,相邻纤维的鳞片会相互咬合而产生毡化。这是毛纤维独有的特性。

毛纤维缩绒的主要条件如下:① 是毛纤维的集合体;② 要有水的参与;③ 要有一定的机械力。

22. 为什么白色丝织物遇到氯漂剂不仅不会漂白反而会变黄？

氯漂剂属于氧化剂，会对酪氨酸产生氧化裂解作用，而丝纤维中各种氨基酸中以酪氨酸的含量最多，因此，白色丝织物经氧化裂解作用后，不仅不会漂白，反而会变黄。

23. 为什么有的絮填物在滚筒烘干时会产生抽缩现象？

服装及被褥的絮填物种类很多，在滚筒烘干时会产生抽缩现象的主要有三种材料：氯纶、丙纶和毛。

氯纶和丙纶的抽缩原因如下：其一是氯纶和丙纶同属于热塑性纤维；其二是烘干温度过高。丙纶承受的最高温度是105℃；而氯纶承受的最高温度只有65℃，当烘干温度超过絮填物所能承受的温度时，热塑性纤维的热收缩性就显现出来。

毛质絮填物的抽缩，不是温度过高的问题，而是毛纤维独有的缩绒性所造成的。机械水洗会使毛织物缩绒，滚筒烘干过程中，虽然机器内没有加水，但是纤维内残留的水分已足够缩绒使用了。所以，毛质絮填物不能置于动态烘干（滚筒烘干）状态，而要置于静态烘干（烘干室）状态，这样就不会产生抽缩（缩绒）现象了。也就是说，缺少一个缩绒的条件——机械力，就不会造成抽缩（缩绒）现象。

24. 为什么服装面料要混纺？

服装面料混纺的目的主要有以下几个方面。

节约天然资源：节约天然资源是混纺的初衷。尤其在人口大国及天然资源匮乏国，就显得非常重要了。

降低服装面料成本：由于化学纤维的诞生，服装面料价格降低，使大家都有衣穿。

赋予服装面料更多优良的性能：天然纤维虽好，但也不是完美的，可通过混纺的方法赋予服装面料更好的性能。例如毛涤混纺织物，既体现毛织物吸湿性、透气性好的优点，又体现了涤纶保形性好、水洗后免烫的优点，同时还提高了几倍的使用寿命。所以混纺服装面料是发展的大趋势。

第三章　纺织纤维与服装面料的种类

25.什么是化学纤维？

人类从自然界获得各种天然纤维已经有几千年，创造了浩瀚辉煌的服装服饰文明。天然纤维直接取自自然界动植物，如棉花、各种麻类、蚕丝、羊毛等；而人们把一些不能直接当做纤维使用的材料通过工厂化生产出来的纤维就称作化学纤维。

顾名思义，化学纤维是由化学工厂生产的。但是，由于所使用原料的来源不同，化学纤维分成两大类：一类称作人造纤维，另一类称作合成纤维。

人造纤维是最早出现的化学纤维。人们发现在天然纤维材料中有一些不能充分利用的部分仍然具有开发的价值，于是采用化学方法把它们制成可以成为纤维形态的材料重新利用。20世纪初开发出了黏胶纤维、醋酸纤维和铜氨纤维。它们都是利用含有纤维素成分的材料如棉短绒、植物秸秆、木材等经过净化筛分等物理化学方法处理，最后制成可以进行纺纱、织布、染整成为可以使用的纺织纤维。

合成纤维出现得稍微晚一些，它所使用的原材料与自然界的动植物无关。目前各种合成纤维大多数是石油化工产品。首先把石油裂解成较为简单的化合物，然后经过合成化学方法制成高分子化合物，最后再通过一系列的物理化学方法加工成为纤维。我们非常熟悉的锦纶、涤纶、腈纶等都是合成纤维。

26.什么是合成纤维？哪些属于合成纤维？

合成纤维是合成化学工程的骄子，是人类科学技术进步的重要里程碑。合成纤维的原材料大多数来源于石油化工产品，有的则来源于煤炭、天然气。人们把这些相对简单的成分通过聚合的方法制成高分子化合物，并且通过各种物理化学的手段加工，使它们成为纤维材料。

合成纤维具有许多天然纤维所不具备的优异性能，如高强度、高耐磨、高弹性等。但是合成纤维也有许多不如天然纤维的地方，如吸湿性、透气性、舒适度等较差。但自从合成纤维问世以后，科技进步的研究探索始终没有停止。经过近百年来的努力，目前合成纤维的各种性能都有了不同程度的改善与提高。

已经可以进入应用阶段的合成纤维品种多达十数种，但是目前应用于人们服装服饰的合成纤维主要有七种。由于我国国家标准规定合成纤维的商品名称称作"纶"，所以这七种合成纤维被人们称作"七大纶"。表3-1列出了这"七大纶"的国内商品名称、化学名称与国外商品名称的对照。

表3-1 合成纤维名称对照

序号	中国商品名称	化学名称	国外商品名称
1	锦纶	聚酰胺纤维	尼龙（美），卡普纶（俄）
2	涤纶	聚酯纤维	达克纶（美），帝特纶（日）
3	腈纶	聚丙烯腈纤维	奥纶（美）
4	维纶	聚乙烯醇缩醛纤维	维尼纶（日）
5	氨纶	聚氨酯纤维	莱卡（美）
6	丙纶	聚丙烯纤维	
7	氯纶	聚氯乙烯纤维	

27. 你对涤纶纤维知道多少？

涤纶是聚酯纤维的中国法定商品名称。聚酯纤维是由二元醇和二元酸缩聚制得的聚酯树脂，再用熔融法纺丝和加工处理而制成的合成纤维。这种合成纤维是1946年由英国帝国化学工业公司的奥司本首先发明。英国定名这种纤维叫Terylene（涤纶的发音与它相近）。后来美国杜邦公司生产这种纤维，名为Dacron（达克纶），由于广东方言"达克纶"的读音为"的确良"，于是"的确良"的称呼沿袭至今。

涤纶是当今产量最高的合成纤维，堪称合成纤维中的"大哥大"，这是源于它的优良性能，主要表现在弹性好、挺括不皱、强度高、耐磨禁穿、颜色鲜艳和经久不褪。这种纤维问世之初，由于一直难以解决它的染色问题，所以没有得到迅速普及。后来发明了"热熔方法"着色，才解决了这个难题，从此得到了空前的飞跃发展。

纯涤纶的衣服，虽然外观极好又挺括，但是人们穿着后很不舒服，尤其是夏天感到闷热，在冬天则静电多，而且易沾染尘土。这主要是它的吸湿率太小，只有0.4%～0.5%。这样小的吸湿率，衣服洗后很快就干燥，但是穿着不舒服的缺点很快就掩盖了这种优点。为了解决这个问题，人们用吸湿率大的棉花与它混合纺织，这样可以使两种纤维起到相互取长补短作用。例如这种面料的吸水率就可以提高到3%左右（指市场上65/35涤棉混纺面料）。这种面料虽然在一定程度上改善了穿着舒适性，但仍然难以满足消费者日益提高的舒适性要求。

涤纶衣服遇到高温会熔融，因此着火时易粘在皮肤上而伤害身体。用熨斗熨衣服时，如超过130℃就有可能受到损伤，超过205℃时就会粘在熨斗上熔融损毁。

28.为什么把腈纶称为"合成羊毛"？

腈纶是我国聚丙烯腈纤维的法定商品名称。最早开发这种合成纤维的美国杜邦公司称其为orlon，中文的音译名为"奥纶"。腈纶纤维具有质轻、保暖、手感蓬松柔软等特点，其种种特点都与羊毛纤维相似，因此有"合成羊毛"的美称。腈纶主要用于织造毛型纺织品，如毛线、毛毯、针织衫，以及制作保暖型大衣面料等。它比羊毛轻，强度比羊毛高1～2倍，但是耐磨性稍差。腈纶的耐晒、耐老化功能在所有纺织纤维中排名第一。如果把棉、蚕丝、锦纶、羊毛和腈纶放在露天暴晒一年，其他纤维的强度大多所剩无几，而腈纶的强度仅下降20%。也有人将它和其他纤维制成的衣服在强辐射下试验，结果也只有腈纶所制成的衣服保持了较强的抵御能力。

腈纶服装或毛线的颜色特别鲜艳，甚至还可以染成美丽的荧光，这点是深受青年人喜爱的主要原因。但腈纶的吸湿性较差，只有1%～2.5%，容易产生静电吸附现象，所以穿起来舒适度不高，而且容易沾污。

29.你知道什么是氨纶吗？

氨纶是我国国家标准对聚氨酯纤维的命名，其全称是聚氨基甲酸酯纤维。最初开发出这种纤维的时候称它为"斯潘德克斯"（spandex），即超级弹性纤维，后来称其为"莱卡"（lycra），也有译为"拉架"或"莱克拉"的。这是一种具有极其特殊功能的合成纤维。它具有非常好的弹性和回弹性，可以伸长自身的6～7倍而不至于断裂，在伸长6倍时还可以100%恢复。它的其他理化特性与多数合成纤维相比可能稍差，但与多数天然纤维相比还是可以的。其主要缺点是吸水性较差，不耐氯漂，更不耐高温。氨纶的特性造就了它特殊的用途，目前主要用在各种体育服装方面，如泳装、体操服装、各类运动衣等。还用在需要弹性的衣物部位，如内衣内裤的领口、袖口、袜口以及各种弹性面料的纬纱部分。

氨纶纤维最大的特性是具有橡皮筋那样的高弹性和良好的回弹性，而且它比橡皮筋的强力高2～4倍，经过拉伸后有较高的弹性回复率、较小的密度，十分耐弯曲。例如橡皮筋弯曲500次就损坏，而氨纶可以达10000次。此外它还比橡皮筋耐老化、耐油和耐化学品。氨纶与橡皮筋比较虽然有这许多优点，但是与其他纤维比较强力不高，因此很少单独使用。一般是与其他纤维合捻、包芯和复合，以弥补不足。它通常有三种主要形式：①裸丝；②单层或双层包线纱；③皮芯纱或皮芯合股纱。这种纤维既具有橡胶性能又具有纤维的性能，很容易纺制25～2500旦不同粗细的丝，因此广泛用来制作弹性编织物，如袜口、家具罩、滑雪衣、运动服、医疗织物、带类、军需装备、宇航服的弹性部分等。随着人们对织物提出新的要求，如质轻、穿着舒适合身、质地柔软等，低纤度聚氨酯弹性丝织物在合成纤维织物中所占的比例也越来越大。

含氨纶的衣服，由于它的力学特性，使其在穿着时无论穿着者的胖瘦程度如何，都只有很小的约束感，而无松弛感。这种服装合体、保形，使人体美丽的曲线完全展现出来。由于氨纶有高弹回复性，可以使服装具有很好的抗皱性、形态稳定性，也就是说不变形。氨纶广泛用于针织品，如长筒丝袜、内裤、文胸等。也可以与其他纤维交织制成穿着自如、宽松服装的面料，如弹力布、弹力牛仔布等。

30. 你知道难以和棉花区分开的维纶纤维吗？

维纶也是合成纤维中的重要品种。如今，维纶的产量和应用范围已经是仅次于涤纶和锦纶的"老三"，甚至有超过锦纶的可能。但是，却很少在服装标志上看到它的身影。

其实维纶是非常优秀的合成纤维，它最像棉花，不论是外观还是手感都与棉纤维相差无几。而吸湿性更是所有合成纤维望尘莫及的，竟然高达5%（棉花的吸湿性是7%），超过涤纶、锦纶和腈纶等其他合成纤维吸湿性的几倍。维纶的各种性能与棉纤维最为接近，有"合成棉花"之称。在市场上出售的各种低档棉纺织物中大多数是维纶制品，其中包括各种类型的棉布、针织衣物、内衣内裤、袜子等，甚至我们夏天穿的T恤、背心还有毛巾等都有可能是使用维纶制作的。维纶纤维已经渗透到我们日常用品的各个方面，但是多数人并不知晓。究其原因，就是因为维纶纤维的原材料来源丰富，价格低廉，因其"便宜"而被轻视。所以，很多服装生产厂家都避免把维纶纤维标注在衣物上。

31. 你知道丙纶比水还轻吗？

丙纶是我国生产的聚丙烯纤维的法定商品名称。这种纤维是1955年由意大利人纳塔首先研发的，1960年进入工业化生产。在众多的合成纤维中，丙纶属于"年轻的一代"。

丙纶的相对密度只有0.91左右，也就是说用它做成的衣服可以浮在水面上而不下沉。丙纶虽然"轻浮"，但身骨却很结实。这种纤维最大的优点是原料充沛，生产比较简单，因此成本低，具有较好的发展前景。

丙纶"价廉"，是否"物美"呢？从保暖性、蓬松性和耐化学腐蚀性来说够得上"物美"。但耐光性很不好，容易老化，耐热性也欠佳，更让人伤脑筋的是染色不容易，很难染。丙纶还有一个缺点是手感不好，也没有像涤纶那样的"风度"。后来人们将它和棉混纺，以上各种缺点都有一定程度的改善，但在消费市场所占比重还不很大。目前常见丙纶纺织品有地毡、地毯、绒毛玩具（人造毛绒）和一些小件的针织品如毛巾、袜子、护膝等。

32. 什么是人造纤维？人造纤维都包括哪些品种？

人造纤维是化学纤维中的一个大类。虽然人造纤维也是通过化学工程生产制造的，但是它所使用原料来源于自然界的动植物，如木材、稻草、甘蔗渣、榨油后的豆粕等。同样，由于所使用原材料具体性质不同，人造纤维又可以分成人造纤维素纤维和人造蛋白质纤维两类。

由于人造纤维是使用了自然界原有动植物材料制造的，其主要成分的化学结构基本上并未改变，所以人造纤维也称作再生纤维。

使用含有纤维素成分材料制造的人造纤维称作人造纤维素纤维，也称作再生纤维素纤维，如黏胶纤维、醋酸纤维、铜氨纤维等。

近些年来，各国科技工作者在克服原有人造纤维缺点、扩大原料来源方面做出许多努力，开发出了天丝、莫代尔、丽赛、维劳夫特等新型纤维，这些都属于人造纤维素纤维。

使用含有蛋白质成分制造的人造纤维称作人造蛋白质纤维，也称作再生蛋白质纤维，如大豆蛋白纤维、牛奶蛋白纤维、蛹蛋白纤维等。

33. 什么是黏胶纤维？

黏胶纤维属于人造纤维素纤维，是最早投入工业化生产的化学纤维之一。黏胶纤维是以自然界的木材、芦苇、棉短绒等为原料，经化学加工制成的。由于吸湿性好，穿着舒适，而且可纺性优良，因此常常与棉、麻、丝、毛或各种合成纤维混纺、交织，用于制作各类服装及装饰用纺织品。高强力的黏胶纤维还可用于制造轮胎帘子线、运输带等工业用品。黏胶纤维是一种应用较广泛的人造纤维。

黏胶纤维具有良好的吸湿性，在一般大气条件下回潮率在13%左右。吸湿后纤维本身显著膨胀，直径可增加50%，所以织物下水以后手感发硬，缩水率也大。100%黏胶纤维织物的缩水率最多可达10%甚至以上。黏胶纤维的湿强度较差，只有干强的50%。而且弹性回复性能较差，容易变形，因此织物容易褶皱和伸长，尺寸稳定性不好。

高强力的黏胶纤维称作富强纤维，简称富纤。它的强度特别是湿强度比普通黏胶纤维高，断裂伸长率较小，尺寸稳定性相对良好，耐磨性也有所改善。

黏胶纤维的化学组成与棉很相似，所以比较耐碱而不耐酸，但耐碱和耐酸性能都比棉差一些。而富强纤维则具有良好的耐碱耐酸性。同样，黏胶纤维的染色性能也很好，上染率和得色情况比棉纤维还要好，而且色谱全。黏胶纤维的热学性质也与棉相似，密度接近棉，为1.50～1.52克/厘米^2。

黏胶纤维分长丝和短纤维两种。黏胶长丝又称人造丝或黏胶丝，黏胶短纤维有棉型（又称人造棉）、毛型（称人造毛）及中长纤维。另外，黏胶纤维还可以制成有光、半光和消光三种不同类型的外观。所以，我们见到的黏胶纤维织物除去各种纯纺产品以外，还有许多交织织物，如织锦缎、提花软缎、留香绉等。还有与其他纤维构成的各种各样混纺产品。黏胶纤维是参与织造混纺或交织面料最多的纤维品种。

34. 什么是醋酸纤维？

醋酸纤维诞生于20世纪20年代初，由英国试制成功并实现工业化生产，目前是再生纤维素纤维中仅次于黏胶纤维的第二大品种。醋酸纤维可以用于织造各种类型的纺织品，它还大量用于生产纸烟过滤嘴。

醋酸纤维长丝在化学纤维中酷似真丝，光泽优雅，染色鲜艳，染色牢度也较高。醋酸纤维织物弹性好、不易起皱、手感柔软爽滑、质地轻盈，而且具有良好的悬垂性和尺寸稳定性，但吸湿率相对较低。常常用于制作服装里子、休闲装、睡衣、内衣等。还可以与维纶、涤纶、锦纶长丝及真丝等复合制成复合丝，织造各种时装、礼服、高档运动服及西服面料。也可以用于织造缎类织物、编织物、装饰用绸缎、绣制品底料、轧纹绸等。目前最常见的是用于中高档服装的里布和一些女式夏季服装。

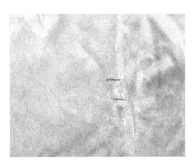

图3-1 冰醋酸倒在水中衣物上，造成咬色和破损等腐蚀性损伤

由于醋酸纤维在纺丝过程中使用醋酸作为溶剂，因此较高浓度的醋酸会给醋酸纤维织物造成伤害。浓度28%的醋酸就可以把醋酸纤维溶解，形成腐蚀性损伤，甚至出现溶解性腐烂。图3-1是直接把冰醋酸倒在水中衣物上，造成咬色和破损等腐蚀性损伤。但是一般情况下，使用不超过1%浓度的醋酸溶液对醋酸纤维织物进行酸洗处理是非常安全的。

此外，醋酸纤维可以在某些有机溶剂中发生溶解，造成腐蚀性损伤。如丙酮、香蕉水、醋酸酯类溶剂等都能够对醋酸纤维织物造成损伤。一些含有有机溶剂的去渍剂也会腐蚀醋酸纤维织物，轻者造成脱色、咬色，严重的也可以造成腐蚀性损伤。醋酸纤维织物在燃烧以后会有硬焦，与多数合成纤维类似。

35.什么是铜氨纤维？

铜氨纤维也是一种再生纤维素纤维，它所使用的原料与黏胶纤维和醋酸纤维基本相同。由于使用氢氧化铜或碱性铜盐的浓氨溶液配成的纺丝液进行纺丝，因此称作铜氨纤维。

铜氨纤维的吸湿性与黏胶纤维接近，其公定回潮率为11%，在一般大气条件下回潮率可达到12% ～ 13%。铜氨纤维的干强度与黏胶纤维接近，但湿强度要高于黏胶纤维，耐磨性也优于黏胶纤维。由于纤维细软，光泽适宜，常用来做高档丝织或针织物。其服用性能优良，吸湿性好，极具悬垂感，服用性能近似于真丝绸，因此广受欢迎。铜氨纤维的染色亲和力比黏胶纤维还好，在相同的染色条件下铜氨纤维织物的得色率较高，上色较深。

铜氨纤维用途与黏胶纤维大体一样，但价格相对较高。铜氨纤维的单纤比黏胶纤维更细，触感柔软，光泽适宜，所以常用来做高级织物原料，特别适用于与羊毛、合成纤维混纺，用于制作针织和机织内衣、女用袜子以及美丽的绸缎。

铜氨纤维容易燃烧，80℃就开始焦枯。能被热稀酸及冷浓酸溶解，遇稀碱液可轻微受损。遇强碱就会引起膨化和强度的损失，最后溶解。铜氨纤维不溶于有机溶剂，但能溶于铜氨溶液。

由于国产铜氨纤维很少，目前市场上含有铜氨纤维的织物相对较少，纯纺织物更少，多数作为各种面料的混纺成分。

36. 什么是新型纤维素纤维？

在一些服装标志上面我们经常可以看见标注含有新型纤维素纤维成分。它们都是什么样的纤维呢？其实这是服装生产厂家在利用新型纤维素纤维的概念。新型纤维素纤维并不是某种具体纤维名称，而是指采用新型纤维材料和新型工艺生产的一类再生纤维素纤维。它们和黏胶纤维、醋酸纤维、铜氨纤维一样，是同样使用含有纤维素成分的一些植物性材料制造的人造纤维，但对纤维本身的一些物理化学特性都有许多改进和提高，既保持了原有人造纤维的优点，又克服了它们的某些缺点。而且，在生产过程中更为注重环保理念，所使用原料大多是可以再生的资源，废弃物更容易迅速降解，因此受到全世界的瞩目和推崇。

目前这类产品在市面上可以见到的有天丝纤维、丽赛纤维、莫代尔纤维、维劳夫特纤维等多种。此外还有与其类似的竹纤维（邦博纤维）、玉米纤维（英吉尔纤维）等。

37. 丽赛是什么纤维？

丽赛纤维也称作莱赛尔、莱赛等，英文名称richcel，也属于再生纤维素纤维，是一种新型的高湿模量再生纤维素纤维。

丽赛纤维是由我国丹东东洋特种纤维公司引进日本东洋纺的波里诺西克纤维纺丝技术生产而成。波里诺西克纤维是高湿模量黏胶纤维音译名称，为20世纪50～60年代时普通黏胶纤维的更新换代产品，曾经称作虎木棉和富强纤维。

丽赛纤维是以针阔叶林树木的专用精制木浆为原料制成的新型高湿模量再生纤维素纤维。它保留了黏胶纤维的优点，克服了黏胶纤维的一些缺点，并且具有超出其他高湿模量黏胶纤维的某些优良性能，是一种全新可降解的亲肤纤维。

丽赛纤维是高端新型纤维中我国自有品牌，其价格比天丝更有竞争力，性能比莫代尔更优越。它具有很高的耐碱性，甚至可以进行丝光整理。丽赛纤维的光泽和悬垂性也非常好，织成的织物具有良好的稳定性。由于其纤维素的属性，具有优良的可染性和极佳的鲜艳度，适合所有的纤维素纤维的染整工艺。目前已经面世的丽赛产品有纯纺面料，与棉、麻、羊毛、羊绒混纺的西装、夹克衫、休闲裤、衬衫面料，还有仿真丝面料、牛仔布、针织面料等。

由丽赛纤维纯纺面料制作的服装可以使用较高碱性的水洗，也可以采用普通干洗。其熨烫温度适宜在120～140℃。含有丽赛纤维的混纺面料，在洗涤熨烫时需要考虑其他混纺成分的要求。

38. 天丝是什么纤维？

天丝，英文名称Tencel，这是一种新一代再生纤维素纤维的商品名称，由国际人造纤维局（BISFA）命名为lyocell。天丝以木材纤维素为原料，由英国考陶尔公司研发生产。

天丝的可纺性与黏胶纤维一样，既可以制成短纤维，也可以制成长丝，可与棉、麻、毛、绢丝、羊绒、涤纶混纺成不同规格的纱支。天丝具有接近涤纶纤维的强力和类似黏胶纤维的吸湿性，制成的纺织品具有吸湿性好、抗静电、悬垂性好、手感柔软、上色鲜艳的特点，布面的光泽和外观酷似真丝，制成衣物尺寸稳定、缩水率低、吸湿、透气、悬垂、飘逸、穿着舒适。但天丝的抗皱性较差，类似普通黏胶纤维，纯纺织物需作防皱整理。天丝的耐热性较好，在190℃下受热30分钟，其强度及伸长率仅下降10%多一些。天丝的高含量面料制成的衣物适宜水洗，不宜干洗。熨烫温度适在120～140℃。

目前市场上可以见到的天丝纤维织物大多数是用于外衣的混纺面料和针织纺织品。

39. 莫代尔是什么纤维?

莫代尔纤维也称作木代尔、摩代尔等，英文名称modal。

莫代尔纤维是由奥地利蓝精公司生产的新一代再生纤维素纤维。莫代尔纤维是由榉木浆粕作原料制成。莫代尔纤维的生产，包括榉木浆粕的生产和纤维的生产，都是在无大量污染环境的条件下完成的，具有较好的生物降解性，所以被称作新型绿色纤维科技产品。

莫代尔纤维可以与羊毛、羊绒、棉、麻、丝以及聚酯纤维等混纺，从而改善纱线性能（提高纱纺的强度和降低不均匀率）。莫代尔纤维强度高，但是湿强度仅为干强度的59%，其纯纺织物较为松软、疲沓、无骨架，且由于其原纤化的倾向而容易起绒。因此莫代尔织物大多数以混纺面料出现，常常与棉、麻、丝、毛等纤维混纺制作女式服装和针织服装。

莫代尔纤维混纺面料制成的衣物适宜水洗，不宜干洗。其熨烫温度应控制在120～140℃。

40. 维劳夫特是什么纤维?

维劳夫特纤维也属于再生纤维素纤维，英文名称viloft，是英国Acordis公司开发并投放市场的新型特种木浆纤维素纤维。它采用100%天然原生木浆为原料，其生产过程及原料生产过程都符合生态环保要求。纤维采用了特殊加工工艺，使纤维的扁平截面构成大量空气囊，这种特殊的结构性能具有很好的保温御寒作用，而且还能通过纤维表面和纤维之间的毛细管作用将显汗和潜汗通过皮肤到面料排出体外。与常规纤维素纤维相比，维劳夫特纤维具有较好的强力、弹性、保暖和抗静电性能。其织物制成品具有良好的透气透湿性、保暖性、悬垂性和抗皱性，而且手感柔软滑爽，具有很好的毛感和光泽。目前国内也开始采用维劳夫特进行产品开发，主要从吸湿、透气、保暖等舒适性进行研究，把涤纶/维劳夫特纱或棉/维劳夫特纱用于针织内衣，可充分发挥其舒适性的优势。

维劳夫特的洗涤与莫代尔纤维相同。

41. 竹纤维是什么纤维?

竹纤维也称作邦博纤维(bamboo fibre)。这是以竹材为原料所生产纤维的统称,是由我国科研人员自主开发成功的。由于竹竹具有广泛的原料来源和充分的资源优势,因此受到社会各界的广泛关注。

目前所生产的竹纤维根据生产工艺的不同实际上有两种:一种称作"竹原纤维",另一种称作"竹浆纤维"或"竹再生纤维"。

竹纤维具有良好的透气性、排汗性以及很好的抗菌性。竹纤维细度比较均匀,可以纯纺,但由于种种原因目前很少采用纯纺,面世的竹纤维面料大多数都是混纺织物。竹纤维可以与棉、麻、丝、天丝、莫代尔、涤纶、腈纶等进行不同比例的混纺或交织。目前国内已有数家企业进行竹纤维的开发、生产和下游产品的开发。

竹纤维的针织面料主要用于制作内衣、睡衣、衬衫、T恤、袜子、围巾、婴幼儿服装等。机织面料主要用于夹克、休闲服装、西服、连衣裙以及床单、被罩、毛巾被等。由于竹纤维具有天然的抗菌性、良好的透气性、独特的回弹性、瞬间吸水性、较高的强度、较好的稳定性和可以防缩水性,还可以用来织造毛巾、浴衣等。但是竹纤维的刚度较大,面料表面外露毛羽多,制成衣物容易起皱,染整前多数要进行烧毛加工处理。

竹纤维服装适宜水洗,也可以进行常规干洗。熨烫温度可以参照黏胶纤维。但是,混纺衣物的熨烫温度要考虑其他成分的要求。

42. 玉米纤维是什么纤维?

玉米纤维也叫作英吉尔纤维(英文名称ingeo),简称PLA纤维。它是以玉米作原料制作的人造纤维(原则上属于再生纤维素纤维)。由于玉米纤维具有很好的生物降解性能,因此被称作100%全天然人造纤维。

玉米纤维拥有许多与合成纤维类似的性能,如强度高、尺寸稳定性好、回弹性好、很好的悬垂性和柔软性,同时还具有较好的亲水性、低燃性和低发烟性,其抗紫外线性能比大多数合成纤维都要好。玉米纤维的主要缺点是染料的上染率相对较低、染色牢度较差、耐碱性差和容易发生高温水解。

玉米纤维适宜制作内衣、时装、地毯、装饰布以及无纺布等。玉米纤维制作的衣物适宜使用较低温度的水洗,应该使用中性洗涤剂。熨烫温度不超过140℃。

43. 天绒是什么纤维?

天绒是大豆蛋白纤维在国内的注册名称,是我国河南农民科学家李官奇的发明。大豆榨油后的豆渣(也就是豆粕)中含有35%的蛋白质。从豆渣中提取的大豆球蛋白,经改变分子空间结构后进行湿法纺丝制成大豆蛋白纤维。大豆蛋白纤维属于再生蛋白质纤维,具有与天然蛋白质纤维相类似的理化特性。其纤维长度在38～76毫米,纤度在0.85～1.5旦。

大豆蛋白纤维具有非常好的可纺性和可织造性，可以与棉、麻、丝、毛以及合成纤维混纺或交织，制成各种高档机织或针织面料。由于大豆蛋白纤维属于再生蛋白质纤维，故具有很好的降解性。更由于其降解时间过程适中，具有非常好的实用性能，因此被称为绿色生态纤维，受到全世界的推崇。

大豆蛋白纤维具有优良的导湿性、保暖性、悬垂性、柔软性和抗紫外线性能。由于大豆蛋白纤维与羊毛纤维具有相类似的化学性质，耐酸不耐碱，因此适宜使用中性洗涤剂洗涤。其耐热性能较差，尤其不耐湿热，所以熨烫温度应控制在120℃左右。

44. 牛奶纤维是什么纤维？

牛奶纤维的全称应该是牛奶蛋白纤维，俗称牛奶丝。

牛奶蛋白纤维属于人造纤维中的再生蛋白质纤维。原料牛奶经脱水脱脂，加入柔和剂，经湿纺工艺成丝。牛奶纤维外观及手感很像黏胶纤维，但其柔软润滑又像蚕丝。其机械强度高于一般人造纤维，甚至超过一般天然纤维，同时还具有较好的弹性、很好的吸湿性和透气性，因此穿用由牛奶蛋白纤维制作的衣服舒适度非常好。但它的耐热性较差，一般不宜高于120℃，而且怕湿热。经熨烫后手感会发硬。抗皱性较差，但自然恢复性能较好，可以采用喷湿挂干的方法来除皱。牛奶蛋白纤维采用阳离子染料染色，没有偶氮类染料及苯胺类中间体残留，符合环境保护及健康保健要求，适宜制作内衣及夏季服装。

牛奶蛋白纤维面料制成的衣物可以水洗，不宜干洗。洗涤时应选用中性洗涤剂，低温洗涤，可以简易脱水，脱水时间要短，悬挂晾干。可以进行较低温度熨烫，温度应控制在100℃左右。

牛奶蛋白纤维燃烧时有毛发烧焦的味道，燃烧后没有灰烬，有类似毛发的酥焦，不完全燃烧时会有部分硬焦，有些像合成纤维的残焦。

45. 蛹蛋白纤维是什么纤维？

养蚕缫丝以后余下的蚕蛹，是富含蛋白质的优质资源，充分开发利用蚕蛹的价值，促成了蛹蛋白纤维的问世。

蛹蛋白纤维是综合利用高分子改性技术、化纤纺丝技术和生物工程技术的综合性科技成果。先将蚕蛹蛋白经特有的生产工艺制成纺丝液，再与黏胶纺丝液按比例共混纺丝，在特定的条件下形成具有稳定的皮芯结构的蛋白质纤维。蛹蛋白纤维集中了真丝和黏胶纤维的优点，具有舒适性、亲肤性、染色鲜艳、悬垂性好等优点。制成的织物光泽柔和，手感滑爽，透湿、透气性好，是一种具有很好的织造性和服用性能的优良纺织原料。可以用于制成机织物或针织物，用以制作各类内衣、衬衫、T恤等。

蛹蛋白纤维同其他蛋白质纤维一样，耐酸不耐碱，对较高温度也比较敏感。所以蛹蛋白衣物适合中低温洗涤，不宜漂白。要使用中性洗涤剂，不可较长时间浸泡和拧绞。熨烫温度在120℃左右。

46.甲壳素纤维是什么纤维?

甲壳素是一种动物纤维素,广泛存在于虾、蟹、昆虫的壳内。经化学工程处理后可提取出甲壳质粉末,这是一种氨基多糖类高分子物质,叫作壳聚糖。壳聚糖经溶剂溶解和纺丝制成甲壳素纤维。甲壳素纤维具有良好的吸附性、黏结性、杀菌性和透气性,所制成衣物具有抗菌、防霉、柔软、去臭、吸湿等优点,因此适宜制作内衣、衬衫、文胸、婴儿服等。

甲壳素纤维在酸中容易分解,所以不耐酸,只能中性洗涤。熨烫温度不可太高,应该控制在120℃内。

47.什么是金属纤维? 有什么用途?

金属纤维是指使用金属制成纤维,通过混纺或交织用于织造纺织品。把金属用于织造纺织品在我国古已有之,南京的云锦和缂丝使用真金真银已有数百年。而近些年来,市场上一些成品服装或服装面料中也有含金属纤维出现。这类金属纤维实际上是含有不锈钢纤维的面料。把不锈钢拉成极细的细丝,然后与其他成分共同纺制成纱线,织成纺织品。含有金属纤维的面料成分大多以棉纤维为主,有时也会有一些化学纤维成分,其中所含不锈钢纤维一般为5% ~ 8%。这类面料最早出现在特殊工种的工作服中,主要作用是防静电,同时还具有一定的防辐射作用。后来逐渐被制作普通休闲服装的企业用于制作日常服装。图3-2就是含有金属纤维纺织品的放大图。

含有金属纤维的面料大多数是把金属纤维混纺在纱线内,但是也有少量织物采用把金属丝直接作为经纱或纬纱进行织造,织成的织物成为普通纤维与金属丝交织而成的纺织品。图3-3为使用金属丝作为经纬纱的交织织物及面料显微图。

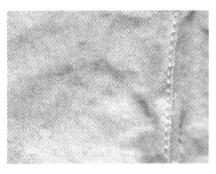

图3-2　含有金属纤维纺织品放大图

图3-3　使用金属丝作为经纬纱的交织织物及面料显微图

48. 金属纤维面料为什么不能熨烫平整?

金属纤维面料在洗涤方面并无特殊之处,大多数衣物既可以干洗也可以水洗。但是真正的麻烦是这类面料无论如何也不能熨烫平整,其原因就在金属纤维上。我们知道,所有的纺织纤维在一定的温度、水分和压力条件下都会发生塑性形变,然后通过冷却和散发湿气使其固定下来,以达到服装熨烫整理的目的。不论是使衣物整体平整还是熨烫出线条,都能如愿。但是,金属纤维本身在上述熨烫的条件下,既不能发生塑性变形改变原有形状,也不能通过冷却和排湿予以固定。因此服装熨烫对于含有金属纤维的面料完全无用武之地。刚刚制作好的服装,由于未曾经过洗涤过程中的挤压、摩擦、翻转等受力情况,相对还是较为平整的。然而,经过洗涤的衣物,尤其是经过干洗脱液或是水洗脱水时,服装都会有一个受到离心力挤压的过程,这时就会增加一些新的褶皱。这种褶皱完全是巨大的离心力所致,靠传统的熨烫整理无法使其恢复。因此,含有金属纤维面料衣物洗涤后,其褶皱情况就会更加严重。这种褶皱的状态就成为含有金属纤维面料的独特风格。

49. 为什么金属纤维面料表面有刺?

金属纤维面料衣物在穿用一段时间以后,面料表面就会有一些扎手的细微小刺出现。这时,一些消费者往往认为是洗衣店处理不当所致。其实,这是金属纤维面料的正常反应。金属纤维在面料中一般是与其他纤维相互混纺抱合在一起的,它只是纱线中的一小部分。金属纤维的粗细也和其他纺织纤维差不多,它的直径只有20微米左右。而金属纤维的柔韧度却与一般纺织纤维相差甚远,纤维的强度极其有限。当衣物在穿着使用和洗涤熨烫过程中,都会受到来自各方面的力,也包括反复弯折的力。金属纤维受力以后就会逐渐疲劳,最后折断。此时,金属纤维的断头自然会露出面料表面,成为扎手的小刺。一般含有金属纤维面料的衣物穿用一两年就会逐渐出现小刺,这是正常现象。

50. 什么是超细纤维?

超细纤维是合成纤维中的现代高科技产品,具有许多其他纤维无法比拟的优异特性。一般化学纤维的纤度(即粗细)多在1.11～15旦,直径大约在10～50微米。而超细纤维的纤度则通常在0.1～0.5旦,直径一般小于5微米。有些特殊用途的超细纤维甚至可以细到0.001旦。

由于超细纤维织造的纺织品手感特别柔软,吸附性、吸收性能很强,因此可制成组织结构很密的纺织品,广泛用于生产柔软绒面的高档纺织品,如桃皮绒、仿麂皮面料等。超细纤维还可以织造高密组织的透气、拒水、防水、防风的特种作业服、泳衣等,又可以制造高吸水、吸油性的清洁布、滤布、吸尘布等特种纺织品。这些纺织品的性能好,附加值高,是国内外大力发展的一类新型合成纤维纺织品。

使用超细纤维织造的织物格外精细,特别柔软光滑,还有独特的光泽和颜色。目前超细纤维已经大量在服装面料上使用,市面上已经出现使用超细纤维制成的人造革、优质针织品和机织品。用超细纤维制作的仿麂皮，有茸毛致密、不易脱落、手感柔软的优点，质量超过真正的麂皮。

51.什么是海岛纤维?

海岛纤维的全称为"海岛型超细纤维"，简称海岛纤维。在20世纪90年代出现的超细纤维主要通过直接法和复合分裂法生产，它们和普通纤维相比，单丝较细，已经具有了一些普通纤维不具有的性能，但是有一些性能仍然还不够令人满意。近年来国外开发了出更细、性能更好、更优异的超细纤维，这就是海岛型超细纤维，它的单纤线密度一般可在0.01分特，甚至可以制成线密度0.0001分特的海岛型超细纤维。

海岛型超细纤维属于溶离型复合超细纤维的一种。它是把一种聚合物（岛的组分）包埋在另一种聚合物（海的组分）之中，形成共同纺丝体。成型以后将海的组分溶解去除，于是得到更为细微的超细纤维。其中岛的个数越多，海的组分溶除后得到的超细纤维就越多，单丝线密度也就越小。

适合海岛型超细纤维岛组分的原料为一些普通的成纤聚合物，如聚酯及其共聚物聚酰胺、聚烯烃及聚丙烯腈等。海组分可以是聚苯乙烯（PS）及其改性体、碱溶性聚酯、低密度聚乙烯（LDPE）、聚乙烯醇（PVA）或其他一些水溶性聚合物。

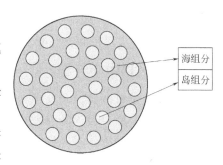

海岛型超细纤维的海岛组成及比例直接决定采用的剥离方法和合适的失重率。因此，只有充分了解海岛型超细纤维的组成，才能选择合适的剥离溶剂和合适的剥离方法。图3-4是海岛型超细纤维示意图。

图3-4 海岛型超细纤维示意

52.什么是复合纤维?

复合纤维是指由两种或两种以上聚合物或具有不同性质的同一聚合物经复合纺丝法制成的化学纤维。所以，复合纤维的截面包括两种或两种以上不相混合的聚合物。

复合纤维中不同聚合物相互间的结构有多种类型，包括并列型、皮芯型、裂片型、海岛型等。复合纤维的横截面有圆形和各种异形。

由于复合纤维在同一根纤维截面上存在两种或两种以上不相混合的聚合物，所以带来许多特殊的物理化学特性。如具有三维立体的永久性卷曲、高度蓬松性，以及阻燃性、良好的导电性或抗静电性等。

例如，皮芯型复合纤维皮层和芯层各为一种聚合物，也称芯鞘型复合纤维，它兼有两种聚合物的优点，如以锦纶为皮、涤纶为芯的复合纤维便兼具锦纶染色性好、耐磨性强和涤纶模量高、弹性好的优点。利用皮芯结构还可以制造特殊用途的纤维，如将阻燃的聚合物作芯、普通聚酯为皮制造阻燃纤维。皮芯纤维还可以用来制造无纺织布、抗静电纤维和光导纤维等。

并列型是两种聚合物在纤维截面上沿径向并列分布。偏心型是皮、芯各为一种聚合物，但并不同心，由于两种组分的不对称分布，纺得的纤维经拉伸和热处理后产生收缩差，从而使纤维产生螺旋状卷曲。由两种不同组成的丙烯腈共聚物制成的并列型腈纶复合纤维具有良好的卷曲稳定性，其弹性和蓬松性与羊毛类似，故有人造羊毛之称。聚酰胺类的并列复合纤维可用来制作长筒丝袜和其他针织品。

海岛型复合纤维又称微纤-分散型复合纤维。将两种聚合物分别或混合熔融，使岛相的黏弹性液滴分散于海相的基体中。在纺丝过程中经高倍拉伸和剪切形变，岛相成为细丝形状，所得复合纤维通过合理的拉伸和热处理也可成为物理性能良好的高收缩纤维。将海岛纤维的海相溶解掉，剩下纤度为0.01～0.2旦的一束超细纤维。若把岛相抽掉，可制成空心纤维，又称藕形纤维。海岛纤维可用来做人造麂皮、过滤材料、无纺织布和各种针织品和机织品。

裂片型复合纤维是将相容性较差的两种聚合物分隔纺丝，所得纤维的两种组分可自动剥离，或用化学试剂、机械方法处理，使其分离成多瓣的细丝，单丝纤度为0.3～1.0旦。裂片型复合纤维丝质柔软，光泽柔和，可织制高级仿丝织物。

复合纤维还有异形复合纤维、中空复合纤维等多种不同类型。

53. 什么是中空纤维？

中空纤维是近些年来开发和利用较为广泛的化学纤维品种。中空纤维在其纵轴向有细管状的空腔，贯通纤维轴向的管状空腔有多有少，单一空腔的习惯称作中空纤维，较多空腔的称作多孔纤维。由于空腔纤维结构能够容纳大量静止空气，使织物更加轻柔而富有弹性，并且具有良好的透湿性和舒适的保暖效果。其中多孔纤维又因为这种"孔"数的多少不同称为四孔纤维、七孔纤维、九孔纤维等。

中空纤维由于空腔的存在，密度较小。因此，中空纤维的孔腔数越多，它的透气、保暖、蓬松性就越好，也越显得软和。因为孔腔内贮存的是空气，孔腔数越高、越多，空气量就越多。而在隔绝层存在的条件下，空气含量越充足，其透气、保温性就越好。同时，孔腔中充盈空气越多，压缩与回弹的通道也就越多，也就越能增强蓬松度、柔软度。图3-5是涤纶中空纤维在显微镜下横截面的形态。

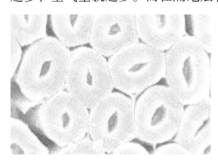

图3-5 显微镜下涤纶中空纤维横截面形态

中空纤维广泛用于保暖材料，如贴身内衣、运动服装、休闲服装、衬衫、户外运动装以及毯子等多个领域。中空纤维和多孔纤维也可用于冬装、被褥和衬垫用絮片等，还可以用于微滤、超滤、透析、气体分离、反渗透等。

54.什么是丝光？什么是丝光面料？

我们常常会提到或见到"丝光面料"，似乎"丝光"意味着某种品质上的不同。提到丝光，我们不得不先简单介绍一下"丝光工艺"。

"丝光工艺"主要是为棉纺织物进行整理的重要工艺。大部分棉纺织物在进行染整以前，多会进行丝光整理。具体工艺过程是使用高浓度的烧碱液在较低温度和一定的张力条件下处理棉纱或棉布。经过这样处理后，棉纤维的形态和棉纤维的结晶结构发生重要改变，棉纤维由带有扭曲的扁平带状变成了光滑的圆柱状，由完全不透明的状态变成了半透明状态，同时棉布也大大提高了表面光泽和强度。目前多数纯棉织物都经过丝光整理，尤其是高档棉布更是经过精细的丝光整理。

经过丝光整理的棉织物表面洁净光滑，富有丝一样的光泽。对经过丝光整理的棉布进行漂白或染色变得更加容易，能节省时间和染料。我们平时穿用的纯棉细布、棉府绸、卡其布等棉纺织物几乎都经过丝光整理。经过丝光整理的一种纯棉缎纹布甚至被称作"直贡缎"，可见丝光整理对棉纺织物的重要性。

55.什么是液氨整理面料？

在一些高档棉纺织物服装的标签上，我们有可能看到"液氨整理"的字样。那么，液氨整理是什么样的加工工艺呢？它又有什么样的特点呢？

纺织品液氨整理技术的理论研究始于20世纪30年代，70年代后正式投入工业化生产。最初只是用于纱线整理，替代纱线的丝光处理技术。由于液氨对棉纤维有极强的渗透性，残留在纱线上的氨液比碱液更容易去除，而且液氨液碱丝光效果更好，因而得到重视。

液氨整理曾称作"液氨丝光"，实际上两者整理工艺的机理和效果并不相同。棉纤维经过液氨处理时，液氨可瞬时渗入纤维内部，使之从芯部开始膨胀，截面由扁平胀成圆形，腔径变小，表面光滑。由于纤维结晶结构的变化，内应力消除，不再扭曲，提升了拉伸强度和撕裂强度，即使反复洗涤仍能保持良好的手感。液氨整理与丝光整理同是对棉织物的整理技术，但是它们的特点和效果仍然是有些区别的。

棉纺织物液氨整理与丝光整理的主要区别如下。

（1）液氨在进行织物整理时可以瞬时渗入棉纤维内部，使棉纤维发生均匀的膨胀，整理后液氨又极易清除。工艺过程简捷，节省能源。

（2）液氨整理几乎不损伤纤维，反而可以改善其耐磨强度和撕裂强度。而烧碱液丝光整理时不但棉纤维要有一些损伤，还会减重10%以上。

（3）棉织物经过烧碱液丝光整理后的上染率较高，光泽感也较强，但匀染性稍差。棉织物经过液氨整理后，染色时的上染率不如碱液丝光高，光泽也不如碱液丝光好。但液氨整理后棉纺织物的匀染性好，光泽柔和。

（4）经过液氨整理的织物尺寸稳定性好，变色也少。虽经多次洗涤，尺寸变化仍然很小。

总之，棉纺织物的液氨整理与丝光整理有类似之处，也有一些不同。其最终目的是改善面料的品质和制成服装的服用性能。

56.什么是丝光羊毛？什么是拉伸羊毛？

羊毛作为天然纤维的佼佼者，长期以来稳居高档服装面料的首席。尽管当今是化学纤维全面兴起的时代，但在人们心中，天然纤维的宝座仍然不可动摇。使用纯羊毛织造的各种面料，即使价格较高，人们也愿意接受。虽然化学纤维的品种和品质一直不断提高，但各种纯毛纺产品也在不断进行改造和进步。为了使较低品质的羊毛也能生产出类似羊绒的质感或高品质支数的羊毛织物，就需要对普通羊毛进行变性加工，其中包括拉伸羊毛、低温等离子体处理变性羊毛和丝光羊毛等。

（1）拉伸羊毛。也称作拉细羊毛，属于物理变性羊毛。就是把普通的绵羊毛拉细，使之接近高品质支数的绵羊毛或是山羊绒。它是通过高科技手段及专用设备，在特定条件下，利用物理方法对普通羊毛进行牵引拉伸，降低纤维细度，使其成为一种新型纤维的过程。经过拉细的羊毛细度会达到甚至小于山羊绒细度，其长度可达山羊绒的3～4倍。毛纤维强度也得到提高，拉伸后伸长率可达到30%以上。澳毛经物理拉伸工艺生产出来的拉细羊毛称为Optim纤维。

拉细羊毛纤维是先进工艺技术的产物，没有纤维加工过程中化学和纤维残余的环境问题，是一种通过调整羊毛纤维内部结构而获得的绿色环保新纤维。

（2）低温等离子体处理变性羊毛。低温等离子体处理在加工过程中同时有物理和化学的变化，目前有电晕放电和辉光放电两种不同低温等离子技术应用于纺织品。它利用等离子的表面刻蚀与改性作用，既可以使纤维被等离子体轰击刻蚀掉一层而变细，同时使被刻蚀的表面摩擦系数增大，又可因表层部分分子链的断裂而形成或接上极性基团，用以增强纤维间的抱合力，改善可纺性和染色性。在对羊毛织物进行处理后，一方面可以破坏掉羊毛纤维表面的鳞片，并配合其他整理达到防缩的目的，另一方面可以改善羊毛的染色性能；还能提高羊毛品质支数，使原来的中粗羊毛用来纺制轻薄型面料。

（3）丝光羊毛。羊毛的丝光整理与棉纺织物的丝光并非一回事。把羊毛经过化学防缩、酶制剂处理、柔软处理，其实是对羊毛的化学变性处理。羊毛丝光与防缩羊毛同属一种类型的处理，两者都是通过化学方法将羊毛的鳞片剥除，从而改善其物理、力学和化学性能，提高纤维的服用性，获得更高的附加值。处理方法包括酶处理法、氯氧化法、高锰酸钾法等。丝光羊毛与防缩羊毛相比，不仅剥除了鳞片，同时在纤维表面施加了一层树脂，减少了羊毛的顺向与逆向运动时摩擦系数差异，且因处理后的羊毛光泽增加，被称为丝光羊毛。这两种羊毛所生产的毛纺产品均能达到防缩、可机洗的效果。

拉伸羊毛和各种变性羊毛已经进入实质性的应用阶段。市场上除了可以见到使用这类纤维的各种机织面料以外，一些羊毛衫、羊绒衫中也加入了一定比例的这类羊毛纤维产品。

57.什么是涂层面料?

20世纪末,某些要求干洗的衣物在干洗后发生严重变硬脆裂事故,让洗衣店手足无措,造成了惨痛的损失。这些经过四氯乙烯干洗后造成严重变硬脆裂事故的衣物就是采用涂层面料制作的。当这种教训为大多数洗衣店熟知的时候,突然人们又发现某些使用了涂层面料的服装竟在四氯乙烯干洗后安然无恙,而依靠老经验把涂层面料服装进行水洗时却又发生了面料涂层剥离起泡,甚至出现涂层发黏的现象。如此种种,更使洗衣店大惑不解。那么,涂层面料的涂层到底都是一些什么材料?

涂层面料的涂层是涂覆在纺织面料表面的高分子材料,经干燥后与纺织品成为一体,所以涂层面料又称作敷膜面料。带有涂层的面料能够改善原有面料的许多特性和功能,达到挺括、防雨、防止羽绒外钻等目的。

近年来各种涂层面料日渐增多。市场上出售的各种服装中,使用涂层面料的比例也越来越高,几乎多数休闲服装和运动服装都会选择使用涂层面料。有人统计,市场上使用涂层面料的服装竟然占到总数的一半。涂层面料在刚刚问世的时候,曾经给许多洗衣店造成事故。时至今日,涂层面料仍然不断给洗染行业带来种种困扰。

58.涂层面料都有哪些类型? 怎样正确洗涤它们?

涂层面料上的涂层到底有多少种? 它们又都有什么样的洗涤特性?

国内市场上可以见到的涂层面料多种多样,既有新开发的新型产品,也有流行产品,其中也不乏某些伪劣产品。

(1)橡塑涂层。这是最早的防雨涂层,已经使用了很多年,橡胶雨衣、塑料涂布雨伞、雨披等都是这类产品。后来为了改善柔韧度和减轻产品重量,把橡胶与塑料共用制成了橡塑涂层,这类涂层防雨效果非常好,但完全不透气。目前大多用于雨衣、雨伞、雨披、帐篷以及箱包、手袋等,几乎不用于制作服装。这类涂层一般比较厚,可以明显看出涂层的存在,因此也比较容易识别。

橡塑涂层面料不能干洗,甚至汽油都可能使其发生部分溶解,更不能使用含有机溶剂的去渍剂处理。水洗是唯一的洗涤选择。

(2)聚氯乙烯涂层,简称PVC涂层。这是出现比较早的涂层材料,也就是那种经过四氯乙烯干洗后就会变硬发生脆裂的涂层。这种涂层具有不透水和不透气的特性,穿在身上有憋闷的感觉。这类面料所使用的底布多数为合成纤维,几乎不会缩水。所以使用这种面料制作的衣物完全可以水洗洗涤,一旦采用四氯乙烯干洗后衣物便无法穿用。PVC涂层无论是外涂层还是内涂层都比较容易识别,如果把这种面料的涂层向内对折,手指非常用力也不能够捻动。最有代表性的这类涂层产品就是PVC雪克面料(市场上称作"过胶春亚纺")。

如果PVC涂层面料衣物经过干洗后出现发硬发脆,只要涂层表面没有脆裂痕迹和起泡,就可以通过人造革复软剂处理,予以修复。如果涂层已经出现了脆裂的痕迹或是已经起泡就无法修复了。

（3）聚乙烯涂层，简称PE涂层。这种涂层出现得也比较早，近年来已经比较少见，也属于不透水和透气性很差的涂层。这种涂层面料的底布也都是合成纤维面料，完全可以水洗，无需采用干洗。如果干洗，洗涤以后涂层就会从面料上剥离，出现大面积起泡和脱落现象。这时只能把原有涂层彻底撕掉，使衣物变成没有涂层的普通面料，但是原有面料的平整性和挺括性则不复存在，衣物的整体也就显得毫无挺拔之感，而有些疲疲沓沓。

（4）聚氨酯涂层，简称PU涂层。聚氨酯涂层有全PU涂层和半PU涂层，这其中还有使用带亲水性官能团的水性聚氨酯涂层材料等的不同类型聚氨酯涂层。这是可以承受一定次数四氯乙烯干洗的涂层面料。更具有优势的是这类涂层能够在各种纺织基材上形成带微孔的高分子材料膜，使这类涂层面料具有较高性能的防水、透气、透湿功能，大大提高了穿用的舒适度。聚氨酯涂层面料可以用来制作冬季防寒服、学生校服、运动服、摩托服、野外作业服、劳动保护工服，以及公安、消防、野战军、武警等行业人员的服装，在各种环境条件下具有相应的穿着舒适性。

聚氨酯涂层面料可以进行四氯乙烯干洗，但是干洗的次数受到一定限制，一般干洗四五次没有问题，如果经过多次干洗洗涤，仍然会逐渐发硬。目前我们见到的一些国内外知名品牌服装，许多都可能采用这种涂层面料。

（5）聚丙烯酸酯涂层，简称PA涂层。这也是目前比较常见的涂层面料，它可以分成溶剂型聚丙烯酸酯涂层和水性聚丙烯酸酯涂层。水性聚丙烯酸酯涂层又称作AC胶涂层。

溶剂型聚丙烯酸酯涂层具有很好的耐水和耐水压性能。而水性聚丙烯酸酯涂层不适合强劲的水洗洗涤，也就是说在较低温度和较短时间的水洗过程中可能不会受到影响，当洗涤温度较高或受到较强水洗机械力的情况下涂层就会逐渐溶化，甚至出现破损和脱落。

（6）聚乙烯醇涂层，简称PVAL涂层。聚乙烯醇是具有较好水溶性的材料，它和某些树脂型材料配合使用可以获得很好的耐水性涂层。聚乙烯醇在纺纱行业又称作浆纱树脂，可以用于纱线织物上浆，用以提高平整硬挺的手感，它还可以当作织物黏合剂使用。某些织物涂层使用了聚乙烯醇处理，在水洗洗涤时就会发生涂层溶解发黏、胶合面游移现象，从而出现大面积起泡和褶皱。这种面料的涂层几乎不能水洗洗涤，从某种意义上讲应属于伪劣产品。

此外，一些企业还可能在处理工艺和涂层材料添加成分方面进行某些变更和探索，使得涂层面料发生性能方面的改变。但是，总的来讲，对于洗染行业影响的重点是洗涤方法的选择，也就是它们对于干洗与水洗的适应性是什么样的。这些不同的涂层面料，往往从表面无法准确识别它们的洗涤性能，因此，除去多数涂层面料可以水洗以外，仍然需要不厌其烦地对不明涂层面料进行试验检测，以确保洗涤方式的正确选择，不能掉以轻心。

59.什么是复合面料?

复合面料也称作复合纺织品,是把两种或两种以上纺织材料利用黏合剂或是其他方法把它们层合在一起所制成的新型纺织品,因此又称作层合纺织品或层合织物。比如把一层普通的棉纺织物和一层保暖绒布通过胶黏剂黏合在一起,制成可以直接用于制作薄棉服的复合纺织品。又如把仿绒面革的化纤面料与人造毛皮黏合在一起,制成类似皮毛一体的防寒服材料等。图3-6就是由化纤磨绒面料与仿羊羔人造毛皮组合的仿皮毛一体复合面料。

图3-6　化纤磨绒与人造毛皮组合的仿皮毛一体复合面料

复合面料把面料、里料甚至保暖填充物都通过黏合或其他方式整合在一起,这样就简化了服装的制作过程,很容易就完成一件衣物的组装缝合,它顺应了人们求新、求变、求快的时尚理念。但是使用了胶黏剂的复合面料大多数不适合采用四氯乙烯干洗,干洗后有可能出现胶黏剂溶解现象,黏合层开胶、织物离散。有的胶黏剂则在干洗时可能发生变化,使复合面料变硬发脆。

60.什么是防皱防缩面料?

棉麻纺织品和某些人造纤维面料具有很好的服用性能,吸湿性、透气性都很好,因此一直备受消费者推崇。但这类织物制成的服装造型性能相对较差,人们对它们不能保形、容易褶皱甚感不满。于是,对纺织品进行防皱防缩整理的工艺应运而生。经过防皱防缩整理的棉麻纺织品或是黏胶纤维类织物,其挺括平整性能大幅度提高,甚至能够接近加入一定比例涤纶纤维混纺织物的水平。目前,市场上比较常见的防皱防缩面料以纯棉织物为主,如纯棉细布、纯棉府绸、纯棉卡其布等,主要用于制作男衬衫、夹克衫、休闲裤、外衣、风衣等。有时在一些使用了防皱防缩面料制作的衣物上,服装生产厂家还会特意标明可以免熨烫,以凸显其防皱防缩功能。

防皱防缩面料是通过使用含有树脂性材料进行纺织品后整理后生产的,这类面料除提高了防皱防缩性和具有更加挺括的性能以外,从外观上还能够感觉到面料本身更为平整致密。所以,这类面料大多用于制作较为高档的服装。

由于防皱防缩面料的平整挺括性能提高,原有纯棉织物的柔软性能相对降低。因此,洗涤处理这类衣物时,要注意防止出现硬挺型面料的边角棱处磨伤和浅表性磨伤。

61.什么样的面料叫纯纺面料?

纯毛面料、纯棉面料、纯涤纶面料等是大家经常接触的,这些由单一纤维成分织造的纺织品就是纯纺面料。理论上讲,纯纺面料应该是只使用了某一种纤维,但它们是否一定是100%的某种纤维制作的呢?其实这并非是绝对的。我国和国际上的相关标准规定，在某种面料中只要含有95%的某一种纤维成分，就可以称作这种纤维的纯纺面料。比如，含有95%的纯羊毛制作的羊毛衫就可以称作纯纺羊毛衫，含有95%的棉纤维面料就可以称作纯棉面料。

纯纺面料中主要成分以外的纤维大多是为了改善某种性能而加入的，如加入少量的氨纶纤维用以提高弹性、加入少量的涤纶纤维用以提高挺括性能等。

62.什么是混纺面料？

混纺面料就是在某种面料中含有两种或两种以上不同成分的纤维。其基本要求是这不同成分的纤维是在纺纱过程中混入的，也就是说纱线中含有不同纤维成分。有时，纺织品制造厂家还有可能使用不同纤维成分的经纬纱织造面料。比如，使用涤棉混纺纱作为经纱，使用维棉混纺纱作为纬纱，所织造的面料中就会有三种不同纤维成分。总之，混纺的过程是在纺纱时完成的，因此混纺面料兼有不同纤维成分的优点。所以，目前大多数面料都会是混纺面料。

63.什么是交织面料？

把纺织品制成交织面料由来已久，交织面料是使用不同纤维成分的纱线进行织造的产品。我国传统丝绸织物中大量使用桑蚕丝作为经丝，使用黏胶丝作为纬丝织造交织缎，如织锦缎、古香缎、克立缎、金玉缎等。其主要特点是所使用的经纬纱是完全不同的纤维成分，因此，一些交织纺织品还具有某种特殊的效应，如可以同时显现两种颜色的闪色效应，在同一染浴中染出不同颜色的闪花效应等。

64.你知道天然彩棉吗？

天然彩色棉纤维是20世纪70年代以来美国、苏联、秘鲁、埃及等国家进行的科研项目，我国自20世纪90年代也加入了这一行列。其实驼色（土黄色）棉花是我国已经种植了上千年的品种，流行于华北平原地区，种植这种棉花的农民称之为"紫花棉"。由于其单位产量低、纤维粗短、质量相对较差，而未能成为主流品种。天然彩棉无需染色即可获得相应的颜色，完全没有合成染料对人体的影响，符合人们环保、回归自然的理念。但是天然彩棉的颜色比较脆弱，容易受到pH值和各种表面活性剂的影响而改变颜色。

彩棉的各种物理化学性能大都与白色棉花一样。彩棉纤维对酸比较敏感，在酸性洗涤剂中非常容易改变颜色。洗涤时应尽量使用中性洗涤剂，熨烫温度可以控制在不超过160℃。

目前，由于彩棉纤维较为粗短，容易脱落纤维毛，其物理化学指标仍然不能与普通棉花相媲美。因此市场上制作销售的彩棉服装并非是完全由100%彩棉制成，多数混有一定比例的普通染色棉纤维。

65.天然彩棉有多少种颜色？

彩棉纤维的研发当然会面向所有颜色，但是实际上能够进行规模化生产的品种仍然有限，而且颜色相对比较暗淡。目前，我国开发和生产了三种颜色的彩棉，包括浅驼色、柔和的浅绿色和浅粉色。国际上也在逐步开发诸如蓝、紫、灰红、褐等色彩的彩棉纤维品种。

彩棉绝对没有大红大紫的颜色，任何鲜艳的颜色都不是彩棉。另外，彩棉属于短绒棉，不是细绒棉和长绒棉，长绒棉和彩棉是两个完全不同的品种。因此，"长绒彩棉"的说法实际上并不存在。

66.什么是涂料印染面料？怎样识别？

近年来出现一种涂料印染面料，最早见于20世纪90年代，当时只有少数服装在使用，对洗衣业的影响还不够广泛。最近这类面料的品种和花色逐渐增多，涉及多种不同类型的纺织品。

涂料印染面料的基本特点有三：不能承受四氯乙烯干洗，对于某些去渍剂非常敏感，耐摩擦牢度较低。

目前可以见到的涂料印染品种有以下几种：① 单一颜色的纯棉或棉混纺面料（也就是以印代染面料）；② 涂料轧染面料（单一颜色的仿水洗布）；③ 棉纺家居用品的印花布；④ 涂料印花制作的呢绒面料；⑤ 某些成品服装的印花图案。

近年来，这类面料制成的衣物不断在洗衣店形成各种事故，主要有以下三类。

第一类，不能耐受四氯乙烯干洗。涂料印染面料的颜色成分中有的可能在干洗过程中脱落，所以这类面料干洗后有可能发生明显脱色甚至改变颜色。

第二类，对于某些去渍剂特别敏感。涂料印染面料对于去除油污的去渍剂极其敏感，使用后大多数会发生咬色。

第三类，耐摩擦牢度较低。涂料印染面料印制的纺织品只能在面料表面形成一层薄薄的颜色层，它具有较好的覆盖性，甚至可以在较深颜色面料上印制较浅的颜色。所以，涂料印染面料的背面大多数都是白色的，而这层表面颜色的耐摩擦牢度较低，用力略大的手工刷洗都能够使其脱色。

67.什么是新雪丽高效暖绒？

当前，市场上有许多品牌以"新雪丽高效暖绒"为宣传重点推出各种防寒服，这种使用了"新雪丽高效暖绒"制作的棉服轻薄柔软且极具时尚风格，颇受年轻人的欢迎。这是什么样的保暖材料？它有哪些优点？这类保暖防寒服装又适合怎样洗涤呢？

20世纪60年代，美国3M公司开始了微纤技术的研究开发，从而诞生了新雪丽保温材料。1978年3M公司将新雪丽保温材料引入服装及其他产品市场。从那时起，新雪丽保温材料就逐渐为人们所认识。

国内把新雪丽保温材料称作"新雪丽高效暖绒"。它由超细聚酯纤维构成，纤维的直径为一般纤维的1/10，这使得纤维间可以留存更多的空气，这也是它具有高效保暖功能的奥妙所在。3M公司更是宣称新雪丽保温材料的保暖性是羽绒的一倍半，是其他普通材料的两倍。因其具有透气、柔软、防潮、轻薄等特点，曾经被作为南极科考队的服装材料来使用。同时，除用于制作防寒服以外还用于制作被胎，成为继羽绒以后用作卧具的优质絮片。

由于"新雪丽高效暖绒"是超细纤维制品，是工业化产品，因此它具有质量均匀一致、不会霉变、可以水洗的优点。"新雪丽高效暖绒"具有多个具体品种，分别用于不同的衣物或寝具。使用"新雪丽高效暖绒"作絮片的棉服大多制成运动休闲款式。其服装面料也是以各种化学纤维面料为主，如涤纶、锦纶等。因此，多数这类服装可以采用水洗。但是有时服装本身的结构或是带有的种种附件未必适合水洗，因此洗前要认真查验和分析，避免失误。

68.什么是九孔棉？

九孔棉大多作为防寒衣物的填充物，如棉被胎、防寒服、枕芯等。虽然冠之以棉，实际上是典型的合成纤维制品，与棉花毫无关系。它是中空合成纤维的延伸产物，也称作多孔纤维。所说的"九孔"，也就是含有九个空腔的合成纤维。这种纤维有如同莲藕一样的许多空腔，能够贮存更多的静态空气，因此具有很好的保暖功能。

这种多孔纤维主要用作保暖填充物，一般不会用于制作普通纺织品。

69.什么是新保适保暖防寒衬层？

科学技术的发展也推动纺织业不断向前发展，21世纪的服装将向着穿着舒适化、功能化及回归自然等方向发展。各种智能织物、功能织物得到广泛的关注与发展。防水透气织物"新保适保暖防寒衬层"就是其中之一。

防水透气织物既能防雨、防风，又能排汗、透气，穿着舒适，在穿着过程中使水在一定压力下不浸透织物，而人体散发的汗液等却能以水蒸气的形式通过织物或传导到外界，不在人体表面与织物之间冷凝积聚，保持穿着者干爽、温暖。人们对穿着舒适性、功能性要求的不断提高，促使研究人员采用各种新型技术来改善织物的各项性能。这种新型工艺技术大大拓宽了纺织品的用途，应用领域也越来越广，不仅用于衣用纺织品的生产，还扩大到鞋业、民事或军工制服，以及极端气候条件下的服装、帐篷、包裹等。

这类纺织品由于在进行涂层或层压时所使用胶黏剂质量的差别，有的不能使用四氯乙烯干洗，需要注意。

70.为什么有些衣服洗后边角棱都磨白了？什么是硬挺型面料？

一些衣物经过洗涤以后所有的边、角、棱等处都发生了磨白现象，其中有的衣服仅是第一次洗涤。出现这种情况不但消费者不能接受，往往洗衣店自己也觉得莫名其妙。

其实，这种磨损磨伤事故也是有规律的。我们发现，发生这类事故的衣物大多是硬挺型面料，或是衣物的局部已经形成了硬挺型的状态。既有水洗洗涤造成的，也有干洗洗涤造成的。发生事故的部位主要都是衣物的边角棱处，如领子尖部、袖口边棱、下摆尖角等。一般情况较轻的多是被磨白，状态类似石磨蓝牛仔裤的边角和突出部分。有一些不但边角棱处和突出部位磨白，甚至能够磨毛，而那些更为严重的磨损磨伤就可能被磨破了。图3-7就是纯棉帆布外衣袖口洗涤后被磨破的情况。

图3-7　纯棉帆布外衣袖口洗涤后被磨破的情况

什么是硬挺型面料呢？哪些衣物比较容易出现边角棱处磨白情况呢？

通过观察与分析可以知道，比较容易出现边角棱处磨白的衣物类型主要有以下几种。

（1）纯棉帆布和厚重的仿军服系列棉布制作的服装。

（2）背面带有涂层的致密面料制作的服装。

（3）厚重的复合面料制作的服装。

（4）使用经过防皱防缩整理的精细纯棉织物制作的服装等。

造成硬挺型面料衣物磨损磨伤事故的根本原因是衣物受到了过度的摩擦。在同等受力情况下，较为柔软的衣物具有较好的承受能力，而硬挺型面料则由于不易随机地折叠弯曲而经受更为过度强劲的摩擦，从而表现出摩擦性损伤。

71.怎样防止出现硬挺型面料的磨损磨伤事故？

造成硬挺型面料磨损磨伤事故的原因除去面料本身因素之外，更重要的是洗涤过程中受力情况的影响。主要表现在以下两个方面。

（1）洗涤过程中衣物受到的洗涤机械力不均，受到不同程度的摩擦力，造成表面磨伤，出现不同的磨损程度，这时衣物就表现出磨损性色花。出现这种情况大多是手工刷洗时用力不均所致。

（2）采用机洗的硬挺型面料衣物未能选择柔和程序。干洗时，由于干洗机标准程序的摩擦力与水洗机机洗的情况没有原则差别，不能忽视干洗也是机洗的实际情况。相当多的磨损磨伤事故都是由于这种干洗机机洗或水洗机机洗造成的。尤其是仅仅经过一次洗涤就出现边角棱处破损，都是在这种情况下造成的。

（3）怎样防止出现硬挺型面料的磨损磨伤事故呢？

① 遇到硬挺型面料衣物时需要另行对待，不论手工洗涤还是机洗都应该选择比较柔和的洗涤方式和洗涤程序。

② 采用手工刷洗时，严格要求符合手工刷洗的"三平一均"原则，避免用力不均造成刷洗色花。

③ 需要干洗的衣物要使用干洗机柔和程序，降低机械摩擦力；需要水洗机机洗的衣物也应该使用柔和程序。

④ 对于某些较为特殊衣物，要加强隔离保护或是遮盖保护，防止不必要的损伤。

72.静电植绒面料可以干洗吗？

顾名思义，静电植绒是采用静电技术使用胶黏剂把纤维毛黏合在底布上的纺织面料。市场上销售静电植绒面料已有数十年，其柔软的手感、丰满的状态以及温暖舒适的风格使许多消费者倾心。早期静电植绒面料的绒毛都是使用黏胶纤维，近些年来也使用某些合成纤维，如涤纶、腈纶等。虽然产品经过多次更新换代，内在质量也在不断提高，但是这种面料表面的绒毛毕竟是黏合上去的，因此胶黏剂的质量水平就决定了绒毛在底布上的黏合牢度，同时也会影响这种服装洗涤方式的选择。一般而言，目前多数静电植绒面料可以采用任何方式干洗，经过四氯乙烯干洗后变硬发脆的情况已经很少。但干洗也是机洗，静电植绒面料在耐摩擦牢度方面仍然较低，一般程序干洗非常容易造成边角棱处绒毛脱落。为此，建议洗涤静电植绒面料衣物时尽可能采用手工水洗，既可避免胶黏剂溶解，又能够防止绒毛脱落。图3-8就是静电植绒面料绒毛脱落情况。

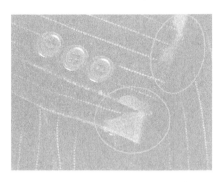

图3-8　静电植绒面料绒毛脱落情况

73.纯羊毛标志和羊毛混纺标志表明什么含义？

纯羊毛标志是国际羊毛局（International Wool Secretariat，简称是IWS）规定的全新羊毛纤维和含量的承诺标志，后来又推出了混纺羊毛标志。根据相关合作协议，我国出口外销的羊毛制品也可使用纯羊毛标志。纯羊毛标志已成为国际市场上闻名的纺织标志。见图3-9。

(a)纯羊毛标志（wool mark）　　　　　(b)混纺羊毛标志（wool blend mark）

图3-9　纯羊毛标志与混纺羊毛标志

纯羊毛标志（wool mark）始用于1964年。其图案是以羊毛盘旋，中心构成尖角为特征，盘旋的毛线取意于纺织原料来源取之不尽以及羊毛团的柔软连绵。另有纯新羊毛标志，"纯"指用100%的羊毛；"新"指羊毛制品中不使用再生毛。

混纺羊毛标志（wool blend mark）是1971年对含羊毛60%以上的混纺产品设计的。它要求羊毛织物中所含全新羊毛纤维不得少于60%。

凡纯毛制品和含毛60%以上的混纺产品，达到国际羊毛局制定的品质标准要求，核准使用上述两种羊毛标志。它的应用范围包括服装、地毯、家庭用品、毛毡等各种工业和消费产品。

74.弹力面料上的白毛是哪儿来的？

一件非常普通的深蓝色毛纺面料西服裙，面料成分标明含有3.9%的氨纶纤维，也就是一件带有较好弹性的毛纺裙子。裙子的主人是某洗衣店会员顾客，这件裙子在这家洗衣店已经多次干洗，一直未发生任何问题。突然在一次干洗以后，裙子表面普遍出现了白色的绒毛，令洗衣店与顾客大感不解。那么这种弹力面料上的白毛是哪儿来的呢？图3-10就是裙子表面的白毛在显微镜下的情况。

原来氨纶纤维对于较高温度的耐受能力是有限的，裙子每次干洗时都要经过烘干程序，累计的烘干过程使氨纶纤维逐渐老化。氨纶纤维在弹性面料中以包芯纱形式织入，氨纶丝断裂后爆出了面料的表面，成为布满表面的白色绒毛。

氨纶的这种特性还表现在多次承受氯漂剂处理时。白色或是浅色含有氨纶的衣物如果经常使用低浓度氯漂剂处理，也会在一段时间以后发生类似情况。

图3-10　爆裂出的氨纶丝在显微镜下的情况

75.羊驼毛织物是什么样的纺织品？

羊驼是产于秘鲁、玻利维亚、阿根廷等国的骆驼类家畜。它的毛纤维较细，细度为22～30微米，长度为20～30厘米，没有粗毛、饿毛。羊驼毛纤维外形卷曲、手感柔滑、弹性良好，且有丝样光泽。羊驼毛原毛有天然的颜色，以灰、浅黄、棕为主，还有少量白色、深棕、淡黄、黑色等。羊驼毛呢于1839年首次由英国布雷德福的阿尔帕卡·奥尔良生产，故又称阿尔帕卡奥尔良呢（alpaca orleans）。常见的羊驼毛织物有棉经、羊驼毛纬的薄花呢。由平纹组织交织，常为黑色，经过有光整理。织物光洁挺爽，有类似马海薄花呢的风格，光泽优异，弹性良好，不易起皱，耐脏。适宜制作轻薄的男女外套、披肩或高级衬里。有时也把适量的羊驼毛加入到羊毛或腈纶中进行混纺，制成羊驼毛混纺织物。

76.为什么把丝绸服装说成是人的"第二皮肤"？

相传在四五千年前，我国就"养蚕治茧以供衣着"。丝绸服装具有独有的光泽、柔软的手感、雍容华贵的外观和穿着舒适的优点。

根据科学研究表明，丝绸服装还具有下列几种作用。

（1）对人体皮肤没有过敏反应。真丝是动物性的蛋白纤维，而人体皮肤主要也是由蛋白质构成。两者成分相近，因此皮肤对丝绸的排异性微小，不会发生因过敏而产生瘙痒、疹斑等症状。

（2）滋润皮肤。丝纤维的吸湿性好，在温度20℃和相对湿度65%时，回潮率可达9%。当相对湿度增加到95%时，回潮率可以增加到36% ～ 37%。丝绸的吸湿程度和人体皮肤角质层中含水量相近，所以穿丝绸内衣时可以使皮肤表面保持有相当的湿度，这足以使皮肤得到滋润光滑。

（3）保护皮肤不受外界物质侵犯。现在城市大气中污染物质较多，丝纤维具有吸附性，它可以使你周围的有害物质减少。另外丝纤维能吸收紫外线，使皮肤免受伤害。

（4）有保健和辅助治疗皮肤病的功能。蚕丝中的赖氨酸有加速细胞新陈代谢作用，丝氨酸能防止皮肤老化。常穿真丝服装能增强肌肤细胞的活力，对加快伤口愈合、辅助治疗皮肤病有特殊疗效。

77. 为什么说山羊绒是"软黄金"？

山羊绒也称开司米（cashmere），是一种昂贵的纺织纤维。用它制成的羊绒衫和大衣具有轻、细、软、爽、暖的特点，是服装中的高档品。山羊绒的价格以克重计算，所以人称"软黄金"。羊绒衫和羊毛衫，虽然只是一字之差，但价格却相差悬殊。那么，山羊绒与羊毛都有哪些不同？

山羊绒是从山羊身上梳取下来的绒毛，一种被称作"绒山羊"的羊所产的绒毛质量最好。这种山羊原生长在我国西藏一带，后来逐渐向各国扩散繁殖。目前除我国外，伊朗、蒙古和阿富汗等国都是主要生产地区，但我国产量最高。我国山羊绒产地主要在内蒙古、宁夏、河北、甘肃和陕西等地，以内蒙古的产量最高。

由于山羊生长在高原地区，为了抵御严酷的寒冷气候，除了外层有粗长的羊毛外，冬季来临之前还会长出一层细软的绒毛，也就是山羊绒。山羊绒虽然纤维较短，但是比起羊毛更细、更柔软，而且细度均匀。山羊绒的强度、弹性也都比绵羊毛好。山羊绒原有颜色多为土黄、青、褐和白色几种，但白绒很少，土黄色绒较多，所以我们通常见到的羊绒衫中米黄、浅灰等颜色居多。市售山羊绒产品除羊绒衫外还有羊绒大衣，羊绒大衣的面料大多数是用山羊绒和绵羊毛混纺而成的，并非是用纯山羊绒制成，销售时服装厂家都会将其比例准确标注。因此，选购时要弄清两者混纺的比例，因为价格相差很多，当然性能也有明显差别。

以山羊绒为原料的高档次的服装越来越受到消费者欢迎。但也应看到养殖山羊的危害，据统计每只山羊每年要破坏0.4 ～ 0.7公顷植被，造成水土流失，恶化环境。因此，山羊绒虽好，但只能适度发展。近年来畜牧专家提倡圈养山羊，以保证羊绒产量需求和环境保护的平衡。

78. 羊绒衫和羊毛衫有什么不同？所谓"绵羊绒"是什么纤维？

羊绒衫是由山羊绒织造的，而羊毛衫是由绵羊毛织造的，它们是完全不同的纤维制造的产品。我们平时所说的毛纺织品、纯毛面料、羊毛衫等所用的毛纤维都是绵羊毛。而羊绒衫所用的纤维则是山羊身上生长的山羊绒。这是山羊即将过冬时在毛的底部生长的绒毛，当天气转暖开春时节，这一层绒毛就逐渐脱落了。山羊绒纤维又细又软、纤维表面比较爽滑、长度相对较短、密度相对较小，集中了轻薄、爽滑、柔软、温暖、舒适种种优点，被誉为"软黄金"。又由于山羊绒产量非常低，每只山羊每年产生200克左右山羊绒，因此山羊绒的价格就比绵羊毛昂贵许多，羊绒衫的价格则往往是羊毛衫价格的几倍甚至几十倍。

在绵羊毛中也有一些优质而精细的纤维，其品质特征近似于山羊绒，有人称其为"绵羊绒"。而实际上它们与山羊绒仍然有着本质上的差别。有经验的人仅凭手感触摸就能立即区分出山羊绒和绵羊毛制品的不同。习惯上再好的绵羊毛也只能称作羊毛，只有山羊绒才能称作羊绒，也就是说根本就不存在"绵羊绒"这种产品。一些商家利用这种差别把一般羊毛衫称作绵羊绒产品，实际上是在偷换概念，大有欺诈之嫌。

79. 人造革、人造绒面皮和人造毛皮是什么样的服装面料?

如果把许多人造革、人造毛皮商品和真正的皮革、毛皮服装、鞋帽混在一起，可以使你真假难分，即使从事这方面专业的人员有时也很难区分。

人造革一般以纺织品为基布，涂敷上聚氯乙烯或聚氨酯等不同类型树脂制成。其外形甚至手感都酷似皮革，甚至在某些方面如颜色和花纹等还能超过皮革。但在服用舒适性方面却比皮革逊色。分辨真皮革与人造革只要看反面或者切口，人造革的基布会明显地显露出来。也可以用手指紧压革面，真皮革能显现细致的自然皱纹，而人造革的涂层则会延展开来。

天然绒面皮是高档的服装面料，表面有密集、很细的短毛，还有别具风格的"白霜"感和"书写"效应以及柔软的手感。人造绒面皮采用较细的（0.44特）异形合成纤维的织物为基布，经过起毛、染色、成膜、磨绒和刷毛等复杂的工序制成，产品酷似天然绒面皮，同样有"白霜"感和"书写"效应，而且不怕虫蛀。

人造毛皮是仿制动物毛皮的长毛绒织物，用腈纶、变性腈纶或腈氯纶的纱作绒毛，棉、黏胶纤维或涤纶长丝作为底布，通过织造而成，主要以针织纬编产品为主。绒毛有两层，外层用粗直的异形丝作为刚毛，里层用细密柔软的短纤作为短绒，也有的用三层绒毛，或者用有机硅树脂处理等方法加工，使人造毛皮达到紫貂皮、黄狼皮、豹皮、狐皮、灰鼠皮和水獭皮等的外观与手感。人造毛皮虽然在穿着性方面难与天然毛皮媲美，但它不怕虫蛀，价格便宜是它的优点。现在保护自然、保护动物的思潮在全世界得到拥护，因此人造毛皮是今后裘皮型服装很好的代用面料。

人造革、人造绒面皮和人造毛皮都是合成化学工程产品，它们制成的衣物耐水性能都很好，都可以轻松地采用水洗洗涤。但是它们对烘干和熨烫的承受能力却较差，容易发生绒毛倒伏和烫伤，一定要小心从事。

80.你知道天然纤维的吸湿放热特性吗?

在我们周围的空气中都含有不同比例的水分,就是在沙漠中也同样如此,只不过含量极少而已。这些在空间运动着的水分子一旦吸附于纺织纤维,其动能大幅度下降,所减少的动能转变为热量,这就是纺织纤维吸湿放热的道理。在潮湿天气中,仓库中堆放的原棉和原毛能产生升温现象,就是由于纤维的吸湿放热产生的。纺织纤维的亲水性极性基团越多,与水分子的结合力越强,则在空气中捕获的水分子也就越多,并使它们从高动能状态转变为低动能状态,所以放出的热量也就越多。

在纺织纤维中,羊毛具有最强的吸湿放热性能。冬季下雪天,当我们穿了一件羊毛衫,从较高温度和较低湿度的室内走到较低温度和较高湿度的户外时,羊毛的放热量接近人体的放热量,所以穿着羊毛衫感到温暖。棉纤维放热性能虽然差一点,但同样使人觉得暖和。这些放热现象一定要穿着干燥的衣服才能获得。如果衣服潮湿,空气又干燥,这时候衣服上的水分要向空气中挥发,反而要吸收热量,这样就使人感到寒冷。所以冬季穿的衣服一定要保持干燥。

81.你知道棉花和纯棉衣服的特点吗?

棉花是天然纤维中最重要的品种。现在全球人们都向大自然回归,对生活消费品更加重视健康标准。棉花是优质天然纤维,穿着纯棉服装不仅无害而且舒适。因此棉纤维身价越来越高,所以高档衬衫都是纯棉织物制作。

我国棉花生产在夏禹时代就有记载。三国时期,棉花种植已遍及珠江和闽江流域。宋末元初著名棉纺织女革新家黄道婆,为我国广泛种植和利用棉花及发展棉纺织生产奠定了基础。棉花主要有细绒棉、长绒棉和粗绒棉三种。目前主要生产国家有中国、美国、乌兹别克斯坦和埃及等。我国主要以生产细绒棉为主,它的长度为23～33毫米,线密度为0.15～2.0特,相对密度为1.50～1.55,它比羊毛、蚕丝、涤纶、锦纶、腈纶和丙纶都重。棉花具有很强的亲水性,因此吸湿本领大,在温度20℃和相对湿度65%时吸湿率可达7%。人们穿纯棉的服装,如夏天的T恤衫,可以通过吸汗来调节皮肤的温湿度,使人感到舒适。棉花在水中能膨胀,仔细观察纤维的横断面可以发现它比原来大50%左右,长度也伸长1%～2%。这种变化十分重要,第一是染色时有利于染料向纤维运动而着色,第二是洗衣服时污物容易从衣服上脱离。但是有利必有弊,这种变化也造成纯棉衣服洗后起皱变形,有时还能产生令人头痛的缩水。棉花的耐磨性较差,它与涤纶混纺虽然可以提高强度,但实际上这种强度只是暂时性的,穿着后棉纤维就慢慢受损脱落。

通过对众多纤维的比较,可以发现棉纤维对人体健康的安全系数很大,这对保护我们健康十分重要。

82.你知道灯芯绒衣服的洗涤、熨烫和收藏方法吗?

灯芯绒衣服穿着舒适、随便,是广大消费者的家常休闲服装常用面料。灯芯绒有规则的绒毛,在洗涤、熨烫和收藏时要注意不要使绒毛压倒和变形。

穿着灯芯绒衣服时要经常用软的毛刷按绒毛顺向轻轻刷去尘土，并能起到顺毛作用，以便保持良好的外观。

灯芯绒衣服可以用水洗涤，但不宜用搓板和棒敲，更不可用硬毛刷刷洗。

衣服上如有油渍，可先除去油渍，再放入洗衣粉液中浸泡5～10分钟，然后放入洗衣机中轻洗2分钟或用手工轻轻揉洗。洗完后不要用力拧干，而应用力将衣服上的水挤出，这样不会损伤绒毛、产生折痕和影响光泽。

灯芯绒深色一类的如深咖啡、枣红、墨绿等颜色的衣服，常直接用染料染色，往往产生掉色现象。因此不要和其他颜色的衣服一起洗涤，否则要产生不愉快的颜色沾染。

熨烫灯芯绒衣服，不能将熨斗直接压在上面，否则绒毛会被压倒并产生极光。熨斗最好选择能喷汽的，温度掌握在180℃，轻轻来回操作。如熨斗不能喷汽，则应在衣服上覆盖喷湿的棉布。刚烫完的灯芯绒衣服不要马上穿着，否则容易变形。

灯芯绒衣服在收藏时要注意不要放在其他衣服下面，否则长期压着会倒毛起皱。最好的办法是挂起收藏。

83.你知道有多少种麻类纤维?

至少在8000年前，我国古人就已经掌握了使用植物茎和韧皮纤维的技术，并把这类纤维称作"麻"。目前被称作麻的植物纤维有六七种，其中也有少量来自叶脉的纤维，如剑麻。市场上比较常见的麻纤维以苎麻、亚麻为主。近年来，我国科技人员深入开发已经在我国种植了数千年的汉麻，取得了优异成果，成为重要的纤维资源。

（1）苎麻是多年生宿根性草本植物，是重要的纺织纤维作物。其单纤维长、强度最大，吸湿和排湿快，热传导性能好。脱胶后洁白有丝光，可以纯纺，也可和棉、丝、毛、化纤等混纺，闻名于世的江西夏布和浏阳夏布就是苎麻纤维的手工制品。我国是苎麻的主产国，苎麻产量占全世界的70%，所以苎麻也被称作"中国草"。

（2）亚麻是古老的韧皮纤维作物和油料作物。亚麻起源于近东、地中海沿岸。早在5000多年前的新石器时代，就已经栽培亚麻并用其纤维纺织衣料，埃及的"木乃伊"也是用亚麻布包盖的。亚麻纤维具有拉力强、柔软、细度好、导电弱、吸水排湿快、膨胀率大等特点，可以纺制高支纱，制造高级衣料。油用型亚麻叫做胡麻，在我国有一千多年的栽培历史。

（3）黄麻属椴树科，一年生草本韧皮纤维作物，又名络麻、绿麻、荚头麻。主产国有孟加拉国、印度和中国。其中孟加拉国为世界第一大生产国。我国主产区为广东、浙江、台湾等省。黄麻属约有40个种。黄麻主要用作包装材料，传统包装袋——麻袋即为黄麻制作。

（4）汉麻（大麻）在我国民间俗称火麻，国外称作大麻，一年生草本植物。其变种很多，原产于亚洲中部，现遍及全球，有野生，亦有栽培。大麻的茎、秆可制成纤维，籽可榨油。作为毒品的大麻主要是指矮小、多分枝的印度大麻。

近年来，我国科学家通过品种改良，开发培育出"云麻1号""云麻2号"等新品种。它们完全不具备提炼毒品的特性，属于国家公安部备案的无毒品种，统称为汉麻。

汉麻被称为"天然纤维之王"，具有吸湿、透气、舒爽、散热、防霉、抑菌、抗辐射等特性，已经成为中国人民解放军的装备用纤维材料。

（5）罗布麻别名红麻、茶菜花、红柳子、泽漆麻等，夹竹桃科。是能够野生于盐碱地的纤维植物，民间采其嫩叶加工后代茶，亦作药用。茎皮剥取后可以制成高级的可纺纤维。新疆等地区有大面积产区，资源丰富，是开发西部地区的重要项目。目前国内较为重视药用价值的开发，纤维利用率仍然较低。

（6）剑麻也称作剑兰、龙舌兰等，属于叶脉纤维。其硬质纤维具有拉力强、耐海水浸、耐摩擦、富有弹性等特性。可作渔业、航海、工矿、运输用绳索、帆布、防水布等原料。加工后的粕渣可作造纸、酒精、醋等的原料。

84. 你会鉴别毛纺织品吗？

毛织物可分为精纺和粗纺两类不同风格。精纺毛织物其呢面平整光洁，纹路清晰，光泽自然柔和，富有膘光，颜色纯正，手感柔软，滑爽挺括，不板不疲，身骨丰满，弹性好，抗皱性强，不易褶皱，用手捏紧松开后呢面能马上回复且几乎不留痕迹。粗纺毛织物一般比较厚重，呢面密布绒毛，手感柔软、丰厚，无板结感，弹性、抗皱性好，手捏后能很快回复且不留折痕。

鉴别毛织物时，可以从布边扯出几根纱线进行观察。纱线解捻后可以发现，其纤维较长，卷曲较多，根粗尖细。挨近火焰时会卷曲灼烧，在火中燃烧缓慢，还时常起泡，火焰呈蓝色；离开火焰后有时会熄灭，燃烧时有一种烧毛发的气味（蛋白质烧焦的臭味），其灰烬呈有光泽的不定形黑色块状，用手指一捻就碎。

在选择和判别毛织物时，最为重要的就是织物的含毛量。纯毛或是混纺，含毛量直接关系到面料的档次、服用性能及价格。

（1）观察衣料上的吊牌。一般吊牌上会注明含毛量或混纺比。

（2）观察布料的织边。很多纯毛织物特别是外销产品，会在布边上织上"纯毛100%"或"wool 100%"的字样。获国际羊毛局批准后，还可在其上印纯新羊毛的标志。但需注意，按国家规定，纯羊毛织物内可含少量的化纤（一般在3%～5%以下）以改善织物性能。

（3）通过手感目测法判断织物含毛量高低。含毛量越高，外观手感越接近于纯毛织物；含毛量越低，化纤特性越明显。这里，要想得到较为准确的结论，必须积累丰富的经验，有意识地反复多触摸一些纯毛及混纺织物，增加感性认识。采用燃烧法看火焰、闻烧后味道、手捏燃烧后黑焦是否易碎是鉴别毛织物的有效方法，通过练习后可以熟练掌握。

85. 仿丝绸服装是什么样的产品？

丝绸是我国久负盛名的产品，自从我们祖先发明养蚕取丝以来，它一直是属于高档衣着的面料。现代服装面料消耗很大，丝绸在数量上难以满足消费需要，也因价格高昂，多数消费者难以接受。人们很早就开始研究丝绸的仿制品，最早出现的是人造丝，是利用含纤维素丰富的木材经过化学加工而成。这种人造丝服装在光泽上可以与丝绸媲美，但在其他性能方面比丝绸差得较远，因此仿真效果并不显著。

20世纪60年代中期，合成纤维得到突飞猛进的发展。用异形截面涤纶丝，经过特种系列加工开发出第一代仿丝绸产品，它具有较好的身骨、鲜明的光泽、滑爽的手感和很好的抗皱性，但在穿着舒适性和颜色等方面与真丝绸仍然有很大的距离。后来经过多次改进，直到20世纪80年代，采用超细纤维和异形涤纶长丝为原料，经过混纤技术和其他技术综合加工而成近代仿丝绸产品，具有真丝绸一样的"丝鸣"特性和光泽，能达到以假乱真的程度，但在穿着舒适性方面仍然难与真丝绸服装匹敌，尤其不适宜紧贴皮肤穿着。

目前仿丝绸的服装与砂洗绸服装一样尚无统一的质量标准，因此市场上品质混乱，这给消费者选购时造成很多的麻烦。另外一些仿丝绸的服装出售时，往往回避纤维的本质而打着某名牌丝的招牌冒充真丝欺骗顾客，因此选购时必须小心，谨防上当。

86.马海毛是什么样的毛?

马海毛是"mohair"的音译名称，也就是安哥拉山羊毛，是光泽很强的长山羊毛的典型，属特种动物毛。"马海"一词来源于阿拉伯文，意为"似蚕丝的山羊毛织物"，后来成为安哥拉山羊毛的专称。安哥拉山羊毛原产于土耳其安哥拉省，19世纪末和20世纪初输出到南非好望角和美国的得克萨斯州等地，南非、土耳其和美国遂成为马海毛的三大产地。我国虽然也产山羊毛，但只有西北地区所产的中卫山羊毛类似马海毛。

马海毛的形态与羊毛相似，但某些特征不同。其鳞片平阔，紧贴于毛干，而且很少重叠，使纤维表面光滑、条干挺直，具有蚕丝般的光泽。马海毛的强度高，具有优越的回弹性和较高的耐磨性以及排尘防污性，不易收缩，也难毡缩，容易洗涤。

马海毛是一种高档的毛制品的原料，产量相对较少，因此价格昂贵。它属于多用性纤维，可纯纺或混纺织制男女西服衣料、提花毛毯、装饰织物、长毛绒、运动衣、人造毛皮、花边、饰带以及假发等。因为产量小，所以主要用于长毛绒、顺毛大衣呢、提花毛毯等一些高光泽的毛呢面料以及针织毛线。

一个时期曾非常流行"马海毛毛线"，很多人觉得价格不算太贵，颜色也很漂亮，结果买回来的实际上大多是用腈纶制造的仿马海毛制品。

87.怎样识别真丝面料?

真丝纺织品是服装面料中的佼佼者，尽管历经数千年人类文明的考验，至今仍然是大多数人钟爱的上品。然而相当多的化学纤维都能够把真丝织物模仿得惟妙惟肖，甚至可以乱真。但是在实际穿着使用和洗涤熨烫等环节中，却存在着相当大的差别。怎样识别它们呢?

真丝面料也就是丝绸纺织品,手感柔软、爽滑,有柔和的光泽和温润的感觉,在干燥的环境下把布面相互摩擦可发出丝鸣声。贴在面颊会感觉到非常舒适,完全无刺激感。把真丝面料抓在手里,有一种滑爽而润腻的感觉,如果是仿真丝面料则滑爽有余,却没有那种润腻感。燃烧时会嗅到烧头发的味道,并且在燃烧处结有酥脆的焦痂,用手指可以捻碎。

88.织锦缎和古香缎是什么样的面料? 怎样洗涤这类衣物?

织锦缎和古香缎都是中国丝绸的传统面料,目前市面上出售的这类面料有三种类型。

(1)真丝和人造丝交织而成的高档产品,其中缎地为蚕丝,提花部分为人造丝。

(2)全部由人造丝制成的全人造丝织锦缎和古香缎。

(3)使用合成纤维即涤纶或锦纶制成的仿真丝绸制品。

市售织锦缎和古香缎都属于色织织物。这两种丝绸的织物组织基本相同,主要是花色有差别。织锦缎可以有多种颜色,成品鲜艳多彩。古香缎则偏重较为暗淡的色彩,如黄色、棕色、驼色和古铜色等,图案则以传统花纹且较素雅为主。这两类面料是传统中式服装和一些少数民族服装的主要用料之一。图3-11是桑蚕丝与人造丝交织的织锦缎。

图3-11 桑蚕丝与人造丝交织的织锦缎

织锦缎和古香缎制成的服装一般适于干洗,其中全部由合成纤维制成的织锦缎和古香缎可以小心地水洗。不论干洗或水洗都要注意尽量让衣物减少受到摩擦的机会,因为缎纹面料承受摩擦的能力最差。在干洗这类衣物时还要注意检查衣物上是否装有硬表面的装饰物,最好将衣物翻转过来洗涤或是装在网袋内洗涤,防止造成面料的磨伤。

由于缎纹面料承受摩擦能力较差,这类服装在去渍时候也要特别注意,不能采用较大用力和比较强烈的手段,尤其要注意不能横向用力,以免造成跳丝、并丝等损伤。

89.为什么有一些面料"起毛起球"?

当你穿上一套新买的服装不久后,就出现了起毛起球现象,这实在令人不愉快。为什么有一些面料会"起毛起球"呢?

这种现象国外称之为"fuzzing and pilling"。就是指服装穿着后,因表面受磨部分生出绒毛茸,进而纠结成小球的疵病。发生这种现象的原因是受外力影响,服装面料中的纤维慢慢脱离纱线或织物而部分游离运动到面料的表面,先形成毛茸,经受到摩擦后，强度低的纤维毛茸脱落，强度高的纤维毛茸相互纠结而成为小的纤维球。如果是合成纤维织物，由于极易产生的静电更可促使毛茸纠结，很容易起球。因此合成纤维面料的服装往往是起毛起球同时出现。纯棉的或黏胶纤维（人造棉、人造丝和人造毛）的服装由于吸湿性高且强度低，因此虽然有时也能因摩擦生毛，但不会形成小球。而结构比较疏松的纯毛服装由于毛纤维的强度较高，磨出的毛茸虽然一部分脱落，但是也有一部分会形成小球。

　　起毛起球的现象与纤维的强度、纱线的捻度、织物的结构、染整加工中的工艺等有很大关系。穿着使用中的摩擦作用是让衣物起毛起球的元凶。

第四章　服装干洗

90.服装干洗有多少种方法？

自从服装干洗出现以来已有一百余年，而我国现代干洗技术的大范围普及是在20世纪80年代。目前全球洗染行业所使用的干洗方法主要有两种。

四氯乙烯干洗机所使用的干洗溶剂为四氯乙烯，约70%～80%的干洗机为四氯乙烯干洗机。自发明干洗技术以来干洗溶剂经过多次更新换代，在20世纪30～40年代时四氯乙烯成为主流干洗溶剂，四氯乙烯干洗机也几经发展，随着科技的进步从简单的干洗设备更新到目前高等级的全封闭式干洗机。

碳氢溶剂干洗机也就是俗称的石油干洗机，所使用干洗溶剂为碳氢化合物的混合物，称作碳氢溶剂。它是由最原始的干洗所使用的汽油、煤油一类有机溶剂发展而来。目前碳氢溶剂干洗机在洗染行业覆盖范围相对较小，约20%～30%。

20世纪末，美国休斯公司为解决海军潜艇官兵洗衣困难，研发推出了液态二氧化碳干洗机。这种干洗机具有一定的洗净度，不消耗水，而且没有有害废物排放，从而受到广泛的推崇。但是由于这种干洗机工作时内压高达5.6MPa（55个大气压），设备造价较高，短时间内还难以推广普及。

91.干洗溶剂是怎样发展到今天的？

由于发现某些石油类产品可以把衣物洗涤干净，于是发明了干洗技术。而使用石油类干洗溶剂干洗却历经了坎坷的过程，其关键就是安全性与洗净度。

据记载，在19世纪60～70年代，英国已经较为普遍地使用汽油作干洗剂。为了彻底解决汽油溶剂安全性差的问题，在20世纪初期开发出了卤代烃合成干洗溶剂，首先使用的是四氯化碳。不久，因为四氯化碳具有很大毒性且腐蚀性很强，就逐渐被其他卤代烃溶剂代替。1918年，欧洲开始使用三氯乙烯，但它的脱脂力太强，衣物经过多次干洗后，羊毛纤维发生脆化，使服装面料强度下降，于是也被淘汰。目前，使用最为广泛的氯代烃合成溶剂是四氯乙烯（PEKCRO）。它安全性好，去污能力强，脱脂能力适中。但它也存在着一些缺点，如四氯乙烯发生酸化以后对金属材料的腐蚀作用，对大气、土壤和水质造成某些环境污染等，因此20世纪中期以来又开发出CFC-113（三氟三氯乙烷）为代表的氯氟烃溶剂。氯氟烃（也就是氟利昂系列产品）溶剂无毒、不可燃，对橡胶、金属和化纤无腐蚀性，洗净度又很好，因而受到好评。但是由于氟利昂溶剂有破坏臭氧层的问题，目前已被相关国际组织确定严格禁止使用，从而使人们重新转向石油溶剂，也就是碳氢溶剂。随着科技的进步，用于干洗的碳氢溶剂从溶剂本身到碳氢溶剂干洗机都有了一些改造和进步。近年来高端的全封闭碳氢溶剂干洗机也已经在市场出现，不过由于售价仍然偏高，大面积普及尚需时日。

92.为什么干洗时要用网袋？如何使用网袋？

网袋主要起到保护作用，减少娇嫩面料与其他衣物之间的摩擦，防止小件物品进入门缝而造成磨损或丢失，同时也防止管道及油泵的堵塞。

网袋的选择标准如下：① 网袋的尺寸应比衣物的尺寸大。② 网眼越大的保护作用越小。磨损的衣物面料，应选用网眼小一些的，如真丝缎面各类服装及物品、珠子、水钻、金属链、坠子、穗子及领带、领花、手套、活领、活袖头、腰带、肩袢、袖袢等。③ 带有金属钩、尖锐棱角并与衣物固定的金属装饰物、带有尼龙搭扣的衣物等，要用锡箔纸包裹，或用通透性好的豆包布覆盖后，再装入网袋洗涤，以免损坏自身及其他衣物。

注意事项：① 厚料衣物在网袋中烘干速度较慢，可根据具体情况，在烘干的中后期将网袋去除，以便顺利烘干，提高工作效率。② 网袋的使用对洗涤有负面的影响。由于衣物成团堆积、活动范围的限制，其洗净度及洗涤均匀度较差，所以，凡是能不用网袋的还是尽量不用。网袋的使用只是个权宜之计，更不要滥用。

93.为什么干洗前衣物要分类？如何分类？

干洗前衣物分类是为了防止事故的发生，同时也是为了提高工作效率和干洗质量。

按材质分：按衣物面料的纤维材质进行分类。如棉、麻、丝、毛、化纤混纺等材质的衣物各自分开，以便采用不同操作程序进行洗涤。这样做的目的是为了防止事故发生，保证干洗质量并提高工作效率。按材质分类，主要适用于干洗量较多的企业，先按材质分类后，再进行细分。如果干洗量不多，此种分类方法就没有必要了，只要把真丝衣物分出来就可以了。由于真丝织物的染色牢度较差，要单独、低温干洗，如有降温装置，可控制在18～20℃的范围内洗涤，并用断续脱液的方法进行脱液，以免搭色事故发生。如果所使用的干洗机没有溶剂降温装置，真丝衣物应在早上第一车时洗涤，因为此时干洗剂温度较低，即使产生掉色，也是比较轻的。

按颜色分：该种分类方法，不论企业大小，都要使用。因为不分颜色深浅的洗涤方法是绝对不行的，深色的衣物会对浅色衣物造成串色、搭色等事故。服装的颜色太多了，如果按每件衣物的具体颜色分类，从技术上是无法操作的，因此，采用按颜色的饱和度来进行分类。

具体分法是按浅灰、中灰、深灰来分。在此"灰"字并不代表真正的灰色，其含义是表示两种或两种以上颜色配制出的调和色。因为无法用文字表达其具体的色彩，故而采用了这种模糊表达方式。以该种颜色的主色调加上一个"灰"字即可，如主色调为蓝的称为"蓝灰"、主色调为绿的称为"绿灰"等。这样，就将按颜色分类的复杂问题简单化了。

在按颜色分类时，不能按一个固定的模式来分（除了黑与白以外）。有些较浅的颜色，在不同的季节，可能要改变它们的类别位置。如：驼色在冬季一般分为浅灰，而在夏季，驼色就会分到中灰一类去了。所以，要以当天要洗的这一批衣物为准，分为浅灰、中灰和深灰。

在按颜色分类过程中，要将容易掉的颜色——红、绿、棕、紫，这几个颜色的衣物单独挑出来，然后进一步分析其掉色的程度。具体方法是分析其织物纤维的材质。如果是天然纤维，这些颜色会掉色较为严重；若是纯合成纤维（除假冒伪劣染色外），一般都不会掉色。在服装面料中，混纺面料的比例很高，这时，要更进一步地分析其天然纤维与合成纤维的比例关系。如天然纤维的比例越高，其掉色的程度就越严重；若合成纤维的比例越高，其掉色的程度会越轻。在干洗前，若想了解其织物掉色程度，可用白色毛巾蘸少许四氯乙烯在衣物的隐蔽处擦拭几下，然后看其掉色程度，即可得出结论。若掉色严重，在干洗时要降低洗涤温度，同时还要适当缩短洗涤时间。

干洗掉色衣物，整车衣物的颜色要基本一致，不能有红有绿或更多的颜色，防止搭色、串色事故的发生。

在干洗量较小的单位，如果只有一两件掉色的衣物，可将掉色的衣物与深色衣物一同洗涤。如果是一红一绿两种颜色，要分在两个车次内洗涤。与此同时，还要检查该车深色衣物内是否有浅色衣里的衣服，尤其是高档西服的袖里大多为白色或浅灰条纹，其材质多为吸色率很强的真丝或黏胶纤维，故此要格外小心才是。

按薄厚分：按衣物面料的薄厚分类。其目的如下：第一，保护薄料衣物。在薄厚织物悬殊较大的情况下，如凡立丁、派力司与大衣呢一起干洗，在烘干时，薄料很快就干了，而大衣呢继续烘干很长时间，这时薄料衣物就会造成不必要的磨损。如遇较旧的衣物，就会出现边角的破损。第二，不同薄厚的衣物分开洗涤，可节约大量的烘干时间，可以提高劳效，降低成本。

按脏净分：按脏净分类的目的，就是要节约时间，因为较脏的衣物相对比例还是很小的，如果分散在每个车次内，虽然一车增加两三分钟的洗涤时间并不算多，但日积月累，就是个不得了的数字了。

在清洗轻度污染的衣物时，应尽量减少洗涤时间。原因如下：节约时间；降低二次污染率；降低脱脂率，提高干洗质量。

94.为什么在干洗前要对衣物进行检查？主要检查哪些内容？

在干洗前衣物的检查，是决定干洗过程中是否会出现洗涤事故的重要环节。因此，不得有丝毫的疏忽，否则会造成各式各样的事故。

主要检查的内容如下所述。

衣物的材质：要将不能干洗的衣物分拣出来，防止干洗事故。如人造革、涂层面料、复合面料、植绒面料等。

衣服的纽扣：要将不能接触四氯乙烯的纽扣分拣出来，防止洗坏。如塑料纽扣、金属托塑料的纽扣、塑料托金属的纽扣、包扣、贝壳扣、竹木扣等都不能干洗。有机玻璃扣和树脂扣可以干洗；全金属扣虽然可以干洗，但要用锡箔纸包好。

装饰物：易磨损的装饰物要装网袋；少量受干洗剂影响的要拆，不能拆的或数量大的要改为水洗。个别部位如有无法拆卸的装饰物，或有尖锐棱角的装饰物，应予以覆盖。其覆盖物应使用豆包布，并用白线予以缝合，不得使用洗衣厂内的旧床单、被套来代替。由于普通棉布比豆包布的液体通透性差，在干洗过程中，被覆盖的部分与没有覆盖的部分二次污染状态会有差别，尤其是较浅色的面料，当干洗后，拆掉覆盖物后就会发现色调不一致。

皮革装饰物：在衣物上很常见，由于皮革染色牢度较差，干洗会掉色。如果服装面料与皮革颜色相同或比皮革颜色深，那还好洗，若是皮革颜色比服装面料颜色深，就应将皮革拆掉后方能洗涤。如若无法拆除或拆除后无法恢复，那就不论干洗或水洗都无法洗涤了。

衣袋内遗留物：必须彻底清理干净，否则，有些物品会影响洗涤质量，有些物品还会酿成洗涤事故，如化妆品、各种笔、卫生纸等。

95.为什么人造革不能干洗？如何鉴别？

人造革是将树脂类物质混入粉碎后的天然皮革涂于衬基之上而成的服饰材料。在干洗过程中，四氯乙烯会（石油溶剂不会）将人造革脱脂，故而造成干洗事故。

现在有许多服装上用皮革或人造革做装饰，如猎装的领子、袖口、兜口、托肩、袖子的肘部等部位，经过干洗后，会使人造革变硬、脆裂，有的甚至会产生脱膜现象。而天然皮革不会有明显的问题。早期的人造革较为硬挺，由于技术、工艺的发展，如今的人造革，其外观及手感几乎达到了以假乱真的程度。因此，在衣物检查时，要鉴别天然皮革与人造革，以防事故发生。具体鉴别方法如表4-1所示。

表4-1　天然皮革与人造革的鉴别方法

鉴别方法	滴水法	燃烧法	看反面
天然皮革	滴在皮革表面的水会渗入内部	有烧毛发的气味	为不规则的绒毛
合成人造革	很长时间也不会渗入	有烧塑料味	有衬基布[①]
再生人造革	很长时间也不会渗入	有烧塑料味和烧毛的味	有衬基布[①]

① 人造革衬基布有三种：经纬平纹衬基；针织衬基；无纺衬基。

96.为什么涂层面料不能干洗？如何鉴别？

涂层面料的涂层为橡胶与树脂的混合物质，在干洗过程中，四氯乙烯会将涂层脱脂或有一定的溶解，继而造成干洗事故。

涂层面料大多是用涤纶或锦纶材质，其外观平挺、无碎褶。其特性为：不透水、不透气。PU涂层可用石油溶剂干洗，如经四氯乙烯干洗，可造成其局部起泡；深色面料会产生浅色条状或不规则片状的印迹，浅色面料会产生深色条状或不规则片状的印迹；有些涂层面料还会产生涂层溶解并渗透到外面，手感发黏；更甚者会变硬，弯曲会断裂。因此，涂层面料必须水洗。

鉴别方法：可利用其不透水、不透气的特性进行鉴别。将其放在去渍台上，在衣物面料上点上一滴水，打开去渍台的吸风，观察水滴状态。如果水滴没有变化，说明该面料为涂层面料。如果打开吸风水滴进入织物内，则说明不是涂层面料。在没有去渍台的条件下，也可以采用嘴吹的方法，如果是涂层面料，吹的气就不会透过。

97.为什么复合面料不能干洗？如何鉴别？

复合面料是将两层织物用黏合剂粘在一起的新型服装面料。因其黏合剂不耐有机溶剂，在干洗过程中黏合剂会产生溶解或脱胶，因而造成起泡、渗胶、表面发黏等现象。

复合面料是在涂层面料的基础上发展出来的。由于涂层面料不透气，在天气较冷的情况下，人体挥发的水分就会凝结在涂层上，使人感到湿漉漉的，很不舒服。为了改变这种现象，发展出了复合面料，将两层面料黏合在一起即可。该种面料与涂层面料的性质基本一致，鉴别方法也相同，所以也要水洗。

98.为什么植绒面料不能干洗？

植绒面料有黏合植绒和静电植绒两种，因其植绒牢度较差，故此，植绒面料既不能干洗也不能水洗。

传统的绒质面料，如平绒、灯芯绒、立绒、麻绒、丝绒等，是在底板上织出纱线套，经割绒机割绒后形成绒面。其绒的结构牢固，一般不会掉绒。而黏合植绒，是用黏合剂将绒粘在织物的底板上，一旦遇到能使黏合剂溶解的洗涤剂（也包括水洗剂）时，植上的绒就会脱落。因此，黏合植绒既不能干洗也不能水洗，纯属一次性服装。

静电植绒是利用静电所产生的吸附力将绒毛吸附在织物上，其结合力有限，衣物经常摩擦或弯曲的部位在洗涤（包括干洗、水洗）时极易脱落。所以，也属于一次性穿用的衣物。在门店收活时要把好关，以免因退活使顾客误解该店技术水平，而影响顾客对该店的印象。

99.为什么干洗前要进行预处理？预处理包括哪些内容？

预处理又称前处理，即在干洗之前对需洗涤的衣物进行适当的处理，以取得最佳的整体洗涤效果。

在日常生活中，衣物接触含蛋白质、糖、单宁酸及胶原类污渍的机会很多，这些污渍都属于水溶性污渍，在干洗过程中是洗不掉的，而在烘干过程中，因受热就会将其永久性地固定在织物上，后处理也是无济于事的。因此，干洗的前预处理对部分污渍的去除就显得非常重要了。

100. 为什么干洗去除油性污垢效果好？

干洗所使用的有机溶剂，对油脂的溶解性较强，所以，干洗去除油性污垢效果好。干洗剂的溶解度愈高，去除油性污垢的能力就愈强。大家都知道石油溶剂的洗净度不如四氯乙烯，其原因就是它们溶解度的不同所致。再有就是溶剂的溶解范围愈宽泛，去污效果就愈好。

101. 为什么干洗与水洗是互补的关系，而不是对立的关系？

由于干洗的性质所限，干洗的工作对象也同样受到限制，故此，干洗只适合轻度的污染衣物。污染严重的衣物大多属于水溶性污垢，干洗是不会达到理想的清洗效果的。在人们的头脑中有一个误区，认为干洗比水洗好，不缩水、不变形，干洗比水洗更科学、更先进，这种说法是一个错误的认识。判定事物的优劣，要全面衡量。干洗与水洗是洗涤技术中的两个分支，它们有各自的优缺点，从技术层面上讲它们没有高低、优劣之分，只是工作对象的不同，所以它们之间是互补的关系，而不是对立的关系。

102. 四氯乙烯干洗有什么优缺点？

服装干洗已经发明一百多年，使用过多种不同的干洗溶剂。而使用四氯乙烯作为干洗溶剂至今约70年，全球约70%～80%的干洗机使用四氯乙烯，这是一百多年以来人们经过反复选择的结果。四氯乙烯是使用时间最长的干洗溶剂，虽然它未必是最理想的选择，但它的某些优点确定了今天的地位。那么，四氯乙烯都有哪些优点和缺点呢？

（1）四氯乙烯的溶解范围比较适中，可以溶解多数脂肪酸和许多动物、植物、矿物性油脂，也能够溶解某些橡胶类物质和聚氯乙烯树脂等。但是不能溶解淀粉、蛋白质、糖类和盐分等。因此适合洗涤以油脂型污垢为主的衣物。

（2）四氯乙烯是无色透明的挥发性液体，有类似氯仿的气味。在常态情况下，四氯乙烯不会燃烧和爆炸，也没有闪点，所以作为干洗溶剂具有较好的安全性。

（3）四氯乙烯的相对密度约1.62～1.63，在干洗过程中具有较强的冲击动能，利于提高衣物洗涤的洗净度。

（4）四氯乙烯的沸点为121.2℃，能够比较容易地进行干洗溶剂的蒸馏更新，使干洗机工作效益具有更高的性价比。

（5）四氯乙烯在各种有机溶剂中属于低毒类产品，但是仍然对亲密接触者具有一定影响，通过呼吸道吸入或接触皮肤、黏膜，可以造成中毒伤害。我国规定工作场地空气中所含四氯乙烯不超过167毫克/米^3。

（6）四氯乙烯在紫外线照射、较高湿度和较高环境温度条件下，有可能发生分解，产生氯离子，使四氯乙烯酸化，从而对干洗机的一些部件造成腐蚀，因此使用单位不宜较大量长时间储存四氯乙烯。

（7）使用四氯乙烯的干洗机进行溶剂蒸馏以后的残渣仍然含有一定数量的溶剂，如果随意倾倒就会渗入土壤和水系。由于四氯乙烯降解过程所需时间极长，因此可造成土壤水系的污染，因此，四氯乙烯蒸馏残渣需要进行无害化处理。

103. 怎样检验四氯乙烯是否发生了酸化？ 如何防止？

四氯乙烯的酸化倾向是大家都熟知的，但是由于其酸化过程非常缓慢，短时间内往往无法觉察。但是，当已经出现了酸化状况，一些设备部件发生腐蚀的时候，为时已晚。其实，我们平时可以采用有效措施来检验测试四氯乙烯，时时关注所使用的四氯乙烯是否酸化。

四氯乙烯基本上不能溶解于水，因此不能直接测试其pH值，但是我们可以采用间接测试方法检测，具体方法有以下两种。

其一，从纽扣捕集器或蒸馏箱处取出100～200毫升四氯乙烯，装在三角烧瓶中，加入相当于四氯乙烯50%的清水，用力摇动使之均匀混合。这时混合物暂时成为乳白色，静置几分钟以后清水与四氯乙烯分成清晰的两层。这时可以使用pH广泛试纸测试浮在上面的水。如果不低于6，可以认为尚未明显酸化。如果低于6，就是已经发生酸化了。

其二，当干洗机处于正常负荷的情况下（每天至少洗涤5车以上衣物），把全天从油水分离器流出的凝结水收集起来，经过搅匀以后取其中部分进行测试。具体测试方法和判断结果与上述过程一样。

104. 什么是石油干洗？

石油干洗是市面上的俗称。石油干洗的正确名称应该称作"碳氢溶剂干洗"，简称碳氢干洗。这种干洗剂由石油烃类碳氢化合物的混合物构成，所以有人称其为石油干洗，并且沿袭下来。碳氢化合物也称作"烃类"，是个大家族，石油烃是这个大家族中的重要组成。历史上干洗行业曾经直接使用汽油、煤油一类溶剂干洗衣物，但是因为易燃易爆危险性太高而被淘汰。到了1926年，出现了一种叫做stoddard（斯托达德）的石油类干洗溶剂，这是专门为干洗而设计的碳氢溶剂，也就是现在我们所使用碳氢溶剂的前身。截至目前，干洗用碳氢溶剂已经开发出不同的规格牌号产品，它们筛除了极其易燃易爆的一些成分，保留了具有适当成分以利于干洗衣物，如DF2000、D40、D60等。它们总体上讲都是石油烃类碳氢化合物的混合物，但是在具体理化特性方面有一些差别，以适应不同类型碳氢干洗机和不同设计要求的干洗工艺。

105. 四氯乙烯干洗和石油干洗有什么区别？

四氯乙烯干洗和石油干洗都是用有机溶剂洗涤衣物，都是干洗。其不同处主要有以下几方面。

（1）溶剂不同。四氯乙烯是单组分溶剂，其化学成分为C_2Cl_4，具有溶解范围较宽，去污力较强，不燃、不爆、无闪点等特点；石油溶剂由石油烃类的混合物组成，具有一定的去污力，洗涤能力温和，但易燃、易爆，安全系数较低。

（2）洗净度不同。从洗净度看四氯乙烯溶解范围比起石油溶剂要宽泛一些，因此可以溶解的污物多一些，洗净度高于碳氢溶剂干洗。但是碳氢溶剂适合一些服装附件以及一些涂层面料、复合面料，不至于造成脆化发硬。

（3）设备不同，原料消耗不同，环境影响也不同。四氯乙烯干洗机低档机型为开启式，高档机型为全封闭型。它们之间洗涤效果相差不多，但是溶剂消耗和环境影响相差甚远。目前最先进的全封闭干洗机符合欧洲环保要求，溶剂消耗只有开式机的1/10～1/7。国内洗衣业使用封闭式干洗机企业不足30%。而目前使用石油干洗机的洗衣店95%以上是开启式的分体机，不能蒸馏更新溶剂，也不能回收气态溶剂，溶剂消耗量大且污染大气环境。

106.怎样保证干洗的洗涤质量？

（1）干洗程序。

① 装衣量。干洗机的装衣量必须适度，最好不超过额定装载量的90%。在洗衣旺季时为了提高效率而超载并不划算。干洗机装载量过多会造成洗涤下来的污垢再沉积，一些水溶性污垢更难去除，使洗净度大大下降。几乎所有的干洗机都不适合超载，最好在每次装衣时称一下干洗衣物的总重量。

② 洗衣时间。规范的干洗机都会设定相应的干洗工作程序，这些洗涤程序大多进行过专家论证和实践检验，因此，使用自动程序干洗衣物是首选。干洗洗涤过程中，为了保证衣物的洗净度，干洗溶剂至少需要循环过滤10次。一般情况下，干洗溶剂为每分钟一个循环，自动程序是保证了这个条件的，如果采用手动操作建议洗涤时间至少为10分钟。

③ 烘干温度。烘干温度过高容易损坏织物，还可能带来其他的问题。烘干温度过低洗衣效率受到影响。一般衣物可以设定为65℃，皮革和毛皮衣物、一些娇柔衣物的烘干温度可以更低一些。

④ 烘干时间。烘干时间对于烘干效果及溶剂回收十分重要。在正常烘干温度下，烘干时间为30分钟左右。当干洗机烘干速度太慢时，则应该查验和检修干洗机，以避免不必要的能源损失。

（2）干洗溶剂与助剂。

① 溶剂颜色。干洗溶剂洗涤一些衣物以后必然含有衣物脱落下的污物。当干洗溶剂的颜色出现淡黄色时就应该进行蒸馏更新。如果干洗溶剂已经如同啤酒色，那就必须进行蒸馏了。

② 干洗助洗剂浓度。使用干洗皂液、枧油、强洗剂等干洗助洗剂，是去除衣物上水溶性污垢的保证。采用涂抹干洗助剂的方法进行预处理时不可过多地加入水，

把干洗助剂加入洗衣舱的使用方法，用量则应该参照生产厂家提供的使用说明，也不宜过多。

③ 溶剂温度。干洗溶剂温度不宜太高，过高容易造成衣物褪色或机内污染，过低洗净度会受到影响。溶剂温度20～30℃时最为合适。

（3）溶剂的净化与更新。

① 过滤。干洗过程中衣物上所有不能溶解的污垢洗涤下来以后，大多数都会被过滤器拦截，留在过滤器内，主要是一些固体颗粒污垢和悬浮物，所以不论什么样的过滤器使用一段时间以后污垢就会饱和，从而使过滤器内压升高，通过清洗过滤器可使一些污垢脱落到过滤器底部排到蒸馏箱。

清洗过滤器并非是无限次的，使用滤粉式过滤器需要更换滤粉，使用滤芯式过滤器需要更换滤芯。

② 蒸馏。溶解于干洗溶剂内的油脂型污垢只能通过蒸馏分离出去。而过滤器内的脏干洗溶剂也需要通过蒸馏予以更新，因此及时对干洗溶剂进行蒸馏更新是必要的。

③ 活性炭。活性炭可吸附干洗溶剂中的颜色。多数卡式过滤器的滤芯内含有活性炭粉，一些等级较高的干洗机还会配置单独的活性炭过滤器。当然在洗涤一定数量衣物以后也需要更换活性炭或滤芯。

（4）检验与处理。

① 补充去渍。完成洗涤熨烫以后的衣物必须经过质量检验程序，确保衣物干净平整。如果发现还有残余的污渍一定要进行补充去渍，使消费者满意。

② 去除纤毛。打包上架以前还要把衣物上的纤毛粘下来。

107. 要知道，干洗也是机洗！

服装干洗具有去油、保型、保色、操作简便快捷等优点，于是有人过分依赖干洗。甚至误认为除去那些少数不适合干洗的衣服以外，不论什么服装都可以干洗。殊不知"干洗也是机洗"，因此一些不适合进行机洗的衣物，经过干洗后也会出现各种各样的问题。

让我们分析一下衣物干洗全过程的受力情况。

（1）基本数据。

干洗机常规转速：40转/每分钟；

干洗全过程用时：40～45分钟；

扣除：排液、脱液、间停等用时10～15分钟；

被洗衣物实际转动总时间：约30分钟；

干洗机每一转衣物活动情况：滚动、摩擦、跌落、摔打2～5次。

（2）干洗过程中衣物受力情况。

转动总时间 × 干洗机转数 × 每转活动次数=衣物活动总次数

30（分钟）×40（转）×（2～5）次=2400～6000次

因此，衣物在干洗过程中的受力情况不可忽视！干洗也是机洗！

108.干洗以后的拉链为什么会那么涩？怎样解决？

衣物经过干洗以后拉链都会很涩，拉动困难，不小心很可能就把拉链扯坏。所以干洗机的操作员工会在干洗前将所有的拉链拉上，尽量降低干洗时对拉链的影响。尽管如此，干洗后的拉链仍然不能顺畅地拉开拉合。其主要原因是在干洗时把拉链表面原有的润滑剂洗掉了。由于干洗机在进行烘干后拉链头和拉链牙也会聚集许多细小的灰尘，更加剧了拉链的滞涩。

福奈特拉链润滑剂是专门为解决这个问题设计的干洗助剂，它能很容易地轻松解决这个问题。

具体使用方法：干洗前将衣物上所有的拉链先拉合，洗后将拉链润滑剂瓶子的尖嘴对准拉链牙沿线滴入即可，这时拉链立即可以顺畅地拉开拉合。如果不小心把拉链润滑剂沾染在衣物上面，只要干洗一下即可彻底干净。

109.漂白或极浅色的衣物干洗后为什么灰蒙蒙的，甚至不如原来干净？

干洗的洗涤介质是有机溶剂，没有真正意义上的漂洗过程。干洗时溶剂内含水极少，故名曰"干洗"。在干洗的全过程中由于机械运动量较大（滚筒转动、液泵喷淋、衣物摩擦等），静电在所难免。不论什么衣物都会吸附细小的灰尘，通过烘干过程这些细小灰尘会牢固地结合在衣物上。对于较深色衣物这一情况我们难以观察清楚，而白色或浅色衣物这种问题就非常明显了。由于白色或特浅色衣物多数是内衣或夏季衣物，大多数采用水洗，当然不会有发灰的现象。而一些白色或特浅色的外衣就面临选择怎样洗涤的问题。这类衣物如果有可能应该尽量水洗。带有较硬衬布或是镶有皮革或皮毛附件的浅色衣物，则需要将干洗机彻底洗车，并使用全新四氯乙烯单独干洗。干洗时为了减少机内污染，不通过过滤循环洗涤，不让溶剂通过过滤器，尽量减少颗粒污垢沾染的机会。

110.怎样干洗白色和极浅色衣服才能保证质量？

从事干洗工作的人都知道，白色和极浅色衣物的干洗质量往往较差，大多容易发灰、发黄或发土。那么这类衣物怎样干洗才能保证质量呢？

（1）由于服装干洗的过程没有衣物水洗时的漂洗环节，所以，已经使用过的干洗溶剂中还会含有相当数量的残余污物。因此，要求干洗白色和极浅色服装时必须使用蒸馏更新以后的洁净干洗剂。

（2）干洗机洗衣舱内不可避免的有一些几何形状结构死角，自然会有一些残存污垢。尤其是干洗机滚筒的外壁和洗衣舱内侧都会积存许多极细的灰尘与纤毛，在干洗机液体管路中也会积存一些污物。当每次干洗衣物时，由于滚筒转动和干洗溶剂的喷淋循环，这些污垢就会脱落下来进入干洗剂，成为洗涤时的污染源。所以每次洗涤白色和极浅色衣物时一定要预先比较精细地洗车。

为了确保干洗机的清洁度，洗车的过程也有一定要求。第一次洗车可以使用干洗剂工作箱的溶剂，液位无需很高，只要稍微高出滚筒底部一些即可。空车转动3～5分钟后，把干洗剂放入蒸馏箱蒸馏。第二次洗车要使用清洁箱的干洗剂，液位可以适当高一些，空车转动3～5分钟后，溶剂可以放入工作箱，以后可以继续使用。

（3）过滤器是干洗机整个系统中存留污垢最多的地方，这是它的基本职责。因此，干洗白色和极浅色衣物时不要使用过滤器，包括干洗前的两次洗车和进行衣物干洗时都不必使用过滤循环，尽可能减少干洗机内的再次沾染。

（4）为了保证衣物洗涤质量，白色和极浅色衣物上的重点污垢最好预先进行去渍处理，尤其是那些水溶性污垢一定要彻底清除，以使干洗后减少不必要的处理环节。经过预处理的衣服不能湿漉漉地装机洗涤，要使大部分水分挥发以后再进行干洗。

111. 干洗也会改变衣物的颜色吗？

服装干洗具有保型、保色、方便快捷等诸多优点，因此广泛受到消费者的推崇。有的人甚至认为自己的衣服是名牌高档服装，只能干洗不能下水。但是，有一些衣服经过干洗后居然发生颜色改变现象，原来是棕色面料的衣服干洗后竟然变成了绿色，原来是绿色的面料变成了淡蓝色，这到底是为什么呢？

服装面料上的颜色既有通过染色形成的，也有通过印花方法形成的。单一颜色的传统面料都是经过染色工艺制成的，面料的正反面都是同一颜色。而近几十年来开发出一种新工艺，采用印花方法印制单一颜色面料。也就是说这种方法印制的颜色面料只在面料的一面有颜色，背面基本上是白色的。这就是纺织品新型涂料印染技术。

目前所使用的新型涂料印染技术与传统的涂料印染主要区别在于它无需进行复杂的后处理工艺，如同印制画报一样，印制工艺完成以后几乎就是成品，具有优异的节能减排和高效率的优势，所以这种工艺迅速推广开来。但是，这种新型涂料印染技术产品不能耐受四氯乙烯干洗，干洗后这类面料就会发生褪色或变色的尴尬。

112. 什么是干洗机内污染？怎样防止干洗机内污染？

一些浅色衣物经过干洗以后，莫名其妙地出现一些条纹状或斑块状的污渍。这些污渍大多数是黑灰色或是灰褐色，仔细观察又有一些像是颜色沾染，这就是干洗机内污染。干洗机内污染主要发生在干洗浅色衣物时，而且似乎并无规律可循。其实，发生干洗机内污染的根本原因是干洗机工作时机内存在着游离水。也就是说，干洗机工作过程中，某些衣物表面存在的水分把其他衣物上或已经脱落在干洗剂中的污垢转移到浅色衣物上，造成污染。机内污染所沾染的污渍或沾染的部位可能没有什么规律，但是干洗机内没有游离水是不会发生机内污染的。为了防止干洗机内污染，就要注意防止干洗机内出现游离水。最主要的是不要把带有明显表面水分的衣物装机洗涤。经过预先去渍处理的衣物要尽可能把水分挥发掉以后装机，涂抹了枧油的衣服要放置一段时间再进行干洗，不要立即装机洗涤。

113. 干洗后的衣物为什么会有静电？怎样消除？

干洗的全过程基本上是没有水的，尤其是经过烘干的时候，衣物上原有的一点点水分也会先于四氯乙烯蒸发干净。也就是说干洗后的衣物是干透的。对于天然纤维的衣物，从干洗机拿出来那一刻起，就开始吸收周围的水分，而且很快就能达到和保持与环境相平衡的水分。但是多数合成纤维不具备这种能力，因此会布满静电，干洗机内外也会充满静电，甚至经过很长时间这些衣物上的静电也不能消除。在出车、流转、熨烫、包装乃至顾客取回家中直至穿到身上，静电可能仍然存在，这是个非常扰人的现象。在北方干燥地区或干燥季节这种现象更是严重，静电一直困扰着洗衣业和顾客。

其实干洗静电现象是可以控制的，福奈特洗衣连锁系统向其加盟店提供干洗静电消除剂，可以有效地消除干洗静电。

具体使用方法：在干洗主洗程序开始时从助剂加料口或纽扣捕集器加入，使用全新的四氯乙烯溶剂每10千克衣物需要加入40～60毫升，当使用已经含有静电消除剂的四氯乙烯时只需要加入25～40毫升静电消除剂即可。

在干洗衣物的过程中使用干洗静电消除剂以后，所有静电现象完全消除。而且干洗静电消除剂可以和所有的干洗助洗剂（枧油、皂液或强洗剂等）兼容共用，并具有洗涤协同作用和对衣物的柔软作用。

114. 干洗过程中是否需要水？

看到这个问题可能会问："干洗过程中如果有水，那不就变成水洗了吗？"可事实上并非如此，干洗通过干洗溶剂在机械力的辅助作用下完成洗衣过程。但在干洗过程中确实需要一定数量的水。这是因为衣物上的污垢，除去不能溶解的固体颗粒污垢以外，主要由两部分组成：一种是油性污垢，它们可以溶解在干洗溶剂内去除；另一种是水溶性污垢，这种污垢只溶解于水。如果干洗条件下完全没有水，那水溶性污垢就完全无法去除。由此可以看出在干洗过程中有适量的水分存在是十分必要的。

所谓"干洗"是指不使用水作为洗涤介质。准确地讲，干洗实际上是"溶剂洗涤"。那么，干洗机内有没有水呢？答案是肯定的。在干洗机工作时，液水分离器会不断排出凝结水就足以证明干洗机内水还不少。

既然干洗机内含有一定水，就必定会起到相应的作用。干洗技术发展到今天，干洗机内水的重要性也逐渐被人们认识。实践经验证明，干洗机内不能没有水，但是水又不能过多。

那么，干洗机内的水是怎样发挥作用的呢？这主要是借助于干洗助洗剂（干洗皂液、干洗枧油等）的作用。干洗助洗剂的主要成分为各种表面活性剂，每一个干洗助剂分子都有一个亲水基和一个亲油基。当干洗助洗剂进入干洗系统后，干洗助洗剂分子就会将水分子和干洗溶剂分子亲和在一起，这样水就会均匀地分散在干洗溶剂中。正是由于水分子的存在，才有可能将大部分水溶性污垢洗掉。

115. 干洗机内的水是从哪里来的？

既然干洗机内存在着一定数量的水，那么水是从哪里来的？经过分析和研究，发现干洗机内水的来源共有五个方面。

（1）衣物自身含有的水。所有的衣物都会含有一定的水分，其具体比例因面料里料的纤维成分不同有一些差异，平均含水量相当于衣物总重的5%～8%。如干洗一车10千克的一般衣物，其含水量约在500～800克。但在潮湿度特别大的地区或是季节，衣物含水量有可能大大超过这个比例。衣物自身所含水是干洗机内水的主要来源。

（2）干洗助洗剂含有的水。各种类型的干洗助洗剂（皂液、枧油、强洗剂等）都含水，至少占这些助剂总重的60%。由于使用干洗助洗剂的方式不同，进入干洗机的水也会有一些不同。如果采用把干洗助洗剂直接加入机内的方法，其水含量可以直接计算出来。如果采用调配后对重点污垢以涂抹方法进行预处理，这时所含水可能更多一些。通常干洗每车衣物，由干洗助洗剂带入的水约在50～100克。

（3）干洗前预处理带入的水。干洗前进行必要的去渍预处理是通常的做法，不论什么样的去渍预处理最后都会使用清水清除残余药剂。在装机时，处理过的衣物不可能彻底干燥，总会有一些残留的水带入干洗机。这些水每车衣物可在50～200克。

（4）干洗溶剂中含有的水。不论什么样的干洗溶剂与水的相互溶解度都是很低的，但仍然含有少量的溶解水。常态情况下，四氯乙烯内可含有的溶解水为0.0105%，即每100千克四氯乙烯（61～62升）含有水10克左右。而碳氢溶剂内所含溶解水还会略高一些。根据干洗时注入干洗机内的溶剂数量，一般可带入干洗机内的水约在10克左右。

（5）环境水在干洗机内的凝结。干洗机每一个工作循环，机内水含量就会有一次从最高值到最低值的过程。装机后开始运行时，机内水处于最高值。干洗洗涤过程完成后，从烘干程序开始，机内水逐渐减少，至烘干结束衣物出车时机内水含量降至最低值。此时，干洗机洗涤舱内水分几乎为零。在开启干洗机舱门取出洗好衣物准备下一车次洗涤时，干洗机与外界环境空气充分交换，环境水也同时陆续进入干洗机，成为干洗机内水的组成。由于所处地区与季节的不同，这一部分水的总量各不相同，可从几克到十多克。

116. 衣物干洗为什么也会抽缩变形？

保型、保色、去油是服装干洗最大的优势，可是为什么有时衣服干洗以后竟然发生抽缩变形呢？

干洗后有可能出现抽缩变形的衣物有这样几种不同类型。

（1）织物结构较为疏松的纯毛粗纺面料服装，如粗花呢的大衣外套、含有兔毛成分的羊毛衫等。

（2）面料使用了100%黏胶纤维成分织造的服装，如人造棉、人造丝、富春纺类织物的衣物等。

（3）某些绒面皮、磨砂皮的皮革服装或皮毛一体服装。

之所以干洗后某些衣物发生抽缩变形，有两个方面原因。

第一，服装的某些材料在干洗条件下会发生变化与反应。如黏胶纤维本身就具有较高缩水率。粗纺呢绒在水和机械力作用下会表现出较强的缩绒性。而某些皮革材料在制革过程中张拉皮料时的应力会在干洗时释放，从而抽缩变形。

第二，干洗机内湿度过高。当干洗机内的湿度过高时，均匀分布的水就会全方位进入被洗衣物。于是衣物犹如处在水洗机的机洗条件下，对于没有这类变化与反应的其他衣物可能无足轻重，而对于这类服装则会造成致命的损伤。

117. 怎样判断干洗机内水过多？

干洗机内水过多有可能带来许多问题，因此注意观察和发现判断干洗机内的水情况就显得很重要了。

在不同的环境气候地区和季节时期，干洗机内的水会有不同情况。一般在干燥季节和干燥地区干洗机内水往往可能较少，乃至出现干洗后静电现象大增。而在沿海潮湿炎热地区或暑热季节，干洗机就容易出现机内水过多情况。具体表现有这样几种。

（1）储液箱漂水。如果在干洗机的储液箱可以看到表面有薄薄的一层浮水，说明干洗机内已经有了多余的水分离出来，积存在储液箱。

（2）油水分离器发浑。油水分离器正常情况下，可以看到清晰的两层液体分界线，不论上层的凝结水还是下层的四氯乙烯都应该是清澈透明的。如果出现发浑，就表明干洗机内含有过多的水。

（3）已经出现某些衣物干洗后抽缩变形。这说明干洗机内湿度已经较高，虽然并未出现上述两项状况，但是所洗衣物的反应说明机内湿度过高。

（4）干洗机正常工作，但连续较长时间排出的凝结水较多。这是干洗机内水持续增多的反应，需要注意干洗机内的水含量是否过多。

118. 什么是干洗机内的游离水？有什么危害？

大家知道，干洗后的衣物除去油性污垢被洗掉以外，一些水溶性污垢和其他污垢也能被洗掉不少。这其中的功劳就要归功于干洗机内的水。通过干洗助洗剂（皂液、枧油、强洗剂等）的协同助洗作用，利用干洗机内以干洗溶剂为主的环境和少量的水，能把水溶性污垢和一些其他类型污垢洗涤下来。

水在干洗机内存在的形式基本上有两种：一种是均匀分布在衣物上或干洗溶剂内的水，它们是隐性的；另一种是可以观察和触摸到的水层或是细微水珠状态的水，它们是显性的，称作游离水。如果衣服上的某个部位有了这种游离水，用手抚摸时就会有湿的感觉，正是这种游离水在干洗过程中的危害最大。衣物上的游离水大多是在干洗前进行预处理时形成的，来源于涂抹在重点污垢处的干洗助洗剂等含有的水。按照干洗工艺要求，预处理后的衣物需要停放一段时间，使水适当挥发以后再装机（这时衣服的某个部位只是潮润的感觉，而不是湿的感觉）。如果衣物装机时仍然含有较多水，干洗过程中就增加了通过这些水发生沾染的机会，从而造成面料上水较多的部位发生机内污染。这类机内污染大多数是由污垢造成的，也可能有一些是由染料造成的。表现在衣物上如同出现了搭色或是泅色，多数是条形或是斑块形的灰黑色沾染。有时，一些纯毛粗纺呢绒面料甚至会因为干洗预处理后残留的水分多，造成干洗后沾水的部分发生局部缩绒、起毛、擀毡。游离水造成的机内污染情况所占比例是比较高的，大约可占机内污染总量的60% ~ 70%。

119.什么是干洗机内环境湿度？

干洗机内的水过多时，可以看到储液箱内干洗剂表面浮着薄薄的一层水。这种水是显性的，我们可以依次把储液箱的干洗剂进行蒸馏，把水去掉。但是当过多的水均匀地分布在干洗机内时，我们则很难发现。

在一些环境湿度较高的地区或高温多雨的潮湿季节，干洗机内环境也会含有较多的水。当这些水呈均匀分散状态时，就表现为机内湿度过高，干洗时洗掉下来的污垢就可能通过高湿度的干洗机内环境转移到衣物上，从而造成机内污染。受到这种机内污染的衣物往往沾染了较多的不规则污渍，呈灰黑色的条纹或斑块状。而且，这种干洗机内的高湿度还会造成某些衣物的干洗抽缩变形，甚至能够发生较大幅度的抽缩，如全黏胶纤维面料的衬衫、裙子，一些疏松结构毛纺面料制成的衣物，某些带有皮革附件的服装等。有的纯毛粗纺花呢服装甚至出现整体缩绒、擀毡，衣服无法穿用。虽然高湿度所造成的机内污染比例并不算太高，但是这类机内污染所造成的事故往往无法予以修复挽救。

120.干洗机可以代替烘干机吗？

不论什么样的干洗机都具有烘干功能，而且其烘干过程中所挥发的水还会通过非常合理的渠道回收排出，比一般水洗烘干机更科学、更合理。因此，不少洗衣店经常使用干洗机对水洗衣物进行烘干。甚至有些人把这种方法推崇为省事、高效率的好经验。

那么，这种方法真的是有利无弊的好方法吗？让我们进行一些相关的分析。

单纯从完成烘干结果的角度看，利用干洗机代替烘干机烘干衣物是完全可以的，其烘干效果比水洗烘干机绝不逊色。但是，使用干洗机烘干衣物的代价太大了。

第一，水洗烘干机的水排出是靠排风扇排出室外的，排风扇的能源消耗仅仅几百瓦到千余瓦而已。而干洗机进行烘干时要通过冷凝器把气态水凝结成液态水排出，除去要消耗较大量电能以外还要消耗用于冷却的水，甚至干洗机的制冷机组也要进行工作。所以使用干洗机烘干水洗衣物，从经济上看并不划算。

第二，干洗机的结构是依据液态干洗溶剂和气态干洗溶剂循环而设计的。尽管使用了大量的不锈钢材，但在某些部位仍然使用了一些普通钢材。因此长期用于烘干水洗衣物时，机内环境的高湿度大大超过原有设计的负荷，再加上四氯乙烯的酸化倾向，会造成干洗机的某些部件过早地锈蚀。

第三，干洗机内环境要求保持较低湿度水平，既要保有一定的水含量，又不能湿度过高，这样才有利于水溶性污垢的去除。而当干洗机内环境湿度过高时，就增加了发生干洗机内污染的机会，使得干洗机内污染防不胜防。而且一旦发生机内污染，处理机内污染的衣物也需要消耗大量干洗溶剂和能源，更需要付出人力、时间和精力。

第四，干洗的优势是对衣物有效地保型和保色。但是当干洗机内环境湿度较高时，干洗后的衣物也可能发生抽缩变形。为了防止抽缩变形，就要使干洗机内保持较低的湿度，需要经常清除多余的水，也就是定期对所有的溶剂进行蒸馏，而蒸馏溶剂要消耗大量的电能。当经常使用干洗机代替烘干机时，这种除水的维护程序必然也要增加次数，因此也就增加了不必要的能源消耗。

总之，使用干洗机代替水洗烘干机进行烘干并非有利无弊，而是弊多利少。长期使用干洗机烘干衣物，其实后患无穷。

121. 人造革的衣物可以干洗吗？

人造革是在纺织品或其他无纺面料上涂覆一层合成树脂的仿皮革产品。优质人造革的各种品质与天然皮革相比可以乱真，无论外观、手感或是许多穿着性能都很好，因此很容易把它当成真皮革。然而人造革衣物却不能像其他衣物那样采用四氯乙烯溶剂进行干洗。因为人造革在制造过程中使用的一些辅助原料在干洗时可能被溶解，从而使人造革发生脆化，衣物就完全不能使用了。但是大多数人造革可以承受使用碳氢溶剂的干洗，只不过洗涤效果不甚理想。因此，人造革衣物更适合水洗。但是有的人造革和一些真皮革或真皮毛附件同时出现在一件衣物上，则需要采用水洗皮革制品或皮毛制品的工艺和助剂。使用传统水洗就有可能破坏皮革或皮毛制品，要给予足够的注意。

此外，目前还开发出一类合成革，外观、手感和各种性能更像天然皮革，甚至可以经受四氯乙烯干洗。但是这类合成革耐受四氯乙烯干洗次数是有限制的，干洗次数多一些，也会发生脆化现象。

122. 内衣内裤和衬衫T恤适合干洗吗？

内衣内裤和衬衫T恤是紧贴身体穿着的衣物，多数由天然纤维或天然纤维与化纤混纺制成，其中全棉或棉混纺所占的比例最大，从其纤维成分看干洗或水洗都可以。但是内衣上的污垢以汗水之类的水溶性污垢为主，人体新陈代谢排出物中油脂性污垢仅仅是一小部分，所以内衣内裤大多适合采用水洗。干洗不能有效地去除水溶性污垢，所以经过干洗的内衣内裤的洗净度比较差。有人认为自己的内衣内裤或衬衫T恤是由真丝或羊绒制成，属于档次较高的衣物，应该干洗，而且有时候这类衣物的洗涤标志也常常标注要求干洗，于是认为应该干洗。其实这是一种误解，无论什么样的内衣类衣物都不适宜干洗，因为只有通过水洗才能把内衣类的污垢洗净。

123. 干洗衣物能够杀死细菌吗？

干洗是使用干洗溶剂进行洗涤的。四氯乙烯和碳氢溶剂都不具备专门的消毒灭菌作用，它们都不是杀毒剂或灭菌剂。但是四氯乙烯具有杀灭蛀虫和虫卵的能力，经过四氯乙烯干洗后的衣物在相当长的时间里可以防蛀，同时干洗过的衣物对于细菌的繁殖可有一些抑制作用。

一些洗衣连锁系统配备有消毒杀菌的洗涤助剂，在干洗时加入到干洗溶剂中，可以起到消毒杀菌作用。

124. 毡帽可以干洗吗？

市面上最常见的毡帽是制成礼帽式或贝蕾帽式的毡帽，此外也有女士使用的贝壳式、遮阳式等类型毡帽。不论什么样式的毡帽都有这样的共同特点：① 全部由羊毛制成，极少混入其他纤维；② 毡帽没有经过纺纱和织造的过程，只是利用羊毛的缩绒性经过擀毡方式制成的；③ 毡帽是一个整体，不论什么形状都不会有拼合缝制的痕迹；④ 经过擀制的毡帽毛坯都是通过专用的模具加热成型的。

毡帽也会像其他衣物一样在穿着过程中沾染污垢，当然也需要洗涤。由于毡帽的基本特性，我们都会想到它不适合水洗。可是，毡帽可以干洗吗？从洗涤去污角度说干洗是可以将毡帽洗干净的，但是干洗机的烘干过程却会使毡帽发生变形。这是因为毡帽在制成的最后成型时要靠模具压合完成，所以当干洗机烘干时毡帽就可能退回到模具压制前的状态，原有压制时的成型部分就保持不住了。所以，不能使用干洗机干洗毡帽。

那么怎样正确洗涤毡帽呢？目前正确有效的干洗毡帽方法是采用手工干洗，使用溶剂汽油作干洗剂，选用竹制动物鬃毛刷子操作。全部操作过程应该迅速利落，还要特别注意环境的通风和防火，最后晾干即可。

第五章 水洗部分

125.干洗和水洗有什么区别?

我们通常所说"干洗"是指使用有机溶剂作为洗涤剂的洗衣方式,又可以称为溶剂洗涤,相对于水洗而言俗称干洗。干洗在洗涤过程中主要是将油性污垢洗净,这是因为干洗溶剂对各种油性污垢具有很好的溶解能力。也就是说衣物干洗以后所有的油型污垢几乎都会洗涤干净,而对于其他类型的污垢干洗的洗涤能力就比较有限了,尤其是那些只能溶解在水中的一些污垢干洗更是力所难及。所以,干洗适合洗涤外衣类的衣物。生活当中人们使用的大量纺织品如被里、被罩、枕巾、床单以及各种内衣内裤等,油性污垢相对少了许多,主要是一些人体分泌物,如汗水、新陈代谢废物等,就不适合干洗。这类衣物的污垢主要是水溶性的,所以只能采用水洗才能洗涤干净。

126.为什么纺织服装会被污染?

人类生活与工作的环境不是完全洁净的空间,人的活动范围越大接触的污染物就会越多,污垢的附着随时都在产生。污垢的附着方式主要有物理附着和化学附着。

物理附着:主要以机械附着和静电附着为主。万有引力定律决定了物质之间的相互吸引,如灰尘随时都在被衣服吸引;衣物与其他物质的摩擦也会被污染。这些属于机械附着污染。

服装在穿着过程中的摩擦会产生静电,静电的吸附作用就更明显了。尤其是化学纤维织物,静摩擦会产生极高的电压,对周围的物质会产生极强的引力。所以化纤衣物脏得很快就是这个原因。

化学附着:其结合力是以共价键、离子键或氢键的形式达到附着的作用。所以化学附着力要比机械附着力更强。如化纤衣物上的油污难以去除就是这个原理。

127. 为什么水洗要使用软水？硬水的危害有哪些？

在水洗时使用软水，洗出的衣物清澈透亮、色泽鲜艳、织物手感柔软富有弹性、穿着舒适宜人。所以，水洗时应使用软水。

硬水的危害：硬水中的钙镁离子与洗涤剂可结合为钙镁皂，该物质呈胶状，易黏附于织物上，不易去除而形成污染。随着沉积物的增加，衣物会泛灰、发硬，降低使用寿命。

还有，钙镁皂是硬水中钙镁离子与洗涤剂的结合物，因此，与钙镁离子结合的洗涤剂就白白浪费掉了，其原材料损失量最大可达1/4～1/3，无形中增加了生产成本。

128. 为什么离子交换法是最佳水质软化法？

下面通过不同软化法制作软化水的对比就可以得出正确结论。

沉淀法：在硬水中加入碳酸钠、磷酸三钠、硅酸钠等碱性无机盐，经化学反应使溶解性很小的钙、镁盐沉淀，从而达到降低水硬度的目的。具体的反应如下：

$$Ca^{2+}+Na_2CO_3 \longrightarrow CaCO_3\downarrow +2Na^+$$
$$Mg^{2+}+Na_2CO_3 \longrightarrow MgCO_3\downarrow +2Na^+$$

缺点：此法产生的沉淀物会沉积在织物上。

螯合法（又称络合法）：在硬水中加入螯合剂，螯合水中的钙、镁、铁等离子，生成螯合物溶于水，并且性能稳定，从而使水软化，并可防止在加热和加碱的条件下这些粒子产生沉淀。

最常用的是三聚磷酸钠（STPP）和其他的聚磷酸盐，如六偏磷酸钠、焦磷酸钾等，其成本低、螯合力高。三聚磷酸钠与钙离子形成的螯合物结构如下：

STPP钙的螯合物

由于环保的要求，需使用无磷螯合剂，常用的有柠檬酸钠、氨川三乙酸钠（NTA）、乙二胺四乙酸钠（EDTA）、聚丙烯酸钠等，这些螯合物的价格较高。

螯合剂不是预先处理洗涤水，而是洗涤时与洗涤剂同时加入，要根据水质及水量适量添加。

离子交换法：是利用阳离子交换树脂吸附水中Ca^{2+}、Mg^{2+}、Fe^{2+}、Fe^{3+}、Mn^{2+}等阳离子，既可软化水，又可除去一些对洗涤不利的物质，如重金属铁、锰等离子。

吸附和再生的交换反应式如下。

吸附：

$$2R_1 — Na^+ + Ca^{2+}(Mg^{2+}\cdots) \longrightarrow R_2 — Ca^{2+}(Mg^{2+}\cdots) + 2Na^+$$

树脂　　　硬水离子　　　　　　树脂　　　软水离子

再生：

$$R_2 — Ca^{2+} + 2Na^+ \longrightarrow 2R_1 — Na^+ + Ca^{2+}$$

饱和树脂　盐溶液　　　再生树脂　残渣

离子交换法操作简便，使用寿命长，一次性投资稍大，维修费用低，软水质量稳定。

通过以上三种方法的对比，离子交换法是最佳水质软化法。

129.为什么衣物水洗前要冷水浸泡？

在不规范的水洗时，当把洗涤剂溶解后，就将要洗的衣物直接放进去了，干燥的纤维吸足了洗涤剂，尤其是纤维的最深处，先入为主的洗涤剂很难在投水时彻底投净，经过几次这样不规范的洗涤，服装面料就会因残留在纤维内的洗涤剂及污垢而发灰、泛黄甚至变硬。

水洗前的冷水浸泡看起来很简单，但其意义深远。浸泡使水首先进入纤维并占据所有空间，在加料洗涤过程中，洗涤剂及污水就不会再进入纤维内部，这是先入为主的原则。在投水时也就容易多了，洗涤质量就有了基本保证。

另外，使用冷水的目的如下：其一是防止因受热而使蛋白质及单宁酸类的污渍产生永久性固着；其二是防止有色织物因受热产生掉色、串色、搭色等事故；其三是防止毛织物或合成纤维织物在长时间的热浸泡过程中产生伤料。

130.为什么水洗羽绒服干燥后容易出现水渍？如何防止？

羽绒服的面料一般密度较大，透水性较差，还有的面料带涂层，水只能从里料进入。另外，由于冷水表面张力较大，再加上面料的因素，羽绒服难以浸泡透彻。在洗涤时所用的洗涤剂表面张力小，很快就能进入到冷水没有浸透的羽绒内。这样，在洗涤后的投水就不可能彻底清除羽绒内的污垢及洗涤剂。在自然干燥的过程中，水由羽绒中转移到面料，然后挥发到空气中，这是一个非常正常的过程。但是水的转移过程还携带了羽绒内没有投净的残余物，当水从面料上挥发后，残余物就在面料上显现出来，这就是水的转移特性带来的麻烦。所以，在洗涤羽绒服时必须先彻底泡透，然后再加洗涤剂。浅色羽绒服更容易出现水渍。为了避免这种现象，浅色羽绒服可在脱水后直接进行滚筒烘干。

131.为什么手工刷洗不会缩绒？

手工刷洗的过程，机械力相对较小，刷子与织物之间只形成相对的摩擦和挤压，而织物内的纤维只是产生很小的蠕动，不足以达到缩绒的条件，因此，不会产生缩绒现象。

132.为什么洗涤时间不能过长?

在洗涤过程中,污垢的再沉积是洗涤的反过程。在洗涤开始时,再沉积可以忽略不计;而去污接近完成时,再沉积就变得重要了,它使洗涤过程的去污能力明显降低,最后达到去污与再沉积的平衡,其平衡取决于污染程度、浴比及洗涤的机械力和时间。因此,在洗涤时间的选择上,应根据织物纤维的类别、质地、薄厚、色泽、污染程度来选择不同的洗涤时间,防止产生再沉积现象。

133.为什么氯漂后要进行脱氯?

通过氯漂的织物,纤维内会残留一定量的氯离子,除有氯的气味外,氯离子还会对织物造成泛灰、泛黄和腐蚀。脱氯就是用脱氯剂去除残余的氯离子,以减少氯离子对织物纤维的腐蚀。通过脱氯处理,可提高织物的白度,同时还延长织物的使用寿命,也可以减少赔损率。

134.为什么深色纯棉服装机洗会出现一条条白印?

深色棉织品一般采用硫化染色,该种染色的耐摩擦色牢度较差。棉纤维遇水后的膨胀使织物变硬,一旦产生折痕不易变位,其折痕部位凸出,使洗涤过程中的摩擦力加大,故深色纯棉服装机洗后会出现一条条白印。

135.为什么水洗时不能长时间浸泡?

带有颜色的衣物,不宜长时间浸泡,更不能浸泡上就不管了。因为染色不是绝对不掉的,短时间的浸泡不掉色不等于永远不掉。尤其是在洗涤液中,碱性表面活性剂会加速颜色脱落。如果严重污染的衣物需要较长时间的浸泡,应间歇性地拎起和翻动,使已经脱落的染料扩散到洗涤液中,防止已脱落染料的集中而造成某个局部的污染。

另外,在较长时间浸泡的翻动间歇时间内,要将衣物内的空气排出,使其全部没入液内,防止液面以下部分与液面以上部分掉色不一致而产生色花。

136.为什么深色丝织衣物不宜刷洗?

丝织物的染色牢度一般较差,尤其是在有洗涤剂的条件下,耐摩擦色牢度更差。刷洗的过程摩擦力较大,再加上衣物的结构所致,如做缝、袋布、省裥等部位的厚度不同,会造成局部摩擦力加大,即使用最软的刷子也无法避免刷花的现象。所以,深色丝织衣物不宜刷洗。

137.为什么装饰布制作的窗帘、沙发套等水洗会大量缩水?

装饰布一般为粗疏性纺织品,主要使用材质有两种:早期装饰布使用黏胶纤维,其正面可织出各种闪光的花纹;现在大多使用维伦纤维,织成条格或提花织物或黏胶与维纶交织成闪光提花织物。

由于装饰布使用的纱线较粗，结构纹路疏松，再加上织物后整理时的张力所致，使该织物有较多的伸长，当水洗时纤维会恢复其原始长度。因此，装饰布制作的窗帘、沙发套等衣物水洗会大量缩水。

138.为什么脏净程度不同的衣物要分开洗涤?

纺织品衣物在洗涤过程中，被洗下来的污垢会均匀地分布在洗涤液中，在各种机械力的作用下，尤其是挤压力的释放期，污垢会随着水的活动进入纤维的间隙之中。洗涤液中的污垢量越大纤维间隙内进入的就越多，虽然洗涤后的投水能将大部分污垢清除掉，但终有部分残余量，对于较脏的衣物来说，洗涤后一般相对干净了许多，但对于原来较干净的衣物来说，洗涤后可能比原来的污染量还多了。所以，脏净程度不同的衣物要分开洗涤。尤其是浅色衣物，就显得更有必要了。

139.为什么不同颜色拼在一起的衣物要在最短的时间内完成水洗?

染色不是绝对不掉的，短时间内不掉色不等于长时间不掉色，尤其是在洗涤液中，碱性表面活性剂会加速颜色脱落，一旦深色部位掉色就会污染浅色部位。应抓紧时间在还没有掉色之前就完成该衣物的洗涤，同时也要创造一定的有利条件，如使用低温、选用低碱性洗涤剂等，以减少在短时间内掉色的可能性，为整个操作过程提供较为有利的条件。

140.为什么低温水洗更安全?

低温洗涤主要考虑的是两个方面：其一，洗涤液温度越高，纤维的膨胀率越高，纤维膨胀得越多，其强度就越低；其二，洗涤液温度越高，掉色的可能性就越大。所以，织物纤维湿强度低的或易掉色的衣物采用低温洗涤更安全。

141.为什么黏胶纤维的衣物不宜水洗?

黏胶纤维的抗拉伸强度较低。在织物的后整理过程中，由于压染、烘干、压光等工序的张力作用已使织物纤维有较长的拉伸。因为现在一般服装厂不做预缩水处理（预缩水处理会增加成本，缩水后又要减少可观的成衣量），当到洗衣店或洗衣厂第一次洗涤时，就会因产生明显的缩水而带来麻烦。所以，黏胶纤维的衣物不宜水洗。

142.为什么有深色皮革镶嵌的衣物不能洗涤?

皮革染色的色牢度一般较差。如果衣物面料比皮革颜色深，不会产生串色现象。如果皮革比衣物面料颜色深，水洗时皮革的颜色就会串到衣物面料上。如果拆下后能够恢复，可采取拆下后洗涤的方法，如果无法恢复的话就不能洗涤，不仅无法水洗，也不能干洗。

143.为什么不同颜色的衣物不能一同洗涤?

纺织品的染色牢度悬殊很大，没有绝对不掉色的织物。在一般正常情况下洗涤不掉色，不等于所有条件下都不掉色，如洗涤液碱性的提高、温度的提高或洗涤时间的延长，都会造成掉色。

还有，将手工刷洗完的衣物先集中放在一处，等全部刷洗后再一同用洗衣机投水，在这集中等待的过程就形成搭色、串色的条件：有水、有洗涤剂（碱性）和长时间的接触（堆放）。不能认为刷洗时不掉色就再也不会掉色了。每件衣服刷洗的时间只有几分钟，而集中等待的时间则长达上百分钟，这种集中堆放的过程比不同颜色放在一个机内洗涤还要容易搭色、串色，因为静止的接触比动态的接触时间更长。所以，不同颜色的衣物不能一同洗涤，更不能在有洗涤液的条件下堆放在一起。

144.为什么手工水洗的过程中途不能放手不管?

在手工水洗过程中服装面料经洗涤剂的润湿后，在碱性的作用下染色牢度下降。若中途放手不管，衣物在洗涤液中，因长时间浸泡会造成一定的掉色。同时，因浮在液面上的部分要比液面下的部分接触洗涤液量少，掉色也就相对较少，因此造成色花。

如果衣物在台面堆放的情况下放手不管，洗涤液会因重力作用逐渐往下转移，同时也将溶于洗涤液的染料由上转移到下方，因此造成色花。

对于不同颜色拼制的衣服，在正常情况时还是要尽量缩短洗涤时间。如果中途放手不管，那就等于制造搭色事故。

145.为什么有些衣物水洗干燥后会变花?

水洗衣物干燥后颜色变花，这种现象叫做"绺"。该种现象一般出现在容易掉色的面料上，是在洗涤后的干燥过程中，因水的转移特性，将溶于水的颜色集中到了某个部位所形成的颜色不均现象。

服装的干燥过程，各部位不会同步干燥，水的转移特性是哪干往哪走。也就是说，服装面料上没有干燥部位的水要往已经干燥的部位转移，与此同时，溶于水的颜色也就一同转移到已经干的部位。带有颜色的水不会进入到整个干燥的部位，当其转移到已经干燥部位的边缘时水就逐渐蒸发了，但颜色留在织物上，是不会蒸发的。因此，先干燥的部位与后干燥部位的结合部就产生颜色深浅不一致的现象，这就是产生"绺"的原因，也就是我们所看到的颜色变花的原因。

146.为什么要严格控制机洗液位?

机洗时的水位决定洗涤液的浓度，同时也基本决定了去污能力。一般情况下机洗液位可由液位控制器来控制。但在主洗的加温过程中，由于使用的是直接蒸汽，当蒸汽与水接触时，气态的水即还原为液态的水。如果不加控制，随着加热时间的延长，机内的水位就相应增高，同时也就意味着洗涤液的浓度在相应降低，去污能力就降低。如果想达到预期效果，那就要增加洗涤剂，成本就提高了。所以，要严格控制机洗液位，以最低的成本达到最佳的洗涤效果。

147.为什么洗衣机装载量过少洗净度会降低?

洗衣机的洗涤机械力是通过滚筒的往复运转所形成衣物的摔打、挤压、滚动、摩擦等形式达到洗涤去污的目的。而其中摔打与挤压是最主要的洗涤机械力。在机洗过程中，滚筒内上部的衣物挤压下部的衣物。装载量如果低于60%，其摔打与挤压力会明显降低，因此洗净度就会降低。

148.为什么大容量洗衣机比小容量洗衣机洗净度高?

洗衣机的容量与滚筒的直径成正比。滚筒的直径越大，衣物跌落的距离就越长，重力加速度也会增加，其摔打力和挤压力就越大，洗净度也相应提高，因此，在自动程序的设计过程中要将容量因素考虑进去。在保证洗涤质量的前提下大容量的洗衣机还能节省工时。

第六章　服装与服饰

149.西服为什么会起泡?

西服起泡是因为面料里面所敷衬布的缘故,一个原因是衬布的质量,另一个原因是衬布的敷衬方法。现在市场所售西服90%以上采用热熔黏合衬布(即俗称颗粒胶衬布),而这种衬布的质量高低差别很大,正规的产品应该都能承受一定次数的水洗和干洗而不致变形。高等级的热熔黏合衬布可以经受数十次的水洗或干洗后才可能发生开胶、起泡或变形。而有些黏合衬布由于质量较差而不耐干洗,也有些衬布则不耐水洗,甚至未曾洗涤,只是穿用一段时间也会起泡。多数黏合衬布对水洗更敏感一些,通过较少次数的干洗可能没有问题,而水洗后就可能发生起泡。因此西服一般不适宜水洗。

热熔黏合衬布的敷衬方法也是影响衬布结合牢度的重要因素。正规服装厂家使用专用的敷衬机进行敷衬,衬布和面料结合的贴合度均匀一致,自然牢度较高,因此能够耐受一定次数的干洗和水洗。使用熨斗黏合的衬布结合牢度较差,耐受干洗或水洗的次数就会明显降低。

150.怎样判断衣物的面料有涂层?

市场所售各种服装当中有许多采用了带有涂层的面料,这种面料的涂层有的在服装的正面,有的在服装的背面。如果服装制造厂家在洗烫标志上要求干洗,带有涂层的衣物经过干洗之后很有可能出现问题,造成洗涤纠纷。因此,判断衣物是否带有涂层就显得非常重要了。少数涂在外表面的涂层是比较容易识别的,难以识别的是涂在内表面的涂层。有许多涂层还非常薄,往往会让人以为没有涂层而失去警惕,从而造成差错。

判断衣物面料是否带有涂层可以用折叠搓捻法。具体方法是：首先将衣物面料向内对折，使用手指捏住折叠后的双层面料搓捻，内表面带有涂层的面料很难捻动，还可以感受到非常涩。而没有涂层的面料则可以捻动，捻动数次以后还会感到摩擦力会逐渐减小，这种方法对于鉴别是否带有涂层，简单方便而且准确，只要通过简单练习就可以熟练掌握。

151.真丝面料的服装都会掉色吗？怎样防止？

真丝服装一般都是指桑蚕丝丝绸面料的服装而言，其中包括不同组织纹路、不同色泽的众多真丝面料。当然，有一部分丝绸面料不一定会掉色，如较浅颜色的淡黄、银灰、粉色、浅绿、淡蓝等，多数不会掉色。但是这类颜色的真丝衣物不耐日晒，容易发生风化性褪色。中等深浅色的真丝面料中，颜色较为鲜艳的多数容易掉色，如金黄、橙色、葱绿、艳蓝、桃红、艳红等。色泽灰暗的中等颜色一般不大掉色，如草绿、黄棕、驼色以及各种类型的灰色等。而深色真丝衣物大多数都比较容易掉色，尤其像大红、紫红、深蓝、墨绿、深棕等几乎必然掉色，其中最主要的原因是适用于真丝面料的染料大多数牢度较低。所以说深色、鲜艳色和浓重色的真丝面料多数会掉色。

为了防止真丝面料掉色，除了可以采用干洗方式来洗涤这类衣物以外，还可以在水洗时选用中性洗涤剂，在漂洗时加入少量冰醋酸阻止掉色。更重要的是洗涤过程要连续进行，不要在洗涤的过程中浸泡、停留或堆放。最后一次漂洗时一定要加入冰醋酸固色，并且及时脱水，然后晾干。只要处理得当，真丝衣物掉色情况是可以控制的。

152.哪些衣物不怕日晒？

衣物抵抗日晒有两层含义：一是面料纤维对日晒的抗御能力；二是面料颜色对日晒的抗御能力。在各种纺织纤维中以腈纶的耐晒能力最好，但是腈纶所染的颜色却不如它本身那样耐晒。在各种染料中又以还原染料的耐晒能力最佳，它主要是给棉麻纺织品染色，而棉麻类纺织品的耐晒能力则是相对比较差的。而且，不论什么类型的纺织品在日晒后都会产生颜色差别，不论什么类型的染料在日晒后也都会产生颜色差别。

在各种纺织品当中，丝绸类和纯棉类衣物是最不耐日晒的，尤其是那些较深色衣物更容易在阳光照射下褪色。

所以，我们的结论是不论什么类型的衣物洗涤以后都不适合日晒。

最好的处理方法是把洗涤干净的衣物悬挂在干燥通风处。当然，不特别强烈的阳光对于大多数衣物来说还是有一些承受能力的，衣服最忌强烈阳光暴晒。

153."可机洗"羊毛衫是什么样的产品？

羊毛衫在家用洗衣机中洗涤之后大多数会发生严重抽缩和变形，以致完全不能使用。现在一些品牌推出"可机洗"羊毛衫，标明可以使用家用洗衣机洗涤，而且保证不会发生抽缩变形，它解决了羊毛衫一定要手工洗涤的麻烦。这是什么原因呢？

可机洗羊毛衫大体有三种类型：第一种是采取羊毛与其他化学纤维混纺（如加入腈纶、涤纶等），降低羊毛的缩绒性，提高其耐磨性；第二种是羊毛衫织造完成以后进行一次高分子型树脂的防缩后整理，使羊毛衫能够耐受家用洗衣机的洗涤；第三种是对羊毛纤维进行改性处理，剥落部分鳞片层，使其成为拉伸羊毛或丝光羊毛，从而使其提高耐磨性，可以承受家用洗衣机的洗涤。但是，不论哪种可机洗羊毛衫都不能像其他衣物那样"皮实"，可以任意进行机洗。一般最好选择洗衣机的柔和洗涤程序，防止不必要的损害。

154. "免烫衬衫"是不是不用熨烫？

衬衫的面料可以是多种多样的，但是诸如涤纶纤维一类面料则不适合制作衬衫，所以绝大多数衬衫洗涤之后要进行熨烫才能穿用。目前市场上有一种称作"免烫衬衫"的产品，它们是不是可以在洗涤之后不必进行熨烫就能保持平整挺括的状态呢？

被称作"免烫衬衫"的大体上有两种。

一种是使用了以涤纶为主要成分的衬衫面料制作的，大多数是涤纶65%/棉35%的混纺面料。由于涤纶的优良挺括保型性，洗涤之后变形比较小，可以不必每次洗涤之后都进行熨烫。但是并非可以永久性地免烫，经过几次洗涤仍然需要熨烫才能保持平整挺括的外形。

另一种"免烫衬衫"使用的是全棉面料，而且是织造成高档次的面料，如纯棉细布、府绸、细纹卡其、直贡缎等。将这类全棉面料进行合成树脂的防皱整理，在洗涤时就不会轻易造成褶皱，洗后没有细密的皱纹。这类免烫衬衫实际上只是防皱，它在穿着过程中不会像普通全棉衬衫那样很快变形，只要不经过洗涤，就能保持平整状态。一般穿衣比较讲究的人多数不会满足于洗后没有褶皱的水平，所以多半在洗涤之后仍然要进行熨烫，以保持其平整挺括的形象。

155. 有颜色的服装为什么会褪色？

有颜色的衣物经过长时间穿用和洗涤，衣物上的染料发生光化学分解、老化和部分脱落，从而使衣物出现褪色和"老旧"现象。这种现象是逐步发生的，其过程也是比较复杂的。

当阳光照射在染色衣物上时，光能激发染料分子活动，活动的染料分子能与化学活性物质发生反应，首先要与空气中的氧反应，若有水分的存在会促进这种反应的激烈程度，由于染料分子的氧化或还原反应而使染色衣物发生褪色。如用偶氮染料染色的棉纤维织物经日晒褪色是氧化作用的结果，而用同种染料染色的蛋白纤维织物经日晒褪色却是还原作用的结果。

此外，染色衣物的褪色还与染料分子的结构有关。有的染料分子稳定性较差，反应能力较强的氢原子能促进氧化过程。如染料分子结构中含有氨基（—NH_2）或羟基（—OH）等助色基团较多时，容易发生氧化而降低耐晒牢度。而染料分子中含有能形成氢键的基团或者有羧基（—COOH）、磺基（—SO₃H）、硝基（—NO₂）等基团时，将会提高染料的耐晒能力。

总之，染色衣物褪色，取决于染料对织物纤维的亲和力以及染料的光谱特性、染料的浓度、染料的干湿度、染料的化学结构等多方面的因素。

156. 衣物只要洗得干净，怎么晾晒都无所谓吗？

衣物洗涤干净以后，如何晾晒并不是可以随心所欲的。晾晒的方法是否得当，不仅关系到洗涤的效果和熨烫效果，还直接影响衣料的使用寿命。正确的晾晒方法应该是把衣服的反面朝外，放在太阳光不太强、通风、干燥的地方。不能放在阳光下暴晒，因为日光中的紫外线和大气中的氧气都会对面料的颜色有一定程度的破坏作用。

157. 什么样的衣服里子会抽？

用来制作衣物里子的纺织品一般都比较薄，有美丽绸、羽纱、人造丝无光纺、醋酸绸、尼龙绸或涤纶绸等，极个别的衣物使用真丝绸或纯棉布里子。在这诸多的衣里中，使用人造丝织造的美丽绸、羽纱和一些人造丝绸是最容易抽的。所以，一些衣物的里子在制衣之初就考虑到抽缩问题，事先留下一定的余量，以防以后发生抽缩的影响。现在使用醋酸绸作里子的衣服越来越多，醋酸绸的抽缩情况比起人造丝绸的抽缩量要少得多，里子发生抽缩的问题已经逐渐减少。

158. 怎样保持浅色衣物的鲜艳度？

我们通常说的浅色衣物是指单一颜色的浅色衣物、浅色条格衣物、浅色印花衣物和白色衣物。这些衣物在穿用一段时间之后大多数会变得不够鲜艳，有的发黄，有的发灰，总之不那么清爽透亮。怎样才能让这些衣物能够较长时间地保持鲜艳度呢？关键在如何洗涤。

由于不论怎样洗涤都有可能在衣物上残留一些极其细微的污垢，甚至还可能残留一些洗涤剂成分，所以，若要保持衣物洁净、鲜艳、透亮的状态，就要在尽量减少残留上下功夫。为了尽量减少污垢在衣物上的残留，在穿用、保存、洗涤和漂洗的各个环节都要给予足够的注意。具体措施如下。

（1）不要把衣服穿得比较脏才洗。

（2）换下的脏衣服要尽快洗涤，不要积攒较长时间才洗。

（3）不要把比较脏的衣物和比较干净的衣物放在一起洗。

（4）小水量多次漂洗比大水量少次漂洗效果好得多。

（5）印花面料的衣物最好反过来洗涤，尽量减少衣物表面承受的摩擦。

（6）在使用洗衣机洗涤时可以加入少量消毒漂白剂（每件衣物平均用量1～2克）。

（7）衣物洗涤以后晾干时不要暴晒。

（8）浅色的衬衫、夹克、休闲裤子等不宜长时间悬挂保存，暂时不穿的衣物可以装在塑料袋中保存，减少氧化作用。

159. 为什么有些休闲裤容易掉色?

休闲裤可以包括几乎所有的颜色,从白色到黑色,从素色到花条、花格甚至印花、绣花等。由于休闲裤的颜色广泛,发生掉色机会也就多了。然而准确地讲,休闲裤并非毫无缘由地普遍掉色。

大多数花条花格型休闲裤洗涤时不易掉色,但是有可能在日光下晒褪色;各种牛仔裤的基本风格就是在洗涤时会掉色,然而牛仔裤所掉的色一般不会污染其他衣物;各种靛蓝的牛仔裤在洗涤时大多数会掉色,从而使牛仔裤越洗越白,这已经是牛仔裤的特有风格;全棉针织运动裤浅色的大多数不会掉色,深色尤其是深紫色、深蓝色、黑色多半会掉色;针织涤盖棉休闲裤大多数不掉色。

最为令人头痛的是某些浅色全棉休闲裤却很容易掉色。浅色全棉休闲裤常见的共有三种。

(1)高档次的浅色全棉休闲裤多采用高纱支织造,使用还原染料染色,这类休闲裤的染色牢度非常高,一般很少掉色。其中还有部分使用了树脂防缩后整理,它们也不会掉色,但是面料本身比较硬,很容易磨伤,应该小心。

(2)中档次全棉休闲裤多数使用活性染料,也有部分使用还原染料,这类休闲裤也不容易掉色。其中部分不宜使用洗衣刷刷洗,刷洗时会因为染料的摩擦牢度偏低造成条花。

(3)中低档全棉休闲裤的面料由于使用的染料比较杂,直接染料、硫化染料、活性染料都有可能使用,容易出现掉色的就是这类休闲裤。在这类休闲裤中深色的面料水洗时很容易掉色,甚至还会污染其他衣物;而浅色的这类休闲裤则不耐摩擦,不适合使用洗衣刷刷洗,最好翻转过来使用洗衣机洗涤。

160. 什么是休闲西服? 它的面料和结构有什么特点?

休闲西服在近年来比较流行,它那宽松随意、款式多变的风格深受许多年轻人喜爱。那么休闲西服的面料和结构都有那些特点呢?

第一,休闲西服的裁剪版型是比较宽松的,适于身体较大的活动幅度。不像正装西服裁剪得非常合体,静态时庄重大方,一般性行走及起、坐自如潇洒,但是不适宜跑跳等大幅度的身体活动。而休闲西服则可以有较大的身体活动量,可以登山、远足等。第二,休闲西服的面料选择比正装西服宽泛得多,除了使用各种精纺呢绒和粗纺呢绒以外,还可以使用棉布、麻布、条绒以及各种化学纤维的面料。第三,休闲西服色彩多种多样,可说是涵盖了所有的颜色和花样。第四,休闲西服的缝制结构比正装西服相对简单一些,极少使用硬挺的衬布,整体柔软简洁,甚至可以和夹克衫相比。第五,休闲西服对于洗涤的要求也比较宽松,有的休闲西服就标注可以水洗。全部由涤纶一类面料制成的休闲西服就可以进行水洗,而熨烫水洗西服则需要一定的技术水平。

第七章 洗涤工艺

161. 有些衣服为什么要求手工水洗?

现在,人们穿着衣物的装饰性功能越来越强,个性化要求也越来越强。因此,各种服装的款式越来越向新颖、奇异、特点突出等方面发展。于是服装的款式创新、颜色组合、花纹图案、装饰附件等越来越复杂,几乎所有的材料和手段都可以应用在服装装饰上。而考究华贵的纺织面料更是具有经济实力人士追逐的对象。所以许多衣物在洗涤护理方面就衍生出非常个性化的要求,采用手工洗涤就成为顺理成章的要求了。

在我国传统服装服饰中,历来就有许多考究华贵娇柔的衣物。它们本来就只能手工洗涤,甚至根本不能洗涤。如封建王朝皇帝的龙袍以及官员的礼服等,都是不可洗涤的。而各种鲜艳颜色的真丝衣物、较大面积绣花衣物、羊绒衫、民族戏剧服装等,这类衣服历来都需要采用手工洗涤。所以手工水洗技术也是洗染行业的传统技能技艺之一。

162. 手工水洗有哪些技法?

在不少衣物的洗烫标志上会有手洗的标注要求,那么手洗就一定比机洗更柔和吗?手工水洗又有哪些具体的方法呢?

其实手工水洗也包括多种洗涤方法,其中不乏非常柔和的技法,也有很强劲的手法。目前,凡是要求手洗的衣物多数是比较娇柔的服装,其面料或结构不能承受较大的外力。手工水洗大体有五种技法。

(1)搓洗。这是传统的手工水洗方法,双手抓住沾满洗涤剂水的衣物在搓板上反复搓洗。此处的"搓"并不是在搓板上来回滑动摩擦,而是要在搓板上来回滚动。

不能够让衣物在搓板上直接施行摩擦运动，而是要求衣物在手与搓板之间旋转滚动。这种洗涤方法的机械强度不会比洗衣机更温柔。手工水洗中的搓洗是比较强劲的手工洗涤，主要用于承受力较强衣物的较脏部位。

（2）刷洗。刷洗是大多数洗衣店经常使用的手工洗涤技法，选用不同质地的洗衣刷，针对不同衣物进行刷洗，适用于大多数衣物，尤其比较脏的部位，非常见效。刷洗的基本要求是"三平一均"，也就是洗板平、铺衣平和走刷平以及刷洗均匀。

（3）揉洗。借助洗衣工作台或洗衣盆，将浸透洗涤液的衣物不断翻转滚动，滚动情况和搓洗相似，但是力度要小得多，小的部位还可以利用双手让衣物的某个部位在手中滚动进行揉洗。具有温柔、易行、便于控制的特点。

（4）拎洗（淋洗）。这是一种更为温柔的洗涤方法，一般事先准备好溶解有洗涤剂的水，根据需要加适量的助剂，用手提着要洗的衣物在容器中上下提拎，让含有洗涤剂的水在衣物周围淋洗，利用这种简单的相对运动进行洗涤，所以又可以称为"淋洗"。这种方法常常用于剥色处理或洗涤带有复杂饰物的衣物，有时也用来洗涤容易掉色衣物。

（5）挤洗。挤洗是最为柔和的手工洗涤方法，类似揉洗，要比揉洗更加轻柔和和缓，用于处理最娇气的衣物，自始至终都要轻翻轻挤呵护有加。这种方法使用的机会不是很多。

163. 衣服洗后怎样漂洗最为省时省水？

每个人洗衣服的时候都希望把衣物漂洗彻底干净，但是多次漂洗就会浪费很多水。所以如何漂洗最为省水就是需要好好考虑的问题了。如果采用手工洗涤的方法，那么最好的方法就是每次使用较少的水，多次漂洗，而且每次漂洗后都要脱水。这种漂洗方法很省水，效果也最好。

如果使用半自动洗衣机洗衣服，也可以依照这个办法进行漂洗，而且可以充分利用甩干机的功能，做到省水。

在家用全自动洗衣机当中，滚筒式比涡轮式洗衣机要省水，但是滚筒式比涡轮式要费时。所以，在使用全自动洗衣机的时候更要考虑衣物的多少和衣物的脏净程度，准确选择水位和洗涤程序。同时，在洗衣服时由于需要把不同颜色和种类的衣物分开洗涤，所以在使用洗衣机时最好能够每一缸都是满负荷的，除去可以省时，还可以省水和节省洗涤原料。

164. 什么是潲色？

洗衣店与消费者之间有时会因为洗涤后衣物的颜色变化发生争议。消费者认为是洗衣店的责任，把衣物的颜色洗掉了。而洗衣店则认为衣物是穿着中发生的自然变化，也就是"潲色"。

潲色是比较通俗的说法，指的是衣物发生了风化性的褪色。

不论什么样的衣物，在穿着使用过程中都会不断接触日光和空气，所以衣物面料上的颜色就会逐渐发生一些变化，而这种变化是一种退行性的，也就是使颜色逐渐变浅。因此，这种特性也就成为判断是否是渥色的关键。

判断渥色的关键是衣物上外露部分颜色明显变浅，而被掩盖部分则明显较深。更重要的是这种现象在衣物的整体上具有一致性，各个部位都会有相同的渥色情况。

165. 沾在衣服上的油点怎么会变成了长长的一条？

在洗涤一些含有化学纤维成分面料的衣物时，突然发现衣服上沾染的油污斑点由类圆形变成了长长的一条油污，而且大多向左右横向发展。这是为什么呢？

原来，各种各样的纺织纤维对油脂的亲疏程度各有不同。一些合成纤维的亲油性要比其他纤维高出数倍乃至数十倍。尤其是那些超细合成纤维的表面大多布满沟槽，更加重了油污与纤维的结合牢度。因此含有一定比例超细合成纤维的面料，在沾染了油污以后，油脂就会沿着纬纱纱线中超细纤维方向渗透和传递，形成长长的一条油污。有时，某些面料经纱和纬纱都使用了超细纤维成分，油污斑点就可能发展成为十字星状的油污痕迹。如果沾染油污的衣物能够及时洗涤，这种情况就会好一些。如果较长时间未能进行洗涤，这种现象就会逐渐严重起来，就是采用干洗方法反复处理，这类条状油污也不能获得理想的结果。

166. 为什么棉布衬衫洗涤后变了颜色？

当洗涤棉布衬衫或洗涤涤棉混纺衬衫的时候，有可能发生衬衫颜色改变的情况。洗前还是白色衬衫，洗涤后竟然变成了粉色或是淡绿色，真是让人莫名其妙。这种情况发生以后，有的晾干后能够自然恢复原色，有的则无论怎样处理都不能恢复如初。这是怎么一回事呢？

出现这种现象的绝大多数都是白色或很浅颜色的衬衫，而且大多使用了含有氯漂成分的洗涤剂经过水洗机洗涤。完全使用普通洗涤剂手工洗涤的衣物几乎不会发生这样的事情。从上述的叙述可知，衬衫洗涤后发生变色其实与氯漂剂紧密相关。

白色或很浅色的衬衫面料都会使用荧光增白剂进行增白处理。而目前市场上的增白剂品种非常多，其中许多增白剂都对氯漂剂敏感。使用了氯漂敏感增白剂的面料遇见氯漂剂就会出现颜色改变。这种变色反应是可逆的，只要经过充分水洗洗涤大多可以恢复如初。有的人处理时胡乱加入一些其他洗涤助剂，反而不利于其正常恢复，甚至造成不能修复。

167. 怎样洗涤天然彩棉衣物？

随着社会经济的发展与进步，人们更加追求健康环保的生活方式，因此天然彩棉衣物备受推崇，尤其是天然彩棉内衣更是出现逐渐普及之势。但是，人们发现天然彩棉衣物不好打理，经常出现脱色和洗花的情况。天然彩棉纤维的品质不如多数优质棉纤维，它的颜色相对脆弱，对于酸性物质非常敏感，普通的表面活性剂也会对它有影响，所以不适合使用一般洗涤剂洗涤彩棉衣物，也不适合使用较高的洗涤温度。虽然目前彩棉衣物都不是使用了100%的彩棉纤维，但是仍然需要依照彩棉纤维的要求进行打理。

洗涤彩棉衣物需要使用中性洗涤剂，避免与碱性物质和酸性物质接触。洗涤温度不要超过40℃，可以使用水洗机柔和程序洗涤。洗涤后不适合日光暴晒，阴干后，熨烫时可以使用中温。

168.怎样洗涤人造毛皮服装？

人造毛皮是化学纤维织造的仿皮毛织物，于20世纪50～60年代出现。最初产品主要是替代由羊毛织造的长毛绒，后来逐渐建立了自己的独特风格，向仿真毛皮产品发展。现在的人造毛皮从洁白细腻的羊剪绒到可以乱真的狐狸皮、豹皮、貂皮应有尽有。

人造毛皮的纺织品结构有两种类型：一种底布为经纬织物，另一种大多数人造毛皮的底布是纬编针织布，多半使用棉线或涤纶和棉混纺线织成；毛被部分多为腈纶纤维特制，有的甚至可以分别制成不同类型的绒毛和针毛，与真实动物的毛被结构一模一样，有的还制成裘革两用人造毛皮（即人造皮毛一体）。但不论怎样的结构，这类人造毛皮都体现为纺织品的属性。

知道了人造毛皮的属性之后，我们就可以自如地选择洗涤方法。

人造毛皮既可以使用干洗又可以使用水洗，大体上可以从两方面考虑。颜色较浅的最好采用水洗，这样可以获得较好的洗净度。深颜色的大多数干洗水洗都可以。而仿白色羊剪绒的人造毛皮基本上只能水洗，如果采用干洗往往会出现发灰，使原有亮丽白色丧失殆尽。水洗人造毛皮适宜使用中性洗涤剂，温水或冷水洗涤，最后用含有醋酸的水进行中和漂洗。

人造毛皮不能直接熨烫，可以使用人形熨烫机冲烫。

169.羊毛衫水洗以后为什么会发生抽缩？

羊毛衫发生抽缩的原因要从羊毛纤维谈起。在羊毛的表面有一层鳞片层，就像鱼鳞或屋顶上的瓦，当毛纤维受到摩擦或揉搓时就会彼此纠缠毡结在一起，提高温度或在碱性条件下会加剧这种反应，这种反应叫做毛纤维的缩绒性。人们利用羊毛的缩绒性制成毛毡和厚重的呢绒面料。但是，当外界条件适合时，毛纺织品也会发生起毛、擀毡或抽缩，这也是由于羊毛的缩绒性所致。由于羊毛衫比一般的毛织品结构疏松，所以更容易发生缩绒现象，形成抽缩。在羊毛衫抽缩的同时还会使羊毛相互毡合，变得厚实起来，从而完全丧失使用价值。产生抽缩的第一原因是摩擦和揉搓，所以不能使用家用洗衣机的普通程序机洗羊毛衫。也不能使用搓板手工搓洗，甚至双手相互揉搓得过分一些也会发生缩绒现象。羊毛衫水洗时的温度要控制在40℃以下。还有，水洗羊毛衫一定要使用中性洗涤剂。

170.怎样避免洗涤羊毛衫抽缩变形？如果发生抽缩变形怎样修复？

把羊毛衫洗缩了的现象似乎是很常见，其实这是羊毛发生"缩绒"的结果。当使用了碱性洗涤剂或洗涤温度稍微高一些，都会使缩绒现象加剧，而其中首要的因素就是摩擦揉搓。所以，洗涤羊毛衫一类的衣物除了不能使用碱性洗涤剂、不能使用超过40℃的热水以外，更重要的是不能过分摩擦揉搓。如果使用水洗机机洗必须选择柔和程序，最好是采用手工轻轻揉洗。羊毛衫洗涤漂洗干净之后，还应该使用柔软剂处理一下，这样就可以避免洗涤羊毛衫发生抽缩。

如果羊毛衫已经出现了不太严重的抽缩变形，是可以进行修复的。比较简单的方法是可以通过蒸汽熨烫适当放大，熨烫时需要利用特制的撑衣架进行整形。如果能够在熨烫整形修复之前先使用柔软剂把羊毛衫进行一下柔软处理，整形效果会更好。

如果羊毛衫发生了严重的抽缩变形，已经变成厚厚的毡缩状态，就难以修复了。

171.羊绒衫可以水洗吗？怎样水洗羊绒衫？

羊绒衫是由山羊绒制成。山羊绒和一般绵羊毛有很大不同，山羊绒纤维比羊毛细，比羊毛更柔软，但是比羊毛要短一些。山羊绒与绵羊毛相比，纤维表面的鳞片层发育不同，羊绒之间不容易纠缠毡合，所以羊绒衫如果洗涤不当，往往不是发生抽缩，而是出现整体松懈变大的情况。

怎样正确洗涤羊绒衫呢？

一般情况下羊绒衫适宜干洗，按照干洗正常程序洗涤即可。但是一件羊绒衫经多次干洗后会发生板结，从而不够柔软和蓬松，浅色羊绒衫经过多次干洗后还会觉得洁净度比较差，不够透亮。所以羊绒衫在适当的时候应该水洗，效果可能会更好。羊绒衫属于比较娇嫩的衣物，它和羊毛、蚕丝一样是蛋白质纤维，所以一定要使用中性洗涤剂洗涤，当水洗机没有柔和洗涤程序时最好采用手工洗涤。一件羊绒衫只需要几克中性洗涤剂，水温不超过30℃，采用揉洗手法即可。在清水漂洗干净后，还可以使用毛织物柔软剂处理一下。洗涤重点污渍时用力不可过猛，漂洗时可加一些冰醋酸。可以脱水，为了防止脱水时的离心力使羊绒衫发生松懈变形，最好将羊绒衫用干净毛巾包裹起来。水洗后的羊绒衫不宜烘干，简单易行的办法是自然晾干。要特别注意的是，晾干时应取2～3个衣架，将羊绒衫放在衣架横杆处平置挂起。经过水洗和认真处理后的羊绒衫洁净度和蓬松感都很好，但是操作过程一定要准确无误，不可大意。

172.怎样洗涤绸缎被面？

绸缎被面的种类大致有真丝类、真丝与化纤交织混纺类和化纤类三种。具体品种有各种纺类丝绸、色织和印花丝绸、各种软缎、留香绉、织锦缎、古香缎等。这类被面大多华丽昂贵，如果在洗涤时不掌握正确的方法，就会造成被面褪色、磨伤、跳丝和并丝现象，影响被面的美观和使用寿命。

正确的洗涤方法如下。

（1）一定要使用中性洗涤剂。洗涤时，先用温水或热水将洗涤剂完全溶解在洗衣盆中，然后将已经被浸湿的被面放到洗涤液盆中淋洗或用手揉洗，动作要迅速，以防褪色。

（2）如果是较脏的线绨类被面，可用洗衣机洗涤，但只能用柔和挡洗3～5分钟。

（3）绸缎被面洗净后，使用冷水或不超过30℃的温水漂洗两三次。最后一次漂洗时，可在水中加入少量冰醋酸，并将被面浸泡2～3分钟，使冰醋酸与被面充分接触，以保持被面原有的色泽和质地。

（4）遇有掉色的被面要尽快操作，每一次漂洗时都要加入冰醋酸做防掉色和固色处理。最后一次使用含有醋酸的清水漂洗之后可以直接脱水晾干。

（5）被面洗干净后，不要直接用手拧绞，可用毛巾被包好后再轻轻挤干，以免变形。

（6）如果被面不太脏，可采用干洗法。

173.镶有羽毛镶条饰物的服装怎样洗涤？

一些服装使用了鸟类羽毛制作装饰件，有的编结成镶条，以滚边形式缝装在领口、袖口处，也有的服装把一些漂亮的羽毛缝装在前襟、下摆或肩头等处进行装饰。所使用的羽毛多是鸭、鹅、雁甚至天鹅、鸵鸟等鸟类的绒毛，制成了风姿绰约、高雅华贵的服饰。在洗涤这些衣物时羽毛饰物部分其实并不是最娇气的，这类衣物大多会采用真丝绸缎或羊绒等高档面料制成，洗涤时必须同时考虑服装整体的洗涤特性。羽毛部分本来是可以水洗也可以干洗的，但是羽毛带有羽毛梗的装饰，需要防止洗涤时折断，因此怎样洗涤这类衣物就要全面考虑衣物的整体。此外，大多数羽毛的颜色是原有的，如白色、黑色、棕色等，在洗涤过程中不会掉色。不过也有经过染色的羽毛，如红色、绿色、蓝色、嫩黄色等，而这类染色羽毛的颜色多数会掉色，需要特别注意。由于带有羽毛装饰的衣物一般都不会穿得很脏，所以洗涤过程不会过于复杂。

174.怎样洗涤反光窗帘（一面是黑色，一面是银色的窗帘）？

在宾馆、酒店的客房里我们常常可以看到一种窗帘，是由化纤面料制成，面向外面的是银白色的，面向室内的一面是黑色的，这就是反光窗帘或遮光窗帘。还有一些正面和反面都是白色或近似白色，而中间有黑色夹层的反光窗帘。一些家庭也会选用这种窗帘，主要用于夜间遮挡外面光线或用于夏季反射强烈的阳光。

反光窗帘布大多数是由化学纤维制造的，黑色的一面是染色的，而银白色的一面多为化学涂层。所以这种反光窗帘就具有了比较个性的洗涤特点：首先，窗帘多数没有油性污垢，以灰尘和气候污垢为主，必须采取水洗的方法洗涤。其次，银白色的反光涂层非常不耐摩擦，使用时间比较长一些都有可能把一部分涂层磨掉，所以不能使用洗衣机洗涤，只能手工洗涤。虽然采用手洗，却不能使用洗衣刷刷洗。最后，反光窗帘的幅面都比较大，手工洗涤、漂洗、脱水等都非常不方便，因此需要较大容器，还要充分漂洗，以保证洗涤干净。可以使用一般洗衣粉，可以使用温水，也可以脱水，但不宜烘干。

有的反光窗帘两面都是白色的，中间的夹层是遮光层。这类反光窗帘在耐摩擦方面好一些，但不耐热水洗涤，在水中的浸泡时间也不能太久，否则也会发生涂层脱落现象。

175.怎样洗涤亚麻沙发套？

现在家居时尚流行回归自然，各种天然纤维的室内装饰受到人们的钟爱，为此有许多家庭购置了亚麻沙发套。亚麻沙发套具有比较粗犷的风格，吸湿性、透气性都很好，给人以舒适怡人的感觉。但是亚麻沙发套在洗涤时却很容易出现问题。在各种沙发套之中它属于中高档产品，大多数生产厂商往往标注要求干洗。但是，沙发套是家居纺织品，根据实际需要应该采用水洗，于是就有可能在水洗时出现问题。亚麻纺织品在初次下水洗涤时会产生较大的缩水率，尤其是织物组织较为疏松的纺织品，会产生明显的缩水。而亚麻纺织品的第一次缩水往往是不可恢复的。正规的厂家会在缝制之前进行预缩，制成成品以后再次洗涤时就不会发生缩水了。

在洗涤亚麻沙发套之前应该确认一下是否经过预缩，如果未经预缩，就只能干洗。由于沙发套干洗的效果远不如水洗洁净透亮，这要向顾客事先说明。如果能够确认沙发套已经下过水，就可以安全水洗了。水洗亚麻沙发套可以参照洗涤棉布椅套、沙发套的方法。可以机洗和使用一般洗衣粉，可以使用温水，也可以脱水，一般情况下不宜烘干。

176.羊剪绒汽车坐垫怎样洗涤？

常见的羊剪绒汽车坐垫大多是由多色皮块拼合的，形成不同的图案。皮垫的背面用不同的布料缝制，有的在皮毛和布衬之间还附有一层海绵。了解了羊剪绒坐垫的结构，也就容易安排洗涤这种垫子了。

首先它属于皮毛制品，应该按照洗涤皮毛衣物的方法进行洗涤，采取低温干洗。加入皮衣干洗助剂，保持较低温度的烘干过程和注意重点污渍的去除方法等。但是还要考虑这种皮垫子的其他部分，如背面布衬和皮垫子内部的海绵在干洗过程中是否会有影响，必要时可以将内衬在洗前取出，洗涤之后再重新装回去。

还需要注意的是，羊剪绒汽车坐垫也有类似裸皮羊皮垫子的问题。

（1）白色或浅色的毛被部分由于经过使用和环境的风化，干洗以后有可能会发黄。

（2）在使用中由于摩擦揉搓，一些羊毛有可能相互毡结在一起，形成擀毡的部分很难梳理开。

（3）颜色深浅差别比较大的皮块拼合处，在使用时有可能因为潮湿或汗水发生掉色或洇色造成颜色污渍，经过干洗以后只能更严重，而不可能好转。

上述这些问题要在洗涤以前向顾客交代，避免发生不必要的纠纷。

177.怎样洗涤绒毛玩具？

绒毛玩具的面料绝大多数是由化学纤维仿皮毛制品，其底布多为针织物，长毛部分多数为腈纶纤维或丙纶纤维。内容物一般有两类，一类是合成纤维团，另一类为海绵。需要注意的是一些伪劣产品有可能填充一些废弃物。绒毛玩具的所有结构总的来讲都比较疏松，具有很好的吸水性。有的还装有塑料或皮革附件，其中个别的有可能掉色。大多数绒毛玩具采取水洗的方法洗涤为好，可以使用水洗机洗涤，也可以使用手工水洗。由于绒毛玩具个体大小不等且差别较大，所以采用机洗时一定要考虑玩具大小与洗衣机内空间的匹配，一定要选择滚筒式洗衣机洗涤。单纯性的绒毛玩具（没有其他质料附件的）使用普通洗衣粉，低温洗涤即可。洗后，漂洗一定要彻底，可用醋酸进行中和。脱水也要彻底，而干燥过程则越快越好，最忌长时间不干，造成绒毛发黄。带有附件的绒毛玩具一定要针对附件具体的材质予以区别对待，注意不使其发生掉色、脱落、损坏。一般情况下绒毛玩具不采用干洗。水洗后应以晾干为主，在接近彻底干燥时可以进行补充烘干，但不宜直接烘干。

178.什么样的衣服洗后不能甩干？

衣物洗涤以后通过甩干可以缩短干燥时间，所以"甩干"就成了各种洗衣机的必备功能。可是在一些情况下，衣服因为甩干有可能发生损坏，因此也就提出了这个问题。实际情况怎样呢？我们说，从理论上讲，绝大多数的衣物都是可以"甩干"的，只有极少数衣服不宜"甩干"。

不宜"甩干"的衣物大体上有两类。

（1）带有绒毛的某些面料，如丝绒、立绒、仿皮针织绒等。这类衣物的绒毛在甩干时会发生倒伏，干燥以后不能恢复，完全失去了原有的绒毛状态。更准确地说是不适合水洗，只适宜干洗。

（2）一些特别紧密细薄的丝绸制品或新型娇柔纺织品，在甩干时可能产生褶皱而难于熨烫平整。这类面料制成的衣物也不宜甩干，如真丝塔夫绸、牛奶蛋白丝等面料。这些不宜甩干的衣物在洗涤之后只能采取挂干的办法干燥。

还有一些衣物由于面料或结构的原因不宜进行常规甩干，只能在脱水时简单地甩一下即可。如一些细薄的纯毛面料、经过防皱整理的细薄全棉面料等，都不宜充分甩干。

179.水洗衣物甩干时应该注意哪些问题？

为了洗涤之后衣物能够尽快干燥，全自动洗衣机都配备脱水功能，在机洗之后就会自动进行脱水程序。由于在考虑采取洗衣机水洗的同时已经掌握了甩干的特点，所以无需特别地进行其他处理。但是，采用手工水洗的时候，或单独处理某一件衣物最后需要甩干的时候，怎样正确地甩干脱水呢？

甩干是利用离心力将衣物上的水分离出去，但是离心力也会对衣物造成影响。在高速转动脱水的时候，衣物在机内要承受很大的离心力，如果衣物在机内的状态不适合就有可能使衣物损坏或变形，所以曾经出现甩干时撕破衣物或衣物变形的案例。因此，当单独处理较少的衣物时，如何甩干就显得很重要了。其关键是甩干时衣物在脱水桶内的摆放状态，具体地讲有两条：将衣物码成条状顺序沿着甩干桶的边沿摆放，甩干桶的中心不要放任何衣物；保持甩干桶内配重平衡，使甩干桶高速转动时不发生抖动。

如果处理的是比较小的单件衣物，在甩干时也要遵循码放在甩干桶边沿的原则，为了使甩干桶平衡，可以使用其他衣物作为配重放在另一侧。

特别娇柔的衣物可以使用大毛巾包裹以后放在甩干桶内甩干，如针织网扣衣物、带有较多装饰件的衣物等。

180.比较脏的衣物应如何洗涤？

污垢特别严重的衣物在洗涤时应该和其他衣物分开处理。一般来讲，重垢衣物多数是外衣、工作服、冬季服装或是公共场合使用的纺织品等。这些衣物的洗涤周期往往较长，污垢量大，而且渗透比较严重。洗涤这类衣物时首先要进行冷水浸泡，尽可能将比较简单的、表面的一些水溶性污垢通过浸泡从衣物上脱落。同时由于浸泡纤维在水中发生膨润，能够使各种污垢与纤维的结合松动。污垢量特别大的，甚至可以采用二次、三次浸泡，直至浸泡的水不是很脏了，这样可以更有利于正式洗涤。在洗涤污垢特别严重的衣物时，根据衣物的承受能力应该选择重垢型洗衣粉（即强碱型洗衣粉），还可以适当提高洗涤的水温。但是不宜加入过多的洗涤剂，因为依靠增加洗涤剂来提高洗净度的能力是有限的，有时很可能适得其反。为了能够彻底将衣物洗净，可以适当增加洗涤次数，每次洗涤所用洗涤剂都无需过多。而且每次洗涤都要排掉污水，使脱落下的污垢都能尽快离开洗涤环境。洗涤后可适当增加漂洗次数。如果洗涤的是白色、浅色衣物或棉纺织品如餐巾、台布等，还可以在洗涤的后半程适当加入少量氯漂剂，用以辅助提高洗净度。

181.丝绸服装手工洗涤后怎样脱水？

丝绸服装是比较容易掉色的衣服，一般情况下外衣多数采用干洗，这样既可以保持色泽又可以不使之变形。一些夏季较为浅色的丝绸服装多数是不会掉色的，完全可以手工水洗。然而丝绸服装毕竟比较娇气，除了洗涤过程中应该注意使用中性洗涤剂，尽量减少摩擦等注意事项以外，怎样甩干也是个需要注意的问题。丝绸服装水洗之后不宜用手拧绞，用手拧绞极其容易发生并丝，使面料受到严重破坏。丝绸服装可以甩干，但是不同的丝绸服装在甩干时要求也不尽相同。一般情况下丝绸服装不要甩得太干，尤其是组织结构比较紧密的面料，如织锦缎、古香缎类型的服装，这类面料在甩干时有可能产生永久性的褶皱，甚至无法完全熨烫平整。此外，塔夫绸制品不能甩干，更不能使用洗衣机洗涤，洗后只能挂干。特别薄而且细密的丝绸如电力纺类丝绸面料轻轻甩一下即可，不适合过分脱水。此外，甩干后还应该将衣服在甩干过程中形成的褶皱抖开，然后再放在通风阴凉处晾干。

182.亚麻衣物应该如何水洗？

麻纺面料服装因其吸湿性透气性都非常好，备受人们钟爱。它还是我们中华民族最早使用的植物纤维，古代所说的"布衣"实际就是使用麻布制作的服装。

麻纺织品的手感一般比较挺实，柔软程度远不如丝毛制品，下水后还会变得更加硬挺和厚实。在第一次下水时，还会有明显的缩水，而这初次的缩水往往还不能恢复。所以，水洗麻纺衣物时，首先要知道这件衣物是否曾经水洗过。如果不曾下过水，就要慎重选择是否水洗。已然经过水洗的麻纺衣物，再次水洗时就会简单许多，它基本上可以按照水洗棉布衣物的方法洗涤。

麻纺织品的缩水也是有规律的，大体上是组织结构比较紧密的面料缩水率较小，组织结构疏松的缩水率较大；较为厚重的面料缩水率大，较为轻薄的面料缩水率小。此外，凡是已经经过缩水的面料，一般都不会有更大的缩水。

183. 怎样洗涤黏胶纤维纺织品衣物？

黏胶纤维是再生纤维素纤维，许多品质像棉织品一样，穿着舒适宜人，但却比棉纺织品更娇气一些。市场上出售的人造棉、人造毛和人造丝都属于黏胶纤维。黏胶纤维纺织品最大的特点是吸湿性好，缩水率大，容易褶皱，不论任何时候洗涤都会出现缩水。但是只有第一次的缩水不能全部恢复，以后的缩水基本上都可以通过熨烫恢复。黏胶纺织品下水以后会比干燥时硬挺一些、厚重一些，而这时它的强度反而会更差一些，很容易撕破或磨伤，一定要注意。在洗涤黏胶纤维纺织品时可以使用普通洗衣粉，不宜使用强碱型洗衣粉。使用洗衣机时，最好使用柔和程序。白色的黏胶纺织品也可以使用少量氯漂帮助提高洗净度，必要时还可以对白色黏胶纺织品使用荧光增白剂增白。

纯纺的黏胶纺织品多用来制作夏季衣裙或服装里子。黏胶纤维会在大多数混纺面料中出现。当混纺面料中黏胶纤维所含比例较高时，就要按照纯黏胶纤维面料来对待。

184. 装有珠光片和水钻的服装应该怎样洗？

现在一些女士服装上面装上珠光亮片或水钻是很常见的，甚至男士服装也出现了水钻装饰。一些歌舞演出服装自然会大量装有这样的饰物。洗涤这类衣物时一定要考虑的就是这些饰物在洗涤时是否会发生磨伤或脱落。

为了防止亮片水钻磨伤和脱落，首先要关心这些饰物是怎样装上去的。一般来讲可以分成两种类型，一类是使用缝纫线钉上的，另一类是使用胶黏剂粘上的。凡是缝上去的洗涤时就会简单一些，只需注意不要磨伤和刷掉即可。可是，使用胶黏剂粘上的就会复杂一些。使用水性胶的不宜水洗，而使用非水性胶的则有可能不可干洗，洗涤前一定要试验一下。一般来讲，这类衣物采取手工轻柔水洗，迅速操作可能会更安全些。不管怎么说，凡是带有珠光亮片和水钻装饰的衣物一定要小心从事。

185. 绣花服装可以下水洗涤吗？

绣花服装有许多不同的种类，但总体上可以分为两大类，即机绣和手工绣花。市场上出售的绣花服装中有许多都是机绣的普通面料，有的只有少数小型图案作为点缀，有的采用了较大面积的机绣覆盖。这种绣花服装是相对比较简单的，它们一般也不容易掉色，只要在洗涤时注意降低对于绣花部分的摩擦力就可以了，可以采取遮盖保护措施。比较复杂的绣花服装是真丝面料手工绣花的传统衣物，如绣花被面、枕袋、唐装等，在当前流行的唐装中档次较高者大多是这类衣服。由于真丝面料的染色牢度较差，加上真丝绣花线也极其容易掉色，这类绣花服装一般不适合水洗。此外，室内使用的传统阁帘、床帐等，也都和绣花唐装相似，适于干洗。最为复杂的绣花服装是我国传统戏剧的剧装，如京剧、粤剧等，这种服装运用了各种绣花技巧，在全身都绣满了花纹图案，色彩艳丽复杂。这类绣花服装只能干洗，而且在干洗时还要特别注意保护绣花部分的突出花形和一些装饰物。

186.使用洗衣刷刷洗衣物和用手搓洗衣物相比哪个磨损重？

手工洗衣服可以有很多方法，用手在搓板上面搓洗，使用洗衣刷刷洗，甚至还有人使用洗衣棒槌打衣服。哪个方法更科学？哪个方法对于衣物磨损最轻？有一些说法说洗衣刷刷洗磨损最为严重，这是真的吗？

任何手工洗涤方法都有相对的优缺点，其中最关键的是方法是否正确。比如使用搓板搓洗的时候，如果抓住衣服某个部分在搓板上面用力搓，衣物的受力部位直接与搓板相互摩擦，纤维及纱线受到的磨损是很大的。使用搓板洗涤不管怎样搓洗都要让衣物与木质搓板相互摩擦才能完成洗涤，所以搓板搓洗的磨损还是比较重的。不使用搓板仅仅使用手让衣物相互摩擦进行洗涤的方法，看起来好像比较柔和，实际上面料之间的摩擦背面是手与手的摩擦，一点也不柔和。而使用棒槌敲打洗衣的时候，一定不能把单层衣服放在石板上打。总之，这些方法洗衣衣服所受到的机械力仍然较重。

使用洗衣刷手工刷洗服装看似很重，而实际上一面使用的是平面的洗板，另一面是洗衣刷的毛头，在刷洗衣物时候，衣物受到的是大面积而平均的力，只要衣物铺平，刷子走平，洗板也是平整的，这时衣物所受到的磨损是最轻的。所以，使用洗衣刷刷洗衣物比起搓板洗衣的磨损要小得多。

187.什么样的衣物不适宜使用洗衣机洗涤？

不能使用洗衣机洗涤的衣物是从两个方面考虑的，一是不适合采用水洗的衣物，另一个是不适合采用水洗机机洗的衣物。从具体品种看有如下几类。

（1）西装一类的正装服装，如中山服、西装、军官警官制服类。这类衣物多为毛料服装或毛混纺服装，一般适合干洗，不宜在洗衣机中水洗。这是因为这类衣服使用了较为复杂的衬布系统，在洗衣机中旋转翻滚会因吸水后收缩率不均而变形，不但影响穿用，而且发生严重变形后很难重新烫平恢复原来的形态。

（2）丝绸服装，尤其是深色、浓重色和鲜艳色的真丝服装不宜用洗衣机洗涤。这是因为丝绸衣物质地薄软、耐磨性较差，在高速运转的洗衣桶内洗涤极易起毛，发生表面磨伤，使丝绸面料的风采全无。而深色、浓重色和鲜艳色的丝绸服装很容易掉色。在使用洗衣机洗涤这类衣物时很难把握，如果选择手工洗涤可以适时采取各种措施。

（3）含有兔毛的羊毛衫类制品，极易发生缩绒，不适宜水洗。

（4）没有经过预缩的麻纺织品，缩水率较大。一些比较薄细的面料手工洗涤时缩水率较小，而机洗时缩水率较大。比较厚且结构疏松的麻纺面料则几乎无法水洗。

（5）絮片内含有羊毛、羊绒、驼绒成分的防寒服以及被褥等。

（6）带有皮革、裘皮装饰附件的衣物。

（7）带有多种嵌丝、滚边、珠光片、水钻类装饰物的衣物。

（8）传统戏剧服装、舞蹈服装以及其他演出服装。

188. 丝绸服装洗涤之后可以在阳光下晒干吗？

这里说的丝绸服装是指全真丝面料服装，或是以蚕丝为主的混纺面料服装。丝绸服装的颜色可以说是多姿多彩，万紫千红，款式及结构既有比较简单的也有比较复杂的。大体上可以有这样几类：正装类西装或外衣，各种衬衫，各种裙子、裤子，连衣裙，休闲外衣，中式单、夹外衣，中式棉衣，丝绸睡袍等。此外丝绸服装还应该包括中式婚纱、舞蹈服装和我国传统戏剧服装。丝绸服装在总体上讲是比较娇气的，一方面是纤维本身耐磨性、耐晒性能较差，另一方面丝绸面料颜色的牢度也较差。所以，丝绸服装洗涤之后一般不宜在阳光下暴晒。有时丝绸衣物在受潮或洗涤之后干燥较慢，可以翻转过来晾干。

189. 棉毛衣裤怎样洗穿起来更舒服？

棉毛衣裤（也有人叫它秋衣、秋裤）是紧贴身体穿着的衣物，所以怎样能够穿着更舒服些就是值得考虑的问题了。和人体皮肤最为融合的纤维是棉和蚕丝，所以用以织造内衣的材料多数以棉为主，高档内衣则会选用蚕丝。但是经过洗涤之后，由于种种原因，内衣也会变得不那么柔软舒适了，因此怎样洗涤棉毛衣裤就要有一些讲究。首先洗涤棉毛衣裤应该尽量使用中性洗涤剂，也可以使用普通洗衣粉，不要使用碱性强的洗衣粉。洗涤之后要充分漂洗，将洗涤剂彻底漂洗干净。在漂洗完成以后还可以使用衣物柔顺剂（纺织品柔软剂）对棉毛衣裤进行柔软处理。特别要注意的是衣物柔顺剂的正确用法和准确用量。柔顺剂在衣物上的作用和洗涤剂正好相反，洗涤剂的作用是把污垢从衣物上洗下来，而柔顺剂则是要被纤维面料吸收以后才能发挥作用。使用柔顺剂的最佳温度是40℃左右，在冷水中稍差些。每件衣物需要10～25克。使用时，将柔软剂加入到水中搅匀，投入衣物，翻动浸泡5～15分钟，脱水晾干即可。使用柔软剂后无需再进行漂洗。

还要说的是，柔软剂用量并不是越多越好，多余的柔软剂也会对人体皮肤有一定的刺激，所以，柔软剂一定不要过量使用。

190. 丝绸衬衫怎样洗涤才能保证不受损伤？

丝绸衬衫是指以蚕丝为主的面料制作的衬衫，它们柔软爽滑、轻盈舒适，是衬衫中的上品。但是由于丝绸的基本特性，丝绸制成的衬衫在洗涤时非常容易受到损伤。这是为什么呢？

首先让我们了解蚕丝的特性。蚕丝是蛋白质纤维，对碱性非常敏感。同时，蚕丝制成的丝绸纺织品多数会使用不经过纺纱加工的无捻纱，因此耐磨性能较差。再加上丝绸纺织品的染色牢度普遍比较低，从而使丝绸衬衫在洗涤过程中很容易受到损伤。

洗涤丝绸衬衫要注意这样几点。

（1）必须使用中性洗涤剂，不能盲目使用碱性洗衣粉，更不能使用强碱、含氯和加酶的洗衣粉，以保护蚕丝的质地。

（2）应该使用较低温度洗涤丝绸衬衫，一般不应超过40℃，当然也可以使用冷水洗涤。

（3）可以使用洗衣机洗涤，但要采用洗衣机的柔和程序。不能使用普通程序洗涤丝绸纺织品。

（4）遇有掉色的时候，不要停下操作，应尽快继续洗涤，尽快进行漂洗。漂洗时加入适量冰醋酸用以制止掉色。

（5）如果是缎纹面料不可以机洗，只可手洗。可以使用软毛刷子顺纹路刷洗，刷洗方向禁止和面料的组织纹路交叉。

（6）可以脱水，比较娇气的面料应该使用大毛巾或棉布包裹起来再甩干。

191.怎样洗涤衬衫效果更好？

衬衫是人人必备的衣服，也是经常洗涤的衣服。但是在家庭洗衣中往往不能取得很好的效果。怎样洗涤衬衫才能达到干净透亮的效果呢？衬衫是比较贴近身体穿用的衣服，在它上面主要是水溶性的人体污垢和领口袖口的皮脂型污垢。不易洗涤彻底的部分主要集中在领口袖口，此外就是比较容易积存的汗渍。针对这些污垢的特点，洗涤衬衫可以从下面几点考虑。

（1）最好先使用冷水把衬衫浸泡几分钟，清除表面的浮尘和汗水。

（2）根据衬衫的面料和污垢的轻重选择适合的洗涤剂，如真丝、羊毛或人造纤维的衬衫要使用中性洗涤剂，全棉或涤棉衬衫可以使用碱性洗涤剂等。

（3）还可以在洗涤之前在衣领和袖口处喷涂衣领净，并放置片刻，再进行洗涤。

（4）如果是全棉或涤棉的浅色衬衫，还可以在洗涤时加入少量氯漂剂（如84消毒液）。

（5）除了真丝衬衫以外，大多数衬衫都可以采用手工刷洗重点污垢，然后再进行机洗的方式洗涤。

（6）充分漂洗干净，脱水晾干或烘干。这样洗涤的衬衫就一定能够获得干净透亮的效果。

192.香云纱衬衫应该怎样洗涤才能洗干净？

香云纱是我国特有的传统丝绸产品，又叫薯莨绸、荔枝绸、拷纱。这是一种在桑蚕丝绸的表面涂敷一层植物（茨莨）浆液而制成的丝绸。香云纱的正反两面颜色不同，正面是润亮的黑色，背面是黄棕色。由于原来的底布织有各种图案形式的纱孔，透过光线可以看到纱孔的花纹，所以叫做香云纱。它是古老的涂层纺织品，流行于江浙及闽粤一带，尤其受到渔民的欢迎。这种面料具有透风不贴身的特点，所以常常作为夏季衬衫面料。

由于香云纱表面有一层涂层，因此洗涤时候不宜受到较重的摩擦力。反复摩擦之后涂层就会脱落，表面的黑色也就变得斑驳了。同样，由于香云纱带有一层涂层，所以大多数污垢都会残留在表面。因此洗涤的时候并不困难，只要注意尽量不要让它受到摩擦，简单的手工洗涤就能基本上洗涤干净。注意，不能使用洗衣机洗涤香云纱衣物，尤其不能使用涡轮式家用洗衣机洗涤。香云纱还不宜按照一般方法熨烫，只适合使用中温熨烫，不可过分用力，更不能熨烫出烫迹和线条。香云纱衣物适合悬挂保存，不宜折叠整齐压在其他衣物下面。折叠痕迹经过较长时间压放，表面涂层就会脱落。

193. 全棉衬衫的领子怎样上浆？

一些休闲式全棉衬衫的领子没有挺括的树脂衬布，洗涤之后领子处于柔软疲沓状态。如果需要让领子挺括起来，就需要上浆处理。上浆处理的首要条件是选择适合的浆料。目前比较适宜的浆料有两种，最常用的是淀粉（即食用淀粉，其中以马铃薯淀粉最佳，其他淀粉亦可），还可以使用羧甲基纤维素。如果仅仅对衣物领子进行上浆，而且不是较大批量，使用淀粉即可。上浆处理可以分为熟浆和生浆两种方法，领子上浆适合生浆。

具体方法如下。

（1）首先将衬衫洗涤干净，并彻底晾干。

（2）使用水盆将生淀粉用冷水溶开，每件衬衫领子约需淀粉5～10克，用水150～250毫升。

（3）将生淀粉完全溶化在水里，并将水搅动均匀，立即把衬衫领子浸入淀粉水中，反复挤压放开数次，让领子充分吸收水中淀粉。

（4）迅速折叠领子，用手拧干，平铺在烫台上，立刻熨烫。注意熨斗温度应该较高，要熨烫领子的正面。

（5）趁热将领子折叠并进行整型，使两个领子向外鼓凸、饱满且对称。领子上浆即告完成。

熨烫完成后如果发现有明显的亮光，说明淀粉用量过多；如果领子上浆后仍然疲软，说明淀粉用量不足。

194. 怎样洗涤绣花衬衫？

绣花衬衫的绣花当然是为了装饰，但是衬衫上面的绣花和其他衣物的绣花是有区别的。一般的绣花大多数都会很容易掉色，如绣花被面、传统戏剧服装、绣花床帐等。这类绣花衣物的洗涤频率一般比较低，甚至很长时间才洗涤一次。

但是衬衫是需要经常洗涤的衣物，不能因为上面绣了花而不洗。所以衬衫的绣花线和其他绣花线不同，一般都使用高支纱丝光棉线，使用的染料多数是还原染料。所以，正规的衬衫绣花是比较耐洗的。但是由于绣花线都是浮在布面表面，所以大多数的绣花部分耐磨性能都比较差。在使用洗衣机洗涤时一定要注意保护（比如翻转过来、采用手工洗涤等），不适合使用洗衣刷刷洗。尽管衬衫的绣花线一般不容易掉色，也不宜使用碱性洗涤剂和较高温度，更不能长时间浸泡或堆放在一边不管不理。

195.什么样的衬衫不能水洗？

使用纯毛精纺面料的高档衬衫和全部使用山羊绒的精纺衬衫不宜水洗。这类衬衫在穿用时不宜过脏，应该勤洗勤换。经过多次干洗之后其实也应该进行一下水洗，但是需要小心处置，只能使用中性洗涤剂手工水洗。目前，在欧洲发达国家已经逐渐呈普及之势的湿洗技术可以解决某些不能水洗衣物的洗涤问题。通过湿洗把不适宜水洗的衣物洗净，而且还能保持像干洗那样的效果。

196.怎样才能保持白色衬衫、T恤不发黄？

夏季白色或非常浅色的衣物如白衬衫、T恤，还有白色的内衣、内裤等，在多数情况下会逐渐变得发黄，一些人对于这种现象已经习以为常。然而这些衣物是不是在穿用一段时间以后一定会发黄呢？其实这种问题是完全可以避免的。

洗涤白色或特别是浅色衣物有几个环节需要特别注意。首先是在正式洗涤之前一定要先使用冷水浸泡，主要目的是把汗水和灰尘先行去除。其次，在洗涤时加入的洗涤剂不可过多，如果衣物比较脏可以分别洗涤两次，有条件的在洗涤时最好使用温水，可以提高洗净度。此外，在洗涤的时候还可以适当加入一些氯漂剂（平均每件衣物加入3～5毫升即可），帮助去除一些色素类污渍。最后，漂洗一定要充分，尤其是使用了氯漂剂的情况下，最好再加入少量醋酸帮助清除多余的氯。

197.怎样洗涤地毯？

随着经济发展和生活水平提高，地毯也逐渐进入家庭，地毯自然也会不断送到洗衣店洗涤。地毯中既有羊毛织造的纯毛地毯，也有腈纶或丙纶织造的化纤地毯。化纤地毯一般能够比较简单地采用水洗洗净，尤其丙纶地毯只要使用低浓度洗涤剂刷洗，然后再使用清水充分冲洗即可。

而纯羊毛地毯的洗涤是有些讲究的。由于织造地毯的羊毛线大多数都是传统染色，染色牢度相对较低，所以洗涤羊毛地毯不宜使用碱性洗衣粉，可以使用中性洗涤剂，而且不能过量。在正式洗涤之前要充分用水冲洗，要冲透。洗涤时要均匀地刷洗，动作要迅速，不可停放。然后再使用清水充分冲透。最后还应该使用含有冰醋酸的清水进行一遍固色。

地毯的干燥过程也很重要。首先要将地毯逐渐卷紧，把大量水分挤出，然后将卷好的地毯直立在地面上控水，待不再继续流水的时候就可以挂起来晾干。

地毯干燥以后，带有穗子的部分都会发黄，需要专门进行处理。漂穗方法如下：

使用40℃的3%～5%双氧水刷洗穗子部分，等到颜色改变以后再使用清水反复漂洗即可。

198.怎样正确洗涤网扣衣物?

常见的网扣衣物有两类，一种是由棉、麻或者化纤的普通纱线织造的，另一种是由毛、腈纶、锦纶等膨体纱线织造的。其中除了少量是手工编织的以外大多数是机织的。网扣服装布满了各种各样的图案，结构疏松，富于弹性，留有大量的镂空和露白。网扣衣物在洗涤中很容易变形和抽缩，尤其是在脱水时，稍不留心就会发生松懈现象。所以洗涤网扣衣物要注意以下几点。

（1）根据纤维的组成正确选择洗涤剂，尽量少用碱性强的洗涤剂。

（2）避免使用较大的机械力，最好采用手工揉洗洗涤。

（3）如果一定要使用机洗，应该将网扣衣物装在网袋内。

（4）脱水时不要把衣物铺开在洗衣桶内，要团成一团或使用毛巾包裹起来。

（5）晾干时应与羊绒衫的晾干方法相同，平置在两三个衣架的横杆处。

199.怎样洗涤蜡染服装才能保持它的颜色?

蜡染是我国西南少数民族地区流行的一种手工艺产品，具有独特的民族风格和使用价值，深受来自世界各地旅游者喜爱。但是由于蜡染服装面料的独特染色工艺，蜡染服装很容易掉色，所以人们以是否掉色作为衡量真假货的标准。蜡染面料几乎全部由棉布制作，采用天然靛类染料染制。由于染色时采用的是低温反复浸染，所以染色牢度较差，尤其是摩擦牢度较低。在洗涤这类蜡染服装时应该尽量减少摩擦。发生掉色时要注意几点：① 洗涤时以冷水拎洗为主，洗涤过程中间不可停下，要连续完成；② 漂洗要充分，蜡染衣物的白色部分经过洗涤之后会逐渐沾染上蓝色，漂洗充分可以使白色部分不会太蓝；③ 使用刷洗方法可使蓝色部分很快变浅，最好不用刷洗方法洗涤。

200.仿鹿皮的服装怎样洗涤?

俗称的仿鹿皮服装其实就是仿绒面革服装。仿绒面革分别有几种不同类型的面料，大体可以分为以下四类。

（1）在普通纺织品（其中有使用经纬纺织品和针织品的不同产品）的表面喷涂一层以树脂为主的涂层，生成的涂层与绒面革相似，质量好的可以乱真。

（2）在纺织品的表面以静电植绒方法生成一层细密的绒毛，经过处理后形成类似绒面革的表层。

（3）通过不同的经向纬向配纱，织成特殊的面料，然后经过磨绒工艺制成表面富有细密绒毛的仿绒面革磨绒面料。

（4）以化学纤维和合成树脂直接制作的无纺合成绒面革，这种绒面革与真绒面革最为相似，是档次较高的合成绒面革，非专业人员几乎无法识别。

这些不同的仿绒面革的外观、手感等方面都和真皮绒面革相似，甚至更好。这类衣物比较适合手工水洗，不适合使用洗衣机洗涤。因为这类仿绒面革的耐磨性能总的讲是比较差的，机洗的条件往往可使表面磨伤。如果有条件可使用湿洗，效果不错。最好选用中性洗涤剂，可以使用温水，不宜使用热水。洗涤后可以脱水，通风晾干，不可暴晒。

201.石磨蓝的牛仔服为什么越洗越白?

我们通常说的牛仔服大都指全棉靛蓝染色的石磨蓝牛仔服。靛蓝染料是还原染料的一种，染色后衣物上的颜色鲜艳浓重，而且色泽纯净，深受多数人喜爱。靛蓝染料虽然在水中不会溶解，可是其摩擦牢度却较差，尤其是湿摩擦牢度非常差，所以在洗涤牛仔服时会有很多的染料脱落。由于还原染料的染透性也很差，染料大都集中在布料表面，因此牛仔服就会越洗越白。许多人正是因为这种越洗越白的风格而喜爱石磨蓝牛仔服。因此，许多不属于靛蓝系列的牛仔服也去仿照这种风格，特意也制成染透性差、湿摩擦牢度低的面料来制造其他颜色的牛仔服。特别要提及的是靛蓝染料脱落在水中时不呈溶解状态，所以它掉的色大多数情况下不会污染其他衣物。然而其他颜色牛仔服装掉的色却不一定都是这种情况，需要区别对待。

202.怎样正确洗涤牛仔服?

牛仔服几乎都是全棉面料制成的，不论什么样的颜色，它们都有一个共同的特点——颜色越洗越浅，这是牛仔服发展历史所形成的一种风格。而且多数牛仔服还会经过石磨或砂洗，形成表面摩擦仿旧的样子。少数未经石磨或砂洗的牛仔服在穿用一段时间以后，颜色也会由于面料的特征而逐渐变浅。摩擦掉色的牛仔服特点已经为广大穿用牛仔服的人们所接受，所以洗涤牛仔服时可以不考虑面料掉色问题，既可机洗也可手洗。但是，若要洗出牛仔服的风格，最好采用手工刷洗。很多人非常欣赏越洗越白且非常透亮的牛仔服，甚至故意把新买来的牛仔裤反复刷洗，直至透亮发白。

203.休闲西服是否可以水洗?

在休闲西服中有一些产品标注为可以水洗，这类西服在面料、衬布、结构等方面进行了针对性的处理，完全可以下水洗涤。但是水洗休闲西服的真正难点不是水洗技术问题，而是熨烫的技术是否达到要求。在休闲西服面料基本上都是以涤纶为主的时候，水洗的问题最小。目前一些如涤纶条绒、防缩防皱全棉布等类型面料的休闲西服，也可以进行水洗。如果是其他面料的休闲西服，水洗之后的熨烫会复杂许多。

204.领口袖口的汗黄渍怎样洗掉?

衬衫领口和袖口的汗黄渍是逐渐累积形成的，每次洗涤衬衫时如果汗渍没有彻底去除，经过较长时间的累积，就会形成陈旧性汗黄渍。这种现象在全棉白衬衫上更为明显，在一些白色或特浅色的T恤、背心等夏季衣物上也比较明显。如果这些衣物能够勤洗勤换或经常使用较高温度洗涤，这种情况就会好得多。如果仅仅使用冷水洗涤，洗涤周期又比较长，则容易产生汗黄渍。

去除汗黄渍可以分以下三步进行。

（1）洗净衬衫以后（脱水后湿的状态），将一些食盐粉涂在汗渍处，静置片刻。

（2）将稀释成5%的氨水涂在已经涂过食盐的汗渍处，再静置片刻。

（3）使用清水彻底清洗干净。

处理后的汗黄渍如果不够彻底，还可以重复进行上述操作。注意这种方法不能用于真丝与羊毛衬衫。

第八章 去渍技术

205. 什么是去渍？去渍技术都包括哪些方面？

在常规洗涤之后，还会有一些"顽固的污垢"残留在衣物上面，无论怎样继续洗涤也不能取得明显效果。这类"顽固的污垢"在洗染业习惯称作"污渍"，在一些资料上也使用"渍迹""顽渍""残渍""污斑""污迹"等名称。去除这类"污渍"需要使用一些针对性药剂或专业去渍剂，还要有专门的技能、技巧、方法以及专用设备，于是也就有了洗染业的去渍技术。

去渍是具有较高技术要求的专业技能，它是专业洗衣和家庭洗衣的重要区别之一，也是衡量一家洗衣店是否真有实力的重要标志。世界上许多著名企业从事去渍剂的研究开发和生产销售，去渍设备、去渍工具也都是经过精心设计和千锤百炼的产品。利用专业去渍设备、去渍工具和去渍剂把各种不同的污渍去除，使衣物更彻底干净和清新靓丽，就是去渍。

去渍技术是洗衣店技术工作的重要部分，它是洗衣业中和水洗技术、干洗技术、熨烫技术等同等重要的技术组成。在一些情况下，去渍技术显得比其他技术更为重要。

去渍技术主要包括：各种面料的识别及其适应性；各种污渍的识别；去渍设备和工具的使用；不同类型去渍剂使用范围、使用方法和性能的掌控；去渍技法的熟练运用等。

206. 什么是去渍剂？常用去渍剂都有哪些种类？

在常规洗涤之后并非每件衣物都能够彻底洗净，总会有一些顽固的污垢残留在衣物上，成为污渍或渍迹。用于有针对性地去除污渍的各种药剂、助剂、化工原料和专业化的去渍用剂，在广义上讲都可以称为去渍剂。此外，洗衣行业习惯上把专门用于去渍的专业化学药剂叫作"去渍剂"。

广义上的去渍剂可以分成两大类：专业去渍剂和可用于去渍的各种化学助剂。下面分别进行介绍。

（1）专业去渍剂大多数都是以套装形式出现。

美国威尔逊公司 Go 系列去渍剂。它包括油性去渍剂（TarGodry）、蛋白去渍剂（QwikGo）、单宁去渍剂（BonGo）、串染去渍剂（YellowGo）、去锈剂（RustGo）和白色复原剂（DroGo）等。

德国西施（SEITZ）去渍剂。它包括 Blutol（红色）、Purasol（绿色）、Quickol（蓝色）、Frankosol（黄色）、Lacol（紫色）、Cavesol（橙色）、Colorsol（棕色）七瓶套装去渍剂。还有 V1（紫色）、V2（红色）、V3（橙色）三瓶套装去渍剂，分别用于去除各种不同的渍迹。

福奈特向各个加盟店推介的德国克施勒去渍剂共三支一组套装，计有 A（酸性去渍剂，用于去除单宁、咖啡、茶水、草汁等），B（用于去除蛋白质、奶制品、血渍、汗渍等），C（用于去除油脂、油漆等）。它们性质柔和，具有较好的安全性。

福奈特根据国内实际情况开发研制了具有自主知识产权的系列去渍剂，对于目前发达国家所产各种去渍剂进行有效的补充，如用于中性洗涤和剥除搭色的"中性洗涤剂"、用于去除深色衣物洗涤之后白色霜雾的"润色恢复剂"、用于解决拉链经过干洗以后滞涩的"拉链润滑剂"、消除干洗衣物静电的"抗静电剂"，还有 FORNET 去油剂、去锈剂等，解决了一些大多数洗衣店未能解决的问题。

（2）除专业去渍剂外，还可以选用各种单一性的某种化学药剂去除一些已知的渍迹。它们可以按其化学属性分成如下五类：氧化剂（如含氯漂白剂、过氧化物氧化剂），还原剂（如保险粉、海波），碱剂（如氨水），酸剂（如醋酸、草酸、柠檬酸），有机溶剂（如酒精、溶剂汽油、香蕉水）等。

单一的化学药剂具有性能稳定、价格低廉的特点，但是对于使用者要求比较高，必须熟知药剂的理化性能、使用方法和允许使用的范围。在去渍时需要有相当的把握，否则发生事故的可能就非常大。

207. 使用去渍剂需要注意哪些问题？

不论是使用专业去渍剂还是化学药剂进行去渍，都需要有效地进行控制。去渍剂的选择和使用都要在如下几个方面予以注意。

（1）去渍范围。所有的去渍剂都有适宜的去渍范围，不存在万能去渍剂。专业去渍剂在设计时会考虑一些兼容性，但是仅限于同类型的污渍。比如用于去除色迹的去渍剂主要用于去除天然色素或染料类的渍迹，如果是铁锈或是墨汁，就不在其有效范围之内。

（2）适用对象。去渍剂的副作用是必须时刻牢记的，某个去渍剂对于某种面料会有哪些副作用必须掌握，没有把握的一定要进行试验，否则去渍开始就会出现损害。如氯漂剂不能给丝毛纺织品使用，保险粉不能给有颜色的衣物使用，含有醋酸纤维的面料不宜使用去渍剂TarGo和香蕉水等。

（3）使用条件。相当多的去渍剂是非常有效的，但是使用条件一定要适当。使用条件要从各个方面考虑，如使用彩漂粉或过氧化氢可以有效去除天然色素类污垢，甚至可以在有颜色的衣物上面使用。但是使用条件是较高的温度，这对面料和服装的结构关系很大，能否承受较高温度和下水后是否抽缩就成了很重要的条件。

（4）温度控制。去渍剂在不同温度条件下的作用强度是有明显差别的，尤其是各种化学助剂，温度的变化可使药剂的作用相差数倍乃至数十倍。所以，必须根据要求使用，不能随意提高或改变使用温度。

（5）浓度控制。效力明显的去渍剂是最受欢迎的，其使用的浓度就显得尤为重要。对于不同纤维织造的面料，其药物承受能力也会不同。所以，控制使用药物的浓度也就是必须考虑的因素。

（6）时间控制。去渍剂和各种去渍药物的反应时间不尽相同，有的立竿见影，如去除铁锈的专用去渍剂滴上药剂立即就可以看到效果；有的则需较长时间的反应，如利用SEITZ Colorsol（棕色）去渍剂去除色迹时就必须耐心等待一定时间才能见效。

（7）善后处理。无论使用了何种去渍剂或药剂，无论去渍结果如何，都要将残留在衣物上的药剂彻底清洗干净，才能认为是去渍工作结束。因为如果在衣物上长时间地留置有相当多的去渍剂或药物，就会造成深重的伤害，千万不可大意。

208.去渍所使用的工具都有哪些?

用于去渍的工具大体上有三种：去渍刷、去渍刮板和布头或棉签。此外还需要一些辅助工具，如垫布、喷壶、各种容器等。

（1）去渍刷。这是洗衣业必备的去渍工具，是从事干洗或水洗的员工都要使用的工具。根据使用情况的不同，可以分成四种不同的去渍刷。

① 涂抹用去渍刷。这是用于干洗前在衣物重点污垢处涂抹干洗皂液或干洗枧油的去渍刷。有的直接使用30～60mm的油漆刷子，也有的使用长柄鬃毛刷。基本要求是鬃毛要软一些，还要能够控制含液量。图8-1是涂抹用去渍刷。

图8-1　涂抹用去渍刷

② 刷拭用去渍刷。这是使用频率最高、具体品种也比较多的去渍刷。可以有大、中、小三种不同尺寸规格。刷毛有不同的软硬程度，用于不同类型面料。在没有配备去渍台的洗衣车间，时刻都离不开它。图8-2是硬性刷拭用去渍刷；图8-3是软性刷拭用去渍刷。

图8-2　硬性刷拭用去渍刷

③ 击打用去渍刷。这是一种在去渍时需采用

图8-3　软性刷拭用去渍刷

图8-4　击打用去渍刷

图8-5　牛骨制去渍刮板

敲击手法来去渍的专用去渍刷。它的手柄比较粗壮，刷毛短而硬挺，而且具有一定重量，便于敲打。主要用于去除固体颗粒污垢。图8-4为击打用去渍刷。

④摩擦用去渍刷。这是一种使用方法很特别的去渍刷，刷毛前端要有钝圆的表面。加上磨料，用于磨除细微颗粒污垢。

（2）去渍刮板，又称为刮片，是比各种去渍刷更加强有力的去渍工具。一般由牛骨制成，也有使用有机玻璃或老竹片制成的。一端是像剑尖一样的扁平尖，另一端是扁平的钝面，大约长100mm、宽20mm、厚2mm。由于刮板使用时机械力的力度较大，多数情况使用钝圆的平面。只有在白色衣物上面才有可能使用立刃面刮除渍迹。图8-5是牛骨制去渍刮板。

（3）布头或棉签。布头或棉签是很好用且经常用的去渍工具。它们具有柔和、灵活、容易控制、损伤小等优点。

209. 为什么说去渍工作不是万能的？

纺织品的种类很多，污垢的种类就更多，污垢与织物的结合过程和条件更是复杂。如着渍的温度越高越难去除，污渍的酸碱性愈强对纤维的腐蚀及固着越严重，还有着渍后的时间越长其渗透越深、氧化越充分。尤其是经过处理或经过熨烫的污渍，就更难去除了，这些都是影响去渍的因素。所以不可能什么污渍都能去除，有些污渍也不可能从织物上彻底去除。因此，业内人士要有这方面的思想准备，同时也要让客户有这方面的意识——去渍工作不是万能的。

210. 为什么污渍沾染后立即处理较为容易？

沾染后立即处理，可减少污渍的渗透深度，减少酸碱性物质的腐蚀，减少空气中氧气对污渍的氧化作用等，去渍较为容易。

有这方面意识的顾客会把衣物及时送到洗衣店处理，但是这个过程一般也要24小时左右。如果衣服刚刚接触污渍就立即进行处理，其效果会更好。如在餐厅吃饭，不慎将菜汁滴在身上，这时应立即用餐巾纸将菜汁反复吸附几次，然后到卫生间用清水擦拭几下，并用餐巾纸吸干即可。经过如此简单处理后，有的污渍基本就去掉了。即使没去掉，污渍浓度低了，酸碱度低了，污染时间短，污渍基本没有氧化，去渍处理也就容易多了。

211. 为什么更换使用去渍药剂之前要将前一种药剂彻底清除干净？

在去渍过程中由于污渍的判断错误，会导致选择去渍剂的错误。如果更换的药剂使用前没有清除原来的药剂或清除得不彻底，因不同性质的两种药剂混合到一起会产生化学反应，有可能造成对服装面料及颜色的破坏或对污渍的固着。所以，在更换使用去渍药剂之前将前一种药剂彻底清除干净是十分必要的。

212.为什么去渍时要先用水再用去渍药剂?

一般去渍先用水处理的目的与水洗前的浸泡是同样道理。用水先占据纤维的空间，防止去渍药剂进入纤维深处难以清除，在更换去渍剂时也减少去渍药剂的负面交叉作用。与此同时，简单的水溶性物质直接就去除掉了。所以，一般去渍时要先用水再用去渍药剂，以保证织物的安全。

213.为什么去渍的过程应先弱后强?

污渍的确定要有一个过程，去渍的过程实际也就是探索的过程。选用药剂的类别应先温柔后强烈，药剂的浓度要由低渐高。温度是化学反应的重要条件，如需升温要缓慢。机械力也应由小渐大，但不能过大，应以温柔为主。使用刷子应以拍打为主；使用刮板应以挤压为主，"刮"和"铲"的机械力较大，是相对危险的操作方法。去渍不要急于求成，任何一个过于强烈的去渍条件都会带来负面的影响，所以去渍的过程应先弱后强。

214.为什么使用的去渍药剂应先用碱性药剂后用酸性药剂?

由于大多数污垢属于酸性物质，如果首先使用酸性去渍剂，就提高了污渍的酸度，无形中提高了污渍的结合力。所以，在污渍判断不明确的时候，应首先使用碱性去渍剂较为稳妥。当然，如果能准确判断污渍属碱性，直接使用酸性去渍剂那就更好了，既节约了原材料，也提高了工作效率。

215.为什么在去渍没有把握的时候应先试验后去渍?

在去渍过程中，最不愿意见到的是面料损伤或掉色。而在实际操作中，由于各种因素的交叉，去渍剂的选择难以定夺。为了减少差错事故的产生，可先在衣物的隐蔽处（如裤脚内侧、做缝处、门襟内侧、袋口内、袖口内侧、下摆内侧等）试验一下面料的承受能力，做到心中有数，避免因药剂选择或药剂浓度等问题造成面料的损伤。

216.为什么去渍后要彻底去除残余药剂?

去渍所使用的各种化学药剂，对纺织品的材质及颜色都会有一定程度的负面影响。去渍过程药剂会进入纤维内部，去渍后还会有一定的残留量，残留量越多，对衣物面料的腐蚀性越大；残留时间越长，影响就越严重。所以，当污渍去除后要彻底去除残余药剂。小面积的污渍去除后，可通过给水后用压缩空气枪打掉的方式，经多次反复操作，可达到彻底清除的效果；面积较大的污渍去除后，如有必要应重新洗涤，以便彻底清除残余药剂。

217.为什么要控制去渍药剂的浓度?

去渍药剂的浓度决定了去渍的见效速度，浓度越高去渍速度越快，但对服装面料的负面影响也就越大，所以，去渍药剂的浓度不能过高，要掌握在可控范围内。绝不能将去渍原材料直接倒在衣物面料上，如液体的次氯酸钠、双氧水的原汁，粉状的草酸、保险粉等。一旦过浓的药剂与服装面料接触，可能会立刻出现问题，而且无法控制。所以要先将去渍原材料稀释后，达到有把握的浓度时再使用。

218. 为什么要控制去渍的温度？

温度是化学反应的重要条件，温度越高化学反应越快、越剧烈。去渍也同样是这个规律，尤其是去渍剂中的某些助剂，温度的升高可使去渍剂的作用力提高很多倍。所以要根据要求控制温度，以免剧烈的化学反应造成面料损伤。

219. 为什么要控制去渍的时间？

由于去渍药剂的种类不同，其性质也不同，与污渍的化学反应时间自然也就不会相同。一些反应缓慢、见效不明显的要适当等待一段时间，不要立即用喷枪吹掉，否则既浪费了原材料也没有达到目的，同时也失去了掌握该种药剂使用规律的机会。对于一些见效较快的氧化或还原药剂在使用过程中要随时观察去渍效果，并要在适当的时候及时结束其化学反应，否则就会伤及材质或颜色，所以在去渍时要严格控制时间。

220. 为什么去渍要了解着色方式？

纺织品的着色方式不同，染色牢度就会不同。纺织品的着色主要有以下六种方式：原液染色、散纤维染色、毛涤染色、纱线染色、坯布染色及坯布印花。由于不同的着色方式其色牢度不同，对去渍就有很大的影响，色牢度越高去渍的风险就越小，所以要了解服装面料的着色方式。从一般规律来说，原液染色的合成纤维织物色牢度最好；印花和色织面料比坯布染色织物色牢度高；但部分涂料印花会受有机溶剂的影响。

221. 为什么去渍要了解染料品种？

不同染料的染色牢度不同，去渍承受能力（溶解、摩擦、酸碱等）也就不同，所以要选择不同的去渍方式。一般染色牢度较高的织物去渍承受能力较高，反之则较差。如丝绸织物多使用直接染料或碱性染料染色，去渍承受能力必然就差。而使用活性染料或还原染料染色的纯棉织物及大多数合成纤维织物，因其染色牢度较高，去渍承受能力就较高。

222. 为什么缎类薄料去渍时使用喷枪要格外小心？

缎类薄料去渍时使用喷枪易出现并丝的现象，这是由于缎类织物组织结构的特殊性所造成的。还有就是纤维表面光滑、摩擦力较小的原因。缎类织物为了达到闪光的效果，就要使用光泽较高的真丝或化纤，还有是采用了缎纹组织结构，因经纬纱的交叉点少，纤维的摩擦力又小，当经纱横向受力稍有过大时就会产生移位，这就是平常说的并丝现象。所以，使用喷枪要格外小心，喷枪嘴至面料的距离不能小于10cm；喷嘴运动方向要平行于经纱。另外为了稳妥考虑，可暂时适当降低压缩空气的压力，也是一种防止并丝的方法。

223.为什么去渍要有较高的耐心？

去渍的过程大部分属于化学反应过程，有时可能要用较长的时间才能显现其效果。所以，没有耐心的等待是不行的。

去渍工作更不能急于求成，如果使用更多的药剂、加大刮板的力度、使用蒸汽加热，更有甚者，将几种药剂随便加在一个污渍上，都有可能产生事故，其结果不是掉色就是伤料。

224.为什么不能使用干性去渍剂去除涂层面料上的油渍？

干性去渍剂属于有机溶剂，它能对涂层产生各种不同程度的负面影响。多数干性去渍剂，越是溶解度高的，溶解范围宽泛的，其负面影响越明显，如脱胶起泡、涂层变硬发脆、涂层溶解发黏、正面渗胶变色等，所以不能使用干性去渍剂去除涂层面料上的油渍。为了解决该问题，可利用脂肪酶的分解作用去除涂层面料上的油渍，这样既不伤害涂层，又能去除油渍。

225.为什么在使用丙酮去渍时要特别谨慎？

丙酮为有机溶剂，它能溶解醋酸纤维。在使用时要鉴别衣物面料是否是醋酸纤维或含有醋酸纤维，尤其是醋酸纤维混纺面料容易被忽视，所以要仔细鉴别，否则会在使用丙酮后，面料局部醋酸纤维被溶解，呈"筛网"状态。

还有，在使用丙酮去除带有里子服装的污渍时，不仅要鉴别面料，同时还要鉴别里料。否则，在面料去渍后里料会被溶解出破洞。所以，在使用丙酮去渍时要特别谨慎。

226.怎样充分发挥去渍台的功能和作用？

去渍台是专业去渍设备，配备负压抽风工作臂，可以把去除下来的各种污渍吸走，也可以把衣物局部的水分或药剂抽干。去渍台上还配有两只喷枪，一支为高压空气/去渍水喷枪组合，另一支为高压空气/蒸汽喷枪组合。去渍台还配备相应的灯光照明和摆放去渍剂的位置。

使用去渍台进行去渍远比单纯手工处理衣物方便快捷。去渍台的喷枪组合可以对衣物进行局部水洗或局部干燥，经过处理的衣物可以立即看到处理后的结果。使用去渍台的关键是喷枪的使用。在去渍台上配备的喷枪有三种喷出物，即压缩空气、清水和蒸汽。这三种喷出物都是以一定压力从喷口喷出，所以如何使用喷枪就成为关键。影响喷枪工作的因素有四个方面。

（1）喷口和衣物的距离，直接决定喷枪的力量。除了极其细密坚牢的面料以外，都不宜近距离地使用。

（2）喷口与衣物的角度。包括喷口与面料的角度和喷口与纺织品纹路的角度。

（3）喷枪对衣物连续作用时间。喷枪对衣物作用的时间可以有多种选择，既可以连续作用，也可以断续作用。

（4）喷枪工作的模式。喷口在衣物的上方，可以固定不动，可以反复平移，也可以转动摇摆，又可以变换多种角度，目的是取得更满意的效果。

227.怎样去渍是最有效的？

选择准确的去渍途径和正确的去渍方法，可使去渍工作事半功倍、轻松快捷。那么怎样才能准确而又有效地去除渍迹呢？

衣物上单纯性的污垢很少，多数是复合污垢，通常会含有某些色素和油脂。在这种情况下最好是先去渍后洗涤，或是先进行水洗后进行去渍或干洗。最不可取的就是不查不问先进行干洗然后才考虑水洗，这样必然是事倍功半，并给去渍带来不必要的麻烦，有的时候很可能因此而使某一块污渍最终彻底清除不掉。

去渍工作一般有三种模式：洗前去渍；洗后去渍；洗涤过程中去渍。

（1）洗前去渍。衣物在洗涤前很容易发现重点污渍，而且还可以根据污渍的外观形态进行分析判断，确定其种类、成分，然后选用合适的去渍剂先行去渍。不论是干洗还是采用水洗，这种去渍模式都适于大多数情况。

（2）洗后去渍。采用洗后去渍常见的有两种情况：一种是衣物水洗以后可能留有一些油性污垢或颜色污渍不能彻底洗净，需要进行针对性去渍；另一种是干洗以后，多数还会残留一些水溶性污垢，需要进行去渍处理。如果不属于这两类情况，洗涤之后再行去渍，往往效果不会太好。

（3）在洗涤过程中去渍。这种方法仅限于手工水洗时使用。一些比较娇柔的衣物不能承受机洗的外力作用，又不宜进行干洗，因此选用手工水洗处理。在洗涤时随时注意衣物上的污渍情况，如油点、色迹等，就可以选用适合的去渍剂同时进行去渍，简便快捷，省时省力。

228.污渍（渍迹）有多少种类？它们各有什么特点？

衣物上的残存渍迹纷繁杂乱，颜色、大小、形状各不相同，但是我们仍然可以以渍迹的具体组成及其物理化学特性为依据，把渍迹分成如下五种类型。

（1）载体型。这是一种复合渍迹，它由本身不太复杂的污渍和带有油性或胶性的载体共同组成。如圆珠笔油、指甲油、唇膏、复写蜡纸、油漆、502胶等。去除这种渍迹的关键是先考虑将其载体溶解或分解，同时还要考虑吸附被溶下的载体，然后再针对其余部分的污垢进行去除即可。

（2）金属盐型。这是一种相对简单的渍迹，它是由金属离子形成，可以表现为片状、条状或斑点状，颜色多样。常见的是黄色和棕黄色，容易被认为是色迹，往往会以为采取漂色方法可以去除，实际结果是无功而返。这类渍迹包括铁锈、铜锈、烟筒水、高锰酸钾、碘酒、定影药水和血污的残迹等。这些渍迹一般不含油性或胶性物质，手感没有发硬的部分，利用氧化剂或还原剂不能去除。这类渍迹最恰当的去除方法是利用能够分解金属离子的药剂，将其分解为能够溶于水的反应生成物，即可顺利去除。

（3）天然色素型。这种渍迹最为常见，种类也最多，一般是不同深浅的黄色到棕色的污渍。多数为斑点形，少数为条形，大片状较少见。这类渍迹有菜肴汤汁、水果汁、蔬菜汁、青草汁、茶水、咖啡、可乐、啤酒、果酒以及人体排出物的残渍等。它们多数是混有油脂、糖类、淀粉或蛋白质的复合型渍迹，有的还可能含有鞣质、单宁类。给人的第一反应是颜色，很少有黏性或干性的残留物。由于是天然色素，因此没有染料的特点。所以，根据衣物本身的具体情况可以采取强碱性洗涤剂、较高温度处理或使用含氧去渍剂处理。不宜使用较强的机械力（如硬毛刷子、去渍刮板等）进行处理。

（4）合成染料型。这是受到掉色衣物染料沾染的渍迹。由于沾染的情况不同，可以分成以下三种类型：① 串色，比较均匀的颜色沾染，被沾染的衣物整体都改变了颜色，甚至整件衣服像被认真染了色；② 搭色，在不同情况下（在堆放、浸泡、洗涤、脱水的时候）由于接触而沾染了颜色，沾染部位是局部的、有明显轮廓界限的颜色渍迹；③ 洇色，衣物面料或里料由不同颜色拼接或组成，或装有颜色不同的附件，在洗涤过程中某个部分掉色造成污染，形成颜色渍迹，这类渍迹都发生在接缝处或附件缝合安装处，而且带有普遍性。

（5）颜料型。由不能溶解在水里或溶剂里的细微颗粒状污渍形成的渍迹。如各种涂料、广告颜料、飘尘、煤粉灰、书画墨汁、机械设备转动部件的油污等。这类渍迹去除的难易主要看颗粒大小，颗粒大容易去除，反之则难以去除，特别细微的颗粒渍迹则几乎不能彻底去掉。

229. 从表面看渍迹都是什么样的？怎样识别？

由于渍迹是常规洗涤以后残留的顽固污垢，从表面看最为明显的状态就是一些颜色不同的痕迹。如果用手去触摸，多数情况下不会感到有更多的残留物，只有少数渍迹可能与一些残留物共存。不同的残留物的反应也会各不相同，应该注意区别。它们可以有如下四种形态。

（1）无形渍迹。这类渍迹只会看到与面料底色不同的颜色，几乎没有其他共存残留物。如色迹、铁锈、茶水、咖啡、各种油污等。水洗以后的衣物多数都是这类渍迹，是渍迹中的大多数。

（2）干性渍迹。这类渍迹常常在干洗后立即能够发现，用指甲刮擦渍迹的时候颜色会变浅。这类渍迹多数只用清水即可去净。如盐分、淀粉、表面的糖分、呕吐物残渍等。

（3）黏性渍迹。在渍迹范围之内可以感到有残留物，但是用手触摸时感到布面比较柔软，渍迹本身也有黏软的感觉。如蜜汁、糖果残渍、胶水、水果汁水、某些饮料等。

（4）硬性渍迹。这类渍迹有明显的残留物，手感板结，甚至形成完全硬块板结的固体区域，与周围的面料相比有些厚实，有的呈半透明状。如涂料、石蜡、沥青、指甲油、502胶以及渗透性糖类汁水等。

230. 如何把握去渍过程中对于衣物的保护？

在去渍之前应充分考虑衣物的保护，应该是保护在先、去渍在后。如果按照下面的程序进行去渍，细心、谨慎、认真地处理，就一定能够有个好结果。

（1）先水后药。无论什么样的污垢，都要先经过水处理之后再进行下一步操作，这是为了避免去渍药剂的交叉作用。许多用水就可去除的渍迹也可以最先脱离衣物表面。

（2）先弱后强。在去渍过程中使用药剂或工具时，都要先使用比较柔和的，然后渐次使用强劲的手段。在去渍台上也不能贸然使用蒸汽，温度的控制也要本着由低而高的原则。不管是机械力、药剂烈度、药剂浓度还是所用温度，都要遵循这个原则。

（3）先碱后酸。选用去渍剂时酸性去渍剂应该放在最后使用，因为多数污垢会在酸的作用下与衣物结合得更牢固，使去渍过程变得复杂。如果已经知道污渍的准确成分，当然可以立即选用适合的去渍剂解决问题。

（4）先试后除。一般污渍从表面上很难立即确定其成分，为了不走弯路，应在背角处先试验一下面料的承受能力，使去渍更准确、更从容，还可以避免因去渍剂选用不当对衣物造成伤害。

231. 去渍过程中最容易出现的错误（去渍禁忌）都有哪些？

在去渍过程中往往因为情况比较紧迫，或是自以为很有把握，会犯一些不应该出现的错误，事后自己也会懊悔，然而还会在以后再次犯类似错误。仔细分析后会发现，其原因还是去渍技术不够成熟和稳健。经常出现的情况大体有下面四种。

（1）情况不明，盲目下手。不对渍迹进行分析，不进行必要的试验，甚至只凭想当然的推断，就选择某种常用去渍剂盲目下手。

（2）不管不问，轮番上阵。不去分析判断，只管把各种去渍剂轮流使用一遍。这种情况和上面相似，但结果可能更坏。因为不加选择地将各种去渍剂轮流使用，就有可能使用了性能相反的药剂，最后可能适得其反，本来可以轻松去除的渍迹变成了无法去除的"绝症"。

（3）缺乏耐心，急于求成。任何去渍剂在使用过程中都需要一定的时间与衣物上的渍迹发生反应，有的甚至需要较长的时间才能奏效。涂抹了去渍剂以后立刻使用喷枪打掉，完全不给去渍剂进行工作的时间，其实是最不明智的，也浪费了去渍剂。

（4）求全责备，矫枉过正。经过一番努力衣物上的渍迹大多数已经去掉，去渍的效果已经显现，但可能还有一些淡淡的残留。如果此时停止去渍，尽管没有达到百分之百，但还不至于使衣物损坏。如果继续进行下去，往往会发生损伤底色或损伤纤维的情况，结果去渍者成了衣物的损坏者，于是发生了去渍事故，反而得不偿失。

232.去渍技法都有哪些种？

几乎所有的渍迹都是比较顽固的，而纺织品的种类和渍迹的成分却又千差万别，所以，"一把钥匙开一把锁"就成了去渍技术和选择手段的原则。不同渍迹沾染在不同面料上，往往需要完全不同的方法解决，因此就有了众多的去渍技法。

（1）洗涤法。许多污垢从表面观察不能立刻认识它的成分，实际上很可能是以水溶性的污垢为主，尤其是干洗以后的衣物，多数需要采用水洗方法解决（注意：如果衣物总体比较脏，最好先进行水洗，如有需要然后再进行干洗）。而且有些渍迹处还需要进行重点去除，必要时还可以提高温度进行整体处理。但是一定要注意避免发生脱色。

（2）点浸法。这是采用化学药剂运用化学反应分解渍迹时经常使用的方法。一般直接将去渍剂点浸在渍迹处，等待一段时间，让药剂与污渍发生反应。多数情况下不需要再使用其他工具。为防止用药过量或如果面料比较娇气，还可以使用棉签沾上药剂点浸渍迹处。

（3）刷拭法。这是传统去渍过程中最常使用的方法，涂抹去渍剂后停留片刻，然后选用适合的去渍刷进行刷拭。对于干性或黏性的渍迹最为适用，但是要顺着纺织品组织纹路刷，而且要特别注意刷拭不可过分，以免发生脱色。对于面料结构比较疏松的纯毛衣物，尽量不使用这种方法，以防缩绒。

（4）刮除法。使用去渍刮板在涂有去渍剂的渍迹处刮擦，比使用去渍刷更有效，力度也更大。但是，发生去渍过分的机会也就更大。有的人使用指甲代替刮板，其效果差不多，但是要注意损伤皮肤的药物应该避免接触。使用刮板去渍最常用在白色纺织品上，最好不要用在深色衣物上。

（5）喷枪法。在有去渍台的洗衣车间，喷枪是在去渍时使用机会最多的工具，它的适用范围也最宽。大多数渍迹经过涂抹去渍剂以后，等待片刻，便可以使用喷枪处理。喷枪一般有两种，一种可以喷出清水和压缩空气，一种可以喷出蒸汽和压缩空气（冷风）。有的去渍台还备有可以喷出预处理剂或去渍剂的喷枪。使用喷枪时，喷嘴与衣物的角度和距离非常重要，需要根据面料和污渍情况随时调整。不可一味追求立竿见影的效果，以免伤害衣物质地和颜色。

（6）浸泡法。在一些颜色性渍迹面积较大时，往往可以采取浸泡办法处理。使用的去渍剂范围较宽，一般的去渍剂、氧化剂、还原剂或剥色剂等都可以使用。浸泡时间、浸泡温度、液量、浴比、操作方法等也会各不相同。使用时一定要认真选择方法和条件。

（7）氧化漂白法。使用氧化剂如次氯酸钠、过氧化氢、彩漂粉或高锰酸钾等氧化剂进行漂白的方法。需要注意的是氧化漂白的对象要严格界定，使用条件（温度、浓度、时间等）也要严格控制。一定要因污垢而异，还要因衣物的承受能力而异。

（8）还原漂白法。使用还原剂进行漂白。情况和氧化漂白法相类似，应该注意的事项也相同，只是使用的是还原剂，如保险粉、雕白剂等。

（9）剥色法。这种方法需要比较熟练的技术，使用福奈特中性洗涤剂在规定条件下对沾染的颜色渍迹进行剥除，既能将色迹剥除，又能保护衣物原有色泽。这种去渍方法对于纺织品结构较为疏松者效果很理想，对于特别致密的面料效果较差。

（10）敲击法。固体颗粒污垢中极为细小的污渍在常规洗涤之后必然还留有残渍，如墨汁、涂料、机械研磨油黑渍等，也就是颜料型渍迹。可以使用击打去渍刷敲击去除，当然也需要视对象灵活掌握。

（11）摩擦法。这是一种纯粹的物理方法，对于去除细微固体颗粒污垢型渍迹比较有效。必要时还可以使用一些摩擦剂，如牙膏。

（12）浸润法。这是针对浅表型颜色损伤的专用去渍法，需要配合福奈特润色恢复剂使用。衣物熨烫以后，使用皮衣喷枪对衣物进行整体"润色恢复剂"的喷涂，能够有效地解决深色衣物的白霜、白雾现象。

（13）综合法。有相当多的渍迹使用单一的方法往往效果不够理想，常需要几种方法交替使用，也就是综合法。使用过程也要依照先简后繁、先轻后重的原则进行。

233. 衣物沾染了油污怎么办？

在衣物上面最为常见的污垢就是油污，如食品油污、菜肴汤汁、化妆品油脂以及交通工具、机械设备的矿物油污等。这些油污基本上以两种形式存在，一种是油污沾染在衣物表面，从表面看衣物变得肮脏了，但是看不到颜色深重的油斑。这类油污无论采用水洗或干洗都可以洗涤干净，基本上不会留下渍迹。另一种是渗透性油污，衣物表面会有明显的油污斑，油污区域颜色深重，甚至还会吸附更多的污泥或其他的混合污垢。这类油污通过干洗或水洗往往不能彻底洗净，就会留下油污渍迹。特别要指出的是，如果能够采用水洗洗涤，就不要考虑先行干洗去除油污。因为大多数油污是与其他污垢混合存在的，先行干洗会使混在油污中的其他污垢难以去除。

多数油污最好在洗涤之前进行去渍处理。可以使用去除油渍的去渍剂，也可以使用一些有机溶剂进行溶解（一定要认明面料的成分或在背角处进行试验后再使用），然后再进行洗涤。

去除油污的去渍剂有FORNET去油剂（红猫）、SEITZLacol（紫色）或TarGo等，都可以有效地去除大多数油污。

注意：使用时一定要给去渍剂留有一些反应时间，不可涂抹去渍剂之后立即使用喷枪打掉。如果是进行水洗，涂抹去油剂几分钟之后即可进行水洗，一般无需进行其他处理。

234. 含有油脂的菜肴汤汁洒在衬衫上怎么办？

生活中，在吃饭时候很容易把含有油脂的菜肴汤汁洒在衣物上面，其中以衬衫、T恤、羊毛衫等最为常见。这些衣物洗涤之后往往其他地方都很干净，只有油污处剩下棕黄色的斑点。当衣物的颜色比较浅的时候更使人感到非常讨厌。解决这类问题要从洗涤开始。上述衣物大多数可以采用水洗。其中羊毛衫、羊绒衫可以手工水洗，有条件的洗衣店最好采用湿洗。

（1）菜肴汤汁部分最好在洗涤之前去渍。先将去除油污的去渍剂如SEITZ Lacol（紫色）、FORNET去油剂（红猫）、SEITZ V1、TarGo等涂抹在油污处，等待3～5分钟，无需进行其他处理，直接进行水洗或湿洗。需要说明的是，涂抹去渍剂的衣物要浸入含有洗涤剂的水中才会有效，在清水中去渍剂经过稀释后则会去渍能力全无。

（2）有许多人习惯先洗涤后去渍，也是可以的。先经过水洗或湿洗，待衣物干燥之后再进行去渍处理。这种去渍方式需在去渍台上进行，选用的去渍剂和前述一致，但要彻底清除残药。

最不可取的就是先将衣物盲目干洗，然后再考虑去渍。这时衣物上的油污已经改变，其中油脂已在干洗中脱落，其他污垢则经过干洗的烘干程序被热固在纤维上，本来很容易去掉的污垢变成了顽固不化的干渍迹，给去渍带来数倍的困难和工作量。

235. 口香糖粘在衣物上面怎么办？

在干洗时可以很容易地将口香糖的大部分洗掉，而剩下粘在面料表面的灰白色残渍，需要进行专门的去渍。由于干洗之后胶体中的胶性物和脂性物已经溶解掉，仅仅剩下不溶性固体污垢残渍，去除起来比较费事。所以，粘上口香糖的衣物最好不要先进行干洗，可以在洗涤之前先行去渍。首先使用蒸汽喷枪将口香糖污垢加热，使之软化，这时可用手直接取下表面的胶体。然后将衣物翻转过来，把有渍迹一面放在去渍台上（或放在能够吸附污渍的干净布片上），使用去除油性污渍的去渍剂如FORNET去油剂（红猫）、SEITZ Colorsol（棕色）、TarGo等逐渐溶解，然后使用喷枪去除即可。最后还要使用清水彻底清除残药。

236. 白衬衫沾上复写纸的蓝色印迹怎样洗净？

复写纸的颜色是由染料和以蜡质为主的载体组成，既能很容易地将颜色通过复写转印到下面的纸面上，也能维持不会轻易污染周围的东西。但是复写纸非常不耐摩擦，一经摩擦很容易把含蜡的颜色转移到别处，而且服装面料是最容易被复写纸污染的。沾染上复写纸的蓝色后最忌揉搓摩擦，也不要盲目进行干洗或水洗。可以使用FORNET去油剂（红猫）、SEITZ Lacol（紫色）、TarGo或四氯化碳从衣物的背面进行溶解，衣物的下面要垫上吸附用的布片或卫生纸，用以吸收溶解下来的渍迹。也可以在去渍台上使用冷风枪喷除。白色的衣物经过溶解去除之后，还要使用肥皂水洗涤残余的颜色。

237. 圆珠笔油沾染在衣服口袋里怎么办？

圆珠笔是随处可见的书写用具，质量稍差的圆珠笔会经常冒油。最为烦人的是一支圆珠笔芯的油色全部沾染在口袋里，形成浓重色深的油污斑。这时如果处理不当，污染还会四处扩散，甚至衣物整体被蓝色污染得一塌糊涂。

面对这种情况，一定要从整体考虑，不可贸然下手。处理这样的沾染必须要不使其扩散，保护原有面料，否则就失去了去渍的意义。大面积的圆珠笔油不适合使用专业去渍剂，一方面成本太高，另一方面去渍过程也过于繁琐。可以使用工业酒精，采用局部涮洗法处理。准备一瓶工业酒精和一个小容积的容器（如小茶杯、小碗等），注入酒精，将沾满圆珠笔油的部分浸在酒精内涮洗。这时会有大量蓝色溶解下来，应更换干净酒精重复涮洗的操作。这样就可以把圆珠笔油的绝大部分涮洗掉，只剩下淡淡的蓝色，这时，可以使用肥皂水将残余蓝色洗涤干净。如果是衬衫类的衣物还可以使用较高的温度进行机洗，白色衬衫还可以加入适当氯漂剂洗涤。其他衣物的这类色迹可以使用SEITZ Colorsol（棕色）去掉残余的蓝色。如果是西服一类正装类服装，这个过程复杂一些，需要依次把口袋、里子、面料分别进行酒精涮洗，然后再把残余色迹清除。

238.签字笔放在口袋里干洗时忘记取出怎么办？

签字笔在衣物上的污渍有两种情况：一种是签字笔墨水直接沾染在衣物上；另一种是在干洗时沾染在衣物上。

签字笔装在衣服口袋中很容易忘记取出。由于签字笔杆多为塑料制造，在干洗时不能抵御干洗溶剂的侵蚀，干洗后签字笔的墨水就会全部沾染在衣服的口袋里，形成严重的墨水污渍。而这种情况往往又都是干洗之后才能发现，口袋内外、衣服的前胸都有严重的墨渍。应该怎么办？

首先分析一下墨渍的情况。墨渍最重的地方在衣袋，其次是衣里和面料。这时，必须由重至轻进行去除：准备一个较小的容器，如小茶杯、大一些的塑料瓶盖等都可以。首先去除墨渍的发源地——口袋，将小茶杯注入清水，把沾染墨渍的口袋在清水中涮洗，此时就会有许多墨渍溶解下来。将污水倒掉，更换清水，反复操作，最后即能把口袋的墨渍涮洗干净。然后仍然按照这种办法涮洗衣里，最后再涮洗衣物的表面。只要操作得当，绝大部分的墨渍都可以洗掉。

干洗后的签字笔墨渍不要直接在去渍台上去渍，只能分而治之。更不要将衣物直接下水，否则墨渍就会大面积扩散，直至无法挽救。

239.蓝墨水洒在衣物上能够洗涤干净吗？

蓝墨水通常有两种，一种是纯蓝墨水，另一种是蓝黑墨水。纯蓝墨水比较容易洗涤干净，只要时间不是太久，清水就可以将大部分蓝色洗涤干净，余下的残色使用肥皂水也能洗净。蓝黑墨水远比纯蓝墨水难以去除，刚刚沾染的蓝黑墨水一般比较容易用水洗净，时间稍微长一些，经过空气的氧化作用之后，蓝黑墨水的结合牢度大大加强，就变得顽固起来。但是不管怎样，蓝墨水渍还是要先用清水充分洗涤，然后再使用洗涤剂（如肥皂、洗衣粉水、中性洗涤剂等）洗涤。最后，残余的淡蓝色和棕黄色渍迹可以使用去渍剂SEITZ Colorsol（棕色）或草酸去除。

使用方法如下。

① SEITZ Colorsol（棕色）在使用之前应该进行试用，少数面料可能不适用。滴

入去渍剂之后，需要等待 10 ～ 30 分钟，不可立即使用喷枪打掉。

　　② 使用草酸时可以预先准备一些 5% ～ 10% 的草酸液，滴入草酸液之后不可离开，观察渍迹变化，并且要很快将草酸清洗干净。

　　如果是白色纺织品沾染了蓝墨水，第一步也是使用清水清洗，然后就可以使用保险粉进行漂色处理。也可以使用高锰酸钾去除，具体方法是：使用 0.1% 高锰酸钾溶液涂抹在蓝墨水处，停放一段时间后，使用草酸还原，然后使用清水彻底洗净残余药剂。

240. 水性彩色笔的印迹能够洗涤干净吗？

　　水性彩色笔的渍迹主要是染料，其中又可以分成两类，一类是普通染料，另一类是带有荧光的染料。去除彩色笔的渍迹可以有两种选择，如果衣物面料是白色的纺织品且可以水洗，可以使用氯漂漂除，或者使用保险粉进行还原漂白。如果沾染彩色笔的衣物是带有颜色的面料，首先使用清水尽最大可能将彩色笔的表面浮色去掉，注意使用喷枪时要保护面料的组织纹路；然后使用 SEITZ Quickol（蓝色）去渍剂和 SEITZ Colorsol（棕色）去渍剂将残余色迹去掉。

　　在颜色比较浅的衣物上面还可以使用较高温度的水加入碱性洗衣粉洗涤，多数情况下能够将色迹洗净。一些夏季休闲服装也可以采取低温低浓度的氯漂，使用长时间浸泡的方法去除彩色笔的渍迹。

241. 彩色蜡笔画在衣服上的痕迹怎样去除？

　　蜡笔渍迹属于油性渍迹，其中蜡质承托着颜色，所以首先考虑将蜡质溶解。可以使用 SEITZ Purasol（蓝色）去渍剂去渍，也可以使用四氯化碳进行溶解去渍，因为四氯化碳是有机溶剂，具有较大的挥发性，操作时要迅速利落。蜡质溶解完全以后，再使用去除油性渍迹的去渍剂将残余色迹去除，最后还要经过水洗或漂洗。

242. 油性唛头笔的痕迹怎样洗涤干净？

　　油性唛头笔又叫记号笔，常用来在比较硬的表面上做记号或写字。这种笔写下的字迹一般情况下不会被擦掉，也不会被雨水冲刷掉。正是因为如此，油性唛头笔的字迹才会不容易洗涤干净。

　　去除这种渍迹应该先用去除油渍的去渍剂处理，可以选用 FORNET 去油剂（红猫）或 SEITZ Lacol（紫色）去渍剂，将带有结合载体的部分去除。然后再使用去除色迹的去渍剂去除残余的色迹。如果渍迹沾染的时间比较短，也可以使用洗涤剂进行水洗。时间太久的黑色唛头笔渍迹会更不容易去除干净。如果面料的纤维和颜色允许，还可以使用低温低浓度氯漂处理残余的色迹。

243. 衣服上沾上了办公用胶水怎样洗净？

　　办公室的胶水一般都是水性的，不论沾染到什么样的衣物上面都可以用水来去除。但是在不同的衣物上去除时需要使用不同方法。在深色衣物上沾染的胶水最容易去除，只要反复使用清水和冷风交替喷除即可。当胶水较多时不能急于求成，每次只能去除一部分。如果胶水沾染在浅色衣物上，去除胶水之后还要进行水洗或在去渍台上进行局部清洗。

在已经知道某个渍迹是胶水的时候，尽量先去渍再干洗。干洗后的胶水渍迹反而不容易简单地去掉。

244. 墨汁洒在衣服上怎样去除？

墨汁是水溶性的污垢，刚刚沾染的墨汁应该立即下水涮洗，让墨汁尽快脱离衣物。尤其在墨汁还没有彻底干燥的时候，就有可能基本上洗干净。需要注意的是洗涤过程中不要揉搓，以拎涮为主，而且要不断更换清水。如果是已经干燥的墨汁，和纤维结合的牢度就会强一些，但是仍然需要先使用清水充分涮洗，将表面的墨尽可能洗掉。当在清水中不再有墨色继续溶解下来的时候，才可以使用洗涤剂洗涤。如果白色的衣服上沾染了墨汁，最后可使用下面的方法处理：① 使用米汤或面汤洗涤，实际上是利用含有淀粉类的米汤将墨汁中的炭粉黏附下来；② 将牙膏涂在墨迹处，使用去渍刷摩擦；③ 在墨渍处涂抹肥皂，然后使用刮板慢慢刮除（这种方法只限于白色纺织品）。

由于墨汁中的炭粉极其细小，所以相当多的墨汁残渍不容易彻底去除，但却可以在以后的洗涤过程中渐渐消退。

注意：对于墨汁的渍迹若使用其他去渍剂，很难有明显的效果，所以轮流使用各种去渍剂是不可取的。氯漂和保险粉也不会对墨汁起到什么作用，所以也无需徒劳。

245. 红印泥沾在衣服上有什么办法洗干净？

红印泥的颜色可以历千年而不衰，保持夺目的红色，是因为它使用的是矿物颜料，主要发色成分是朱砂。最为考究的印泥甚至加入红珊瑚和红宝石作为颜料。现在的红印泥除了极少的伪劣产品以外也都采用矿物颜料制成。所以，当红印泥沾染在衣物上面，去除起来就比较困难。由于红印泥里除矿物颜料以外还含有多种油脂和其他材料，故有"八宝印泥"之说。

沾染了印泥之后不宜盲目地下水洗涤，可以使用去除油渍的去渍剂先进行去油处理。可使用SEITZ Lacol（紫色）去渍剂，也可以使用TarGo或FORNET去油剂（红猫）。去渍方法同一般去渍操作，注意使用过程中滴入去渍剂后应该停留片刻再使用水枪和风枪处理。

最后剩下一些淡淡的红色痕迹是细微的固体颗粒渍迹，需要反复洗涤去除。也可以采用摩擦去渍方法去除。红印泥渍迹也可以经过干洗后再去渍。

246. 浅色裤子蹭上黑色皮鞋油怎么办？

黑色鞋油是由蜡类基质、溶剂和炭黑组成。由于炭黑的颗粒度极其细微，所以很容易和各种纤维结合，形成顽固的渍迹。刚刚沾染上的鞋油相对比较容易去掉，虽然很难彻底去除，但总还可以洗掉大部分黑色。如果黑色鞋油在衣物上停留时间较长，就不大容易去除干净。

遇到黑鞋油渍迹，首先要考虑使用去除油脂性污渍的去渍剂，如TarGo、SEITZ Lacol（紫色）、FORNET去油剂（红猫）等，也可以使用松节油、香蕉水、溶剂汽油等有机溶剂。当溶剂和去渍剂将大部分黑色去除之后，还需要使用肥皂水进行水洗。最后还可以使用牙膏一类的磨料，使用去渍刷摩擦去除残余的黑色。

247. 502胶洒在衣服上结了一块硬疤怎么办？

502胶很容易挥发或渗出，保管不当就会洒在衣物上，形成一块硬疤，是典型的硬性渍迹。502胶与水完全不相溶，使用水洗不能去掉，而干洗过程也无助于去除502胶渍。502胶的溶剂是丙酮，所以只有丙酮才能够将其溶解洗净。使用丙酮去除502胶的关键是操作。

首先确定沾染了502胶的衣物不含有醋酸纤维，才可以使用丙酮。如果衣物的面料含有醋酸纤维成分，沾上502胶就会形成溶解性损伤，这时已经无法通过任何方法进行去渍或修复。不含醋酸纤维成分的衣物在去渍时最好把衣物翻转到背面，在渍迹处下面垫上吸附材料（干净毛巾、布片或卫生纸等），使用滴管将丙酮滴在渍迹周围，由外向内逐步溶解。还可以垫上一层布，轻轻挤压敲打帮助溶解。然后更换吸附材料，重复上面的操作，直至溶解完毕。特别需要指出的是一定要由外向内使用丙酮，如果开始就把丙酮滴在中心部位，502胶会逐步扩散，面积越来越大，就很难去除干净了。此外，丙酮有可能对一些面料的颜色有影响，需要在背角处进行试验后再使用。

502胶如果沾在含有醋酸纤维的混纺面料上，去除后面料会变得比原来薄一些。如果面料是全醋酸纤维织品，渍迹处的纤维就会溶解，形成破洞，无法修复。

248. 不小心把沥青溅到衣服上，怎样去除？

沥青有石油沥青和煤焦油沥青两类，在使用时有的还会加入一些诸如废橡胶一类的改性成分，因此沾染到衣物上的沥青成分还是比较复杂的。沥青渍迹最好在洗涤前去渍，可以先使用去除油脂性去渍剂以溶解为主将大部分沥青溶解掉，如TarGo、SEITZ Lacol（紫色）、FORNET去油剂（红猫）等均可，然后再使用去除铁锈的去渍剂去掉残余的棕黄色残余渍迹。

249. 沾染到衣物上的油漆渍迹怎样去除？

衣物上面沾染上油漆渍就会形成一片板结的硬性渍迹，同时也表现出油漆的不同色泽。如果油漆渍迹还没有彻底干燥，最好将可以取下的黏稠部分使用不伤面料的硬纸片刮掉，然后去渍。如果油漆渍迹已干，需要分三个步骤去除。

（1）使用香蕉水或乙酸丁酯、丙酮等溶剂在衣物的背面进行溶解，也可以使用FORNET去油剂（红猫）、TarGo等去渍剂去除。注意渍迹的下面要准备吸附材料吸收溶解下来的油漆，还要不断更换，直至没有溶解物为止。

（2）当油漆的油脂部分完全溶解以后，再使用SEITZ Colorsol（棕色）进一步去渍。每次使用去渍剂之后应该静置数分钟，然后再分别使用清水和冷风。

（3）最后进行水洗，或在去渍台上进行洗涤性处理。

一些纤维或面料的颜色对某些溶剂可能不适宜，所以使用前应该进行试验。

陈旧性的油漆渍一般都比较干硬，可以先使用击打去渍刷将干性油漆渍打碎，然后再按照前述方法去渍。总之，油漆渍的最后残余部分是颜料型的固体色粉，需要耐心去除。真正能够把严重油漆渍彻底清除的概率相对较低，一味追求完全彻底去渍往往事与愿违。

250.清漆沾到衣服上面能够去除吗?

清漆的渍迹大多数都会有一个硬性的区域，颜色要比面料周围深一些。常见的清漆有三种：酚醛清漆、醇酸清漆和硝基清漆。沾染到衣物上的清漆一般是不容易分辨的，好在去除方法没有什么太大的区别。清漆渍迹在去除之前不能使用任何机械力，往往轻轻地揉搓和折弯都会使面料受损。去除清漆渍迹只能使用有机溶剂进行溶解，所以，只要溶剂选择正确，清漆渍迹就有希望彻底去除。

具体步骤：① 将衣物翻转到背面，下面还要垫上一些吸附材料，如干净的布片、卫生纸等；② 使用硝基稀料（或醋酸酯类、丙酮等溶剂）滴在渍迹的周围，让溶解下来的清漆被吸附材料吸收，或在去渍台上使用冷风枪喷除；③ 更换垫在下面的吸附材料，重复前面的操作，直至完全溶解掉。

需要注意的事项：① 溶剂挥发性较强，操作过程要利落准确；② 滴入溶剂时一定要从周围到中心，否则渍迹范围被扩大，去渍过程也会事倍功半；③ 面积较大的清漆渍迹需要多次溶解才能去除干净，不可急于求成；④ 操作场地应该通风防火，免生意外；⑤ 含有醋酸纤维的纺织品沾了硝基油漆或清漆可能造成溶洞，面料已经形成溶解性损伤。当然，也不能使用硝基稀料和丙酮去渍。

251.水性内墙涂料沾在衣服上面还能够去掉吗?

传统的内墙涂料都是水溶性的，仅仅使用清水就可以将其洗刷掉。但是近年来对于家庭装饰要求越来越高，大都使用可以用水擦洗的涂料涂饰室内墙面，从而引发了内墙涂料的革命。目前，大多数内墙涂料都是可以水洗的，虽然涂料在涂饰以前可以与水兼容，但干燥以后就不能被水破坏。因此，如果把内墙涂料洒在衣物上，就成为洗涤的难题。

可擦洗内墙涂料含有经过超声波乳化的树脂类成分，在液体状态下与水是兼容的，一旦干涸，树脂固化，水就不能把树脂溶解。所以，刚刚沾上内墙涂料的时候可以尽快地使用清水冲洗，最好是在污渍的反面用力冲洗，可以收到很好的效果。而涂料一旦干涸，几乎就没有适合的方法可以将其彻底洗涤干净了。

252.怎样去除铁锈渍?

铁锈是在衣物上面经常出现的渍迹，在水洗衣物时不小心也会莫名其妙地出现锈渍。简单的、刚刚出现的锈渍比较容易去除。可以使用5%草酸水，也可以把衣物浸在温水中，使用草酸颗粒涂抹锈渍处进行去除。如果锈渍比较陈旧或是经过草酸处理仍然不能彻底去除，就必须使用专门的去锈剂处理，如RustGo、SEITZ Ferrol去锈剂或FORNET去锈剂。由于去锈剂都属于酸性去渍剂，所以使用后一定要彻底清除残余的去渍剂。

如果面料的染料中含有金属离子，则不能使用各种去锈剂，否则会使面料颜色脱色。

253.怎样去除铜锈渍？

去除铜锈的情况和去除铁锈的情况是一样的，关键是准确确认是否真是铜锈。铜锈也是属于金属离子类型的渍迹，只能使用化学反应将含有铜锈的金属化合物分解，使其变成能够溶解在水中的络合物脱离衣物面料。RustGo、SEITZ Ferrol去锈剂或FORNET去锈剂等都可以。去除以后一定要将残余的去渍剂彻底清除。

254.野外旅游时蹭上了青草渍，怎么洗掉？

在旅游时青草的汁水很容易沾染到衣服上，尤其是裙边或裤腿处。刚刚沾染的时候基本上是黄绿色，时间稍微久一些就会变成黄棕色，个别的植物汁水还可能逐渐变成深棕色。青草、树叶以及各种植物汁水的颜色都是天然色素，其中一些植物汁水中含有鞣酸、单宁一类成分，经过空气中氧气的作用会与衣物结合得更加牢固，颜色也会越来越深。所以，沾染了这类渍迹最好尽快下水洗涤。比较轻的经过碱性洗涤剂的洗涤就能去除干净，较为严重的可以使用氧漂剂、彩漂粉或双氧水一类的氧化剂去除。使用条件要求温度应在70～80℃，手工拎洗或机洗都可以。也可以使用各类用于去除鞣酸类污渍的去渍剂处理。

比较新鲜的青草迹还可以使用柠檬酸处理，将柠檬酸溶解成5%左右的水溶液，涂抹在青草渍迹处，就能去除。

如果在旅游时发现衣物沾染了青草渍，最好立即使用少量清水局部冲洗一下，这对于以后洗涤去渍是大有好处的。

255.下雨天裤腿上面溅了一些泥点，怎样才能洗净？

雨天外出的时候，裤子的下部往往会被溅上一些泥点。对于深色衣物一般不会很明显，在浅色衣物上就会成为重点渍迹，需要仔细进行去渍。尘泥渍迹是典型的颜料型渍迹，它是由细微的固体颗粒组成的。这类渍迹当中颗粒越大去除就越容易，反之就比较难。所以，溅上泥点的衣物经过洗涤之后大多数颜色会变得浅了许多，也就是颗粒较大的已经洗涤去掉了。而剩下的就是颗粒较小的部分了，其中主要有两类成分，一种是飘尘，另一种是研磨下来的金属粉末，它们的直径大多小于5微米，就如同颜料的粉末那么细腻，甚至可以进入纤维内部，所以很难简单地去除。

如果溅上泥点的衣物是白色全棉或棉与化纤混纺的面料，可以使用肥皂涂抹，然后使用刮板细心刮除。带有颜色的衣物不宜使用刮板，可以涂上洗涤剂，在反面使用击打去渍刷敲击去除，而这个过程比较缓慢，需要有耐心。这种尘泥渍迹会在今后的多次洗涤过程中逐渐消退。

256. 衣服上面沾了番茄酱怎样才能洗涤干净？

常见的番茄酱渍迹有两种：一种是单纯的番茄酱，即未经烹饪加工的番茄酱；另一种是经过烹制的含有一些油脂和其他调料的番茄酱。前者比较容易去除，后者要考虑油污成分。

如果沾在白色衣物上面是最简单的。第一步充分水洗，将表面残留物彻底洗净。水洗时可使用适合的漂白剂；第二步使用含有1% ～ 2%双氧水的热水（温度在70 ～ 80℃）拎洗3 ～ 5分钟，或使用20克保险粉溶在5 ～ 8升80℃以上的热水中进行还原漂白。具体选择要看面料的承受能力。

如果把番茄酱沾染在羊毛衫或羊绒衫上面，在去除时就要考虑衣物的承受能力和使用最为有效的方法。最好在洗涤前先进行去渍，可使用TarGo、SEITZ Lacol（紫色）去渍剂或FORNET去油剂（红猫）进行去渍，滴入去渍剂3 ～ 5分钟之后，在去渍台上使用清水和冷风交替打掉。不是特别严重的，大多数在这种情况下就可以去除了。如果还有残存的色迹，可使用1 ∶ 1清水稀释后的双氧水滴在残余色迹处进行去除，去除后应彻底清除残药。

还需要注意的是沾有番茄酱的衣物应该在干洗前进行去渍，如果先行干洗，含有油脂的番茄酱渍迹就不容易彻底洗净了。

257. 衣物上沾上酱油渍怎样去除？

在酱油渍迹中有单纯性酱油渍和油脂性酱油渍两类。

单纯性酱油渍比较容易洗掉，一般性的水洗可以去掉大部分，残余的部分可以使用含有双氧水的热水浸泡或洗涤。不能下水洗涤的衣物可以在去渍台上处理，先使用清水将酱油的浮色充分打掉，然后使用经过1 ∶ 1清水稀释的双氧水滴在渍迹处，慢慢清除残余色迹。

含有油脂的酱油渍应该在洗涤前进行去渍，可以使用TarGo、SEIZT Lacol（紫色）或FORNET去油剂（红猫）等滴在渍迹处，等待5分钟左右，直接投入含有洗涤剂的水中水洗。如果采用干洗，最好将色迹清除干净以后再进行干洗。

羊毛衫、羊绒衫类衣物应在干洗前去渍，干洗后油脂洗涤干净，然而色素类的渍迹就不容易彻底洗净。有条件的可以采用湿洗技术洗涤这类衣物，各方面效果都会不错。

258. 衣服上面沾上了红色辣椒油怎样洗净？

对于全棉纺织品或化纤与棉混纺的面料或以化纤为主的面料，可以先使用碱性洗涤剂水洗干净之后，使用去除油渍的去渍剂进行去渍。

上述衣物中，如果是白色纺织品，直接采用含有氯漂剂的洗涤剂即可。如果是浅色纺织品，还可以使用彩漂粉（1 ～ 2克/升，70 ～ 80℃）或过氧化氢（1 ～ 2克/升，

70～80℃），同时加入洗涤剂洗涤，也可以将辣椒油渍迹洗净。但是这两种洗涤方法都需要使用较高温度，多适于餐巾台布类的纺织品。

对于需要进行干洗的衣物，最好先行去渍。可以使用TarGo、SEITZ Lacol（紫色），也可以使用FORNET去油剂（红猫）。将去渍剂滴在辣椒油渍迹处，等待片刻，使用清水及冷风交替打掉即可。去除后再进行干洗。如果先进行干洗，则残余的色迹就比较难以去除了。

259. 衣服上的芥末酱怎样去除？

沾染了芥末酱的衣物上面会有一个黄绿色的圈迹，一般面积不会太大。由于芥末含有较高的油脂，所以往往在这种圈迹上也含有一些油渍。这种渍迹适于先进行去渍然后再洗涤的模式。去渍时首先要看面料的情况，如果是棉麻类或棉麻与化纤混纺类型的面料，可以使用较高温度和碱性洗衣粉洗涤，洗涤的过程中加入双氧水进行氧漂，能够比较简单地将芥末酱渍迹去除。如果是其他面料，则可以使用SEITZ Coloesol（棕色）去渍剂先行去渍，然后进行正常的干洗或水洗即可。一些不太严重的芥末酱渍迹也可以经过水洗之后再行去渍，方法是洗涤之后使用经过1∶1清水稀释后的双氧水滴在渍迹处去除。但是这种方法反应速度比较慢，甚至需要使用多次才能见效，而且每次使用之后还要把前次的去渍剂清洗掉，以避免药剂积累腐蚀面料。

260. 麻辣烫的油汤洒在衣服上面如何洗涤干净？

麻辣烫火锅的油汤是非常浓厚的汤汁，含有浓重的油脂、蛋白质、调料和色素，是食物类型的渍迹中最为顽固的污垢。如果是洒在台布、口布等上面，专业洗衣厂会使用高温、强碱再加上氯漂等诸多手段，就能彻底洗净。如果洒在一般衣物上，如衬衫、T恤、羊毛衫、一般外衣等，就必须使用去渍剂进行去渍操作才能洗涤干净。沾有麻辣烫油汤的衣物最好采用水洗，洗前使用去除油性污垢的去渍剂进行预处理，如TarGo、SEITZ Lacol（紫色）去渍剂、SEITZ Frankosol（黄色）去渍剂或使用FORNET去油剂（红猫）处理均可。

不能水洗的衣物，也应该在干洗前进行预处理，先去渍，然后再干洗。

261. 蜡油落在衣物上面怎么去除？

沾上蜡油的衣物会留有一片硬性的干性渍迹，如果表面还有明显的蜡，可以用手轻轻揉搓除去大部分。如果蜡油污渍附近没有明显的其他污垢，可以直接使用熨斗熨烫去除。熨烫时在蜡油污渍的上面以及下面要垫上一些吸附性强的干净废布或卫生纸，用以吸附熔化的蜡油。如果衣物本身不太干净，需要洗涤之后再进行处理。

沾上的蜡油还可以使用四氯化碳进行溶解去渍。具体方法是将衣物翻转，从背面滴入四氯化碳，自四周向中心逐渐溶解。还要使用吸附材料吸收溶解下来的蜡油，并不断更换吸附材料，直至彻底溶解干净为止。

262.洒在衣物上的红酒如何洗涤?

洒在衣服上的红酒会有一片红棕色的渍迹,仔细触摸渍迹区域还会比较硬一些,留有一些残留物,那是因为红酒中含有糖分、鞣质和氨基酸。衣服沾染了红酒最好先使用水洗将红酒的大部分洗掉。如果衣物不宜采用水洗,也应该在去渍台上将含有红酒部分使用清水进行局部清洗,然后才可以去渍。如果盲目地先进行干洗,然后再进行去渍,困难会大得多。经过清水处理的红酒污渍几乎只有色素了,根据衣物的情况可以分别进行处理。如果是全棉或棉混纺衣物,或是家居纺织品,可采用碱性洗涤剂,适当提高洗涤温度使用机洗,在洗涤的过程中还可以加入双氧水,直接将红酒的色素去掉。如果是不能使用较高温度水洗的衣物,就需要进行去除颜色污渍的去渍处理。

263.白酒洒在衣服上也会留下印迹吗? 怎么办?

白酒是没有颜色的蒸馏酒,按照常理应该没有色素或者能够成为渍迹的残留物。但是衣物洒上白酒以后仍然会留下一些渍迹,有的甚至还很严重。这是因为白酒当中含有多种氨基酸以及不同类型的糖类,在白酒干后会浓缩在衣物上,形成渍迹。如果已经知道某一片渍迹是白酒造成的,可以使用清水和酒精交替进行溶解,还可以使用去除蛋白质、糖类的去渍剂去除,如SEITZ Frankosol(黄色)去渍剂及SEITZ Blutol(红色)去渍剂去除。

如果是棉纺织品,可以使用碱性洗涤剂,并适当提高洗涤温度进行水洗解决。

264.怎样洗净洒在衣物上的啤酒?

啤酒洒在衣物上面,如果仅仅是一小片,经过水洗或在去渍台上使用清水处理后,大多数会只剩下淡淡的灰黄色色迹。如果是大面积地洒上了啤酒,洒上啤酒的部分就会变得比较硬,颜色也会比较深,可以感到明显的残留物,这是由于啤酒富含糖类、氨基酸以及多种有机物。这种啤酒渍一般通过较高温度和碱性洗涤剂的常规水洗就能洗涤干净。不能采用这种洗涤方式的衣物经过水洗也能够把表面大多数的有机物去掉,但是还需要进行去渍。

去除啤酒的去渍剂可以选用SEITZ Frankosol(黄色)和SEITZ Blutol(红色)去渍剂。也可以使用双氧水经过1:1清水稀释后使用棉签点浸在渍迹处去除。

265.怎样去除可乐渍?

可乐型汽水是全球销售量最大的碳酸饮料,那棕色的液体已经成为一种饮料类型的标志。然而这种饮料洒在衣物上的色迹也会比其他饮料显得浓重。可乐的颜色主要是由于焦糖带来的,除此以外还有蔗糖及一些其他成分。因此,可乐的渍迹主要是天然色素,经过清水处理去掉糖分以后,在去渍时应以使用SEITZ Frankosol(黄色)和SEITZ Cavesol(橙色)去渍剂为主。如果是白色或浅色纺织品,还可以使用氧漂剂进行整体拎洗。不适合下水洗涤的衣物,可先在去渍台上去渍,然后干洗。

干洗后去渍的效果不如在干洗前去渍好。

266.怎样去除茶水渍?

茶水是最容易洒在衣物上的,往往也会不太在意。但是洒上茶水的衣物若是白色或浅颜色的衣物,时间稍微长一些就会出现灰黄色的渍迹。茶水渍初期颜色较浅,时间越久颜色越深。沾染了茶水渍的白色衣物可以使用低温低浓度氯漂处理,或使用保险粉进行还原漂白。如果是浅色衣物就要认真地进行去渍了。面积稍大的茶水渍迹可以使用彩漂处理(每件衣物用彩漂粉20~30克,10~15倍80℃热水,拎洗5~10分钟)。面积较小的茶水渍迹可以使用经过1∶1清水稀释的双氧水点浸渍迹处,由于反应比较慢,需要耐心等待几分钟,然后使用冷水和冷风打掉。有的需要反复处理几次才能彻底去除。

不能使用水洗的衣物还可以使用去除含有鞣质的去渍剂如SEITZ Farnkosol(黄色)去渍剂或SEITZ Cavesol(橙色)去渍剂去除。

267.怎样去除牛奶渍?

牛奶渍迹是以脂肪和蛋白为主的混合物,比较新鲜的牛奶渍很容易通过水洗洗涤干净。然而干涸的牛奶渍就需要进行专门的去渍处理,那些面积较大而又干涸的牛奶渍就难以洗净。没有经过高温处理的小片牛奶渍可以使用衣领净浸润之后水洗。时间长一些的牛奶渍就要使用SEITZ Frankosol(黄色)去渍剂和SEITZ Blutol(红色)去渍剂去除。牛奶渍最怕较高温度处理,它会牢固地固定在纤维上,就成为不能去除的渍迹。

268.怎样去除咖啡渍?

咖啡渍的性质和茶水类似,但要比茶水渍迹更浓重一些。咖啡的渍迹颜色也是棕色的,由于饮用咖啡往往会加入牛奶、植脂粉等伴侣,因此咖啡渍迹的成分比起茶水更为复杂一些。

去除咖啡渍迹适宜在洗涤之前进行,可以先使用清水去除表面的浮垢,然后使用SEITZ Frankosol(黄色)去渍剂和SEITZ Cavesol(橙色)去渍剂。如果渍迹表面没有类似油脂的污垢,经过水洗处理后,也可以使用经过1∶1稀释的双氧水采用点浸方法去除。

如果大面积的咖啡洒在台布等棉织品上,还可以使用氧漂或彩漂的办法洗涤,也可以有效去除咖啡的污垢和色迹。

269.植物蛋白饮料渍迹怎样去除?

植物蛋白饮料是近年来兴起的新型饮料,如杏仁露、花生饮、马蹄爽等。它们外观像牛奶,但各具特别风味。这类饮料如果洒在衣物上面,就形成了植物蛋白渍迹。它既不同于水果类型饮料,也不完全像牛奶。要特别指出的是这类渍迹不要先进行干洗,在没有完全处理干净之前也不要熨烫。

去除这样的污渍首先是进行较为彻底的水洗，先将表面污垢去掉，然后使用去除蛋白渍迹的去渍剂去掉残余的污渍。选用去渍剂时可使用SEITZ Frankosol（黄色）去渍剂和SEITZ Blutol（红色）去渍剂，也可以使用领洁净一类的洗涤助剂处理。去渍以后才可以使用较高温度进行水洗。

270.巧克力沾在衣服上面怎么去除？

巧克力是油脂、糖、蛋白和天然色素的混合物，和蛋白质纤维有很好的结合力，但与涤纶、锦纶一类合成纤维的结合能力稍差。可先使用FORNET去油剂去除，或使用FORNET中性洗涤剂也可以将大部分表面污垢去除。最后剩余的残渍可以选择使用SEITZ Frankosol（黄色）去渍剂和SEITZ Blutol（红色）去渍剂去除。

沾染了巧克力最好不要先进行干洗，先行去渍以后不论干洗或水洗都会比较简单方便。

271.蛋糕上的奶油抹在衣物上怎样洗净？

蛋糕的奶油是最容易沾到衣服上面的，尤其是儿童的衣服，常常在吃蛋糕时涂抹得乱七八糟。其实奶油的成分不是特别复杂，而且蛋糕上面的奶油是经过膨化和加入了一定糖分的。如果没有其他因素，只要仔细地水洗，有时也能取得很不错的效果。如果放置一段时间或是又通过奶油沾染了其他污垢，处置起来就比较麻烦了。能够水洗的衣物使用去油剂先行处理一下，然后进行正常水洗。不能水洗的衣物也需要先行去渍，然后干洗。如果还有残余的渍迹，可以使用SEITZ Frankosol（黄色）去渍剂和SEITZ Blutol（红色）去渍剂去除，多数都能获得较好的效果。

272.冰淇淋的渍迹如何洗涤干净？

冰淇淋的成分同花式奶油或冰棒、雪糕差不多，含有牛奶、糖分、奶油、巧克力以及天然色素，所以去除这类污渍和前面讲述的巧克力、奶油等食物相类似。可以使用FORNET去油剂先行处理去除渍迹，然后进行水洗即可。如果是不能水洗的衣物，则需要在干洗前认真去渍，待清除干净后再进行干洗。

273.水果的汁水怎样去除？

水果汁水因品种不同而异，大多数含有果酸、果糖、各种微量元素和天然色素等，也有一些还会含有单宁、鞣质一类物质。因此，含有这类成分的水果汁水渍迹就难以洗涤干净。一般来讲，刚刚沾染上的新鲜水果汁水比较容易去除，甚至清水都能洗掉。而陈旧性的去除起来就会难一些。其中果酸、果糖一类成分经过水洗能够很容易地去掉，残留下来的主要是色素或是鞣质经氧化后的颜色。如果是能够水洗的衣物，可以使用彩漂粉或双氧水进行处理。如果不能水洗，可以使用SEITZ Frankosol（黄色）去渍剂和SEITZ Cavesol（橙色）去渍剂去除。较小的斑点状的水果汁水渍迹也可以使用双氧水稀释后采用点浸法去除。

274.糖果的汁水洒在衣物上面怎么洗涤干净？

糖果汁水或含糖饮料干涸后的渍迹属于黏性的水溶性污垢，干后不大容易溶解，常表现为灰褐色斑点状污渍，经过多种去渍剂处理以后往往还是不能彻底去除，很容易被认为是不知名的顽固污渍。衣物上这种干的糖分污渍，如果使用指甲刮擦几下可能立即踪影皆无，但是用手抚摸一下仍然会恢复原样。所以，这种现象也可以成为判断是否是糖类渍迹的方法。虽然指甲刮擦可以暂时去掉，但这只是假象，实际上去除过程并不轻松。仅仅使用清水或冷风处理后有可能去掉，但还会出现。因此这类糖渍需要经过反复处理，甚至还要适当进行加热，使用清水与冷风交替喷打才能彻底去除干净。

275.柿子的汁水能够洗涤干净吗？

柿子的汁水刚洒上的时候是黄色的，随着时间的延长颜色就会越来越深，直至变成深棕色。随着色迹变深，也会越来越难洗净。这是由于柿子的汁水含有一些单宁类的成分，经过空气氧化颜色就会变深，并且牢固地结合在纤维上。所以，不论什么样的衣物沾上柿子的汁水，最好立即下水洗涤，这时可以比较轻松地洗掉，甚至不必使用洗涤剂。等到柿子的汁水颜色变深之后洗涤起来就会困难许多。如果是毛巾类的棉纺织品，可以使用碱性洗涤剂和较高温度，甚至煮沸，就能将柿子的汁水洗掉。其他衣物只能使用去除鞣质的去渍剂去除。时间太长的柿子的汁水如果已经变成了深棕色，往往就没有洗涤干净的希望了。

276.青绿色的核桃皮流出的汁水抹在衣服上形成的污渍怎样才能洗净？

青绿色的核桃皮是一种含有特殊汁水的东西。刚刚剥开的青绿核桃皮会流出像牛奶一样的白色汁水，经过空气的氧化以后，颜色逐渐变深，从黄色到棕色。如果沾染到衣物上面，核桃皮渍迹也会由浅变深。由于核桃皮汁水富含单宁类的鞣质，一旦干涸，就会与纤维牢固地结合。所以，沾染了青核桃皮汁水后最好立即下水洗涤，停留时间越久越难洗净。对于蚕丝和羊毛类的蛋白质纤维，核桃皮汁水还有一定的腐蚀性，还可能损伤纤维。

这类渍迹在纤维条件允许的情况下，可以使用较高温度和碱性洗涤剂处理。如果不能使用水洗处理，可以使用去除鞣质的去渍剂处理。最后还要使用去锈剂处理残余的黄色残渍。

277.香水在衣物上留下的黄圈怎样洗净？

香水一般是没有颜色的，多数情况下喷洒在衣物上的香水不会留下印迹。但是，如果香水以较大的滴状洒在衣物上，并且形成浸湿的区域时，就会出现香水渍迹。香水渍迹多表现为黄色的圈迹，仅仅使用水洗不能去掉，使用其他洗涤剂往往也不会见效。衣物香水使用的溶剂多数为醇类，所以去除香水渍迹首先要考虑使用能够溶解香水在衣物上固化的物质。可以先使用酒精（最好是无水乙醇或工业酒精）。乙醇挥发比较快，需要连续滴入或小剂量地浸泡，然后再使用洗涤剂洗涤。如果还有残渍，可以使用SEITZ Frankosol（黄色）去渍剂或SEITZ Cavesol（橙色）去渍剂去除。

278. 唇膏蹭在衣服上怎样洗涤干净？

唇膏属于载体型渍迹，其载体为油脂和蜡，因此去除唇膏渍迹应遵循去除油脂性污垢的方法。可以使用松节油、溶剂汽油、香蕉水等溶剂先行溶解，然后再使用洗涤剂洗涤。也可以直接使用TarGo、SEITZ Lacol（紫色）去渍剂或FORNET去油剂（红猫）等去渍剂去除，最后再进行水洗。

279. 衣服上的指甲油怎样去除？

指甲油是由色素、基质和香料组成。由于指甲油的基质大多数使用的是硝化纤维素，所以当指甲油沾染在衣物上就会形成一片硬性的渍迹斑。去除这种渍迹首先是考虑将指甲油的基质溶解，也就是把它的载体破坏，然后再将其他部分去掉就可以了。

先将衣物翻转，把沾有渍迹的部分朝下，同时垫上一些吸附材料，或是直接放在去渍台的摇臂上，再使用TarGo、SEITZ Lacol（紫色）去渍剂或FORNET去油剂（红猫）去除。上述去渍方法的过程比较慢，需要反复溶解和喷除。此外还可以使用有机溶剂直接溶解去除，选用的溶剂是丙酮或硝基稀料，使用方法与前述相同。使用溶剂直接去除的优点是比较快，但是风险大一些。不论哪一种方法，去渍后都要将残药彻底除去。

指甲油如果沾染在醋酸纤维面料上，就会使面料造成溶解性损伤，而且无法修复，当然也不能使用上述方法进行去渍。

280. 衣物上洒了红药水怎么洗净？

红药水是红汞药水的俗称，也曾被称为220药水，用于外伤的简单消毒和治疗。随着创可贴一类外伤性药物的普及，红药水的使用率在逐渐降低。红药水和各种化学纤维的结合能力都不是很强，但与天然纤维的结合力比较牢固。对于红药水，也应该先使用清水处理，将浮色清除。根据面料的情况，可以选择采用氧漂，使用双氧水、彩漂粉等进行氧化漂白。不能承受较高温度的衣物可以在去渍台上使用SEITZ Colorsol（棕色）去渍剂去除。如果是白色的棉纺织品或比较浅色的棉或棉混纺衣物，也可以使用低温低浓度氯漂的方法去除。具体操作：以15～20倍冷水，每件衣物加入3～5毫升氯漂剂，混合均匀后放入衣物。这种浸漂大约至少需要2～4小时，开始的时候要时常翻动，以后也可以浸泡在水内不动。注意：每次翻动以后必须挤净空气，使衣物全部没入水中，不可有任何部分漂浮在水面上。

281. 衣物上洒了紫药水怎么洗净？

紫药水也称作龙胆紫酊，是常用的外用药。目前一些口腔溃疡、皮肤破损类伤痛还在使用。如果不小心把紫药水沾染在衣物上，先要看被沾染衣物是什么样的面料，如果是真丝或纯毛的衣物，去除起来会非常困难，因为紫药水中除溶剂以外的主要成分龙胆紫也是一种染料，这种染料与蛋白质纤维的结合比较稳定。被沾染的衣物如果是白颜色的面料就比较简单了，可以使用氯漂的办法去除（适用于棉麻和化学纤维），也可以采用还原漂白，使用保险粉进行漂除。

沾染在其他衣物上时，一般先进行水洗，或是在去渍台上使用清水先清理浮色，然后可以使用SEITZ Colorsol（棕色）进行去渍处理。特别要说明的是使用SEITZ Colorsol（棕色）清除色迹的过程一般比较慢，滴入药液以后需要等待一些时间，有时甚至需要数十分钟，所以不要急于使用喷枪将去渍剂打掉。然而SEITZ Colorsol（棕色）不能在醋酸纤维面料上面使用，也是需要注意的。

282. 衣物上沾上碘酒怎么办？

常常用于皮肤消毒的碘酊俗称碘酒，是一种浓重的棕黄色液体，时常会不小心沾染在身体上或是衣物上。沾染在皮肤上的碘酊经过一段时间后，会因为酒精挥发、碘升华而使碘酒的颜色自然消失。但是沾染在衣物上面的碘酒色迹不会很容易地去掉。沾染了碘酊以后，可以先使用酒精进行溶解，在去渍台上用喷枪冷风打掉，然后进行水洗。如果还有一些痕迹，可以使用去除铁锈的去渍剂处理。

如果沾染在白色衣物或颜色比较浅的内衣上，可以在水洗时加入少量氯漂剂，就可以很容易地洗涤干净。

283. 消毒药水洒在衣服上，还有办法挽救吗？

人们在使用消毒药水的时候大多采取喷洒的办法，因此常会不小心洒落在衣物上，于是衣物上就出现了斑点状的痕迹。由于在不同的衣物上会有不同的反应现象，通常可以通过洗涤去掉。而实际情况却并不乐观。消毒剂在衣物上的斑点大多数是属于咬色，也就是面料上的颜色被消毒药水破坏了，原有的染料颜色部分或全部被破坏了。

次氯酸钠、84消毒液、高锰酸钾、过氧乙酸、优氯净、双氧水等消毒药水都属于氧化剂，都会对衣物的颜色造成损伤，因此多数衣物受到消毒药水的腐蚀后很难恢复。只有白色纺织品或少数颜色较浅的衣物，还有可能通过修复和挽救得以适当恢复。

284. 中药汤剂洒在衣服上能够洗涤干净吗？

中药汤剂洒在衣服上面之后，最要紧的就是及时使用清水冲洗。被沾染衣物存放的时间越长就越难洗净。由于中药汤剂中大部分是各种植物的浸出物，而且是经过熬煮浓缩之后的浓缩液，其中有许多药物中含有鞣酸、单宁一类的成分，这些成分和纤维结合后，经过氧气的作用，就会比较牢固地固定在衣物上。有试验表明，在30分钟之内进行一般的洗涤，中药汤的渍迹可以去除90%以上，而24小时之后再进行一般洗涤只能去除不足50%的渍迹。所以，立即清洗是最佳选择。

中药汤剂中绝大多数成分是水溶性的，所以不论沾染时间长短都应该先进行水洗。残余的渍迹多数以色迹形式表现，它们都是天然色素。经过初步水洗之后，可以选用去除天然色素的过氧化氢处理，使用温度70～90℃，含1%～2%过氧化氢的热水，抻洗3～5分钟，然后再继续浸泡5～10分钟即可。

如果是白色纯棉或棉混纺面料衣物，经过初步水洗之后还可以使用含0.1%～0.2%的次氯酸钠冷水浸泡处理，处理时间1～4小时，然后充分漂洗即可。

如果是不能水洗的衣物沾染了中药汤剂，这种处理过程就要在去渍台上进行。具体过程是：清水处理→去渍（具体方法见下述）→清水清洗残药→干燥。

方法1：使用SEITZ Frankosol（黄色）和SEITZ Cavesol（橙色），涂抹后静置5分钟，然后使用清水和冷风清理。

方法2：使用1∶1经过水稀释的过氧化氢滴在渍迹处，5～10分钟后用风枪打掉。可以重复数次同样操作，但每次必须使用风枪和清水清理残药后再继续。

285. 传统膏药沾在衣物上能够洗干净吗？

膏药多数都是黑棕色，其成分中除了中药以外主要是油脂性的载体。它们多数会沾染在内衣内裤一类衣物上，也会沾染在被褥等卧具上面。由于这些衣物多数为浅色全棉纺织品，所以可以比较轻松地进行去渍。

根据具体情况，可以有几种不同的方法去渍。

（1）使用溶剂汽油、香蕉水、松节油等一类有机溶剂对膏药渍迹进行溶解。如果面积较大，可以使用一个较小的容器涮洗，溶剂变色后要更换干净溶剂，直至渍迹完全溶解。最后再对残余色素进行洗涤。

（2）在去渍台上使用SEITZ Colorsol（棕色）去渍剂或SEITZ Lacol（紫色）去渍剂进行去渍，这两种去渍剂可以与水兼容，所以使用比较方便。注意：醋酸纤维衣物不可使用上述两种去渍剂。

（3）在膏药主要部分去除后，还可以使用双氧水或彩漂粉处理残余的色迹。

286. 衣物上的血渍怎样彻底洗涤干净？

衣物上面沾染了血渍以后最好尽快洗涤，存放得越久洗涤就越困难。洗涤有血渍的衣物最忌先使用热水烫，否则就会将血液中的蛋白质固定在衣物上，不容易洗掉。一定要先使用清水浸泡，严重的可以多次换水反复浸泡。将绝大部分血渍泡下来以后，可以使用温水和加酶洗衣粉进行洗涤。如果还留有黄色的残余渍迹，可以使用去除铁锈的去渍剂去除。

沾染血渍的衣物如果不适宜进行水洗，就只能在去渍台上使用清水把能够溶于水的大部分渍迹去掉。经过清水充分处理，血渍的大部分都会脱落，一般情况下只留下淡黄色的瘢痕和红褐色的圈迹，这时可以使用去除蛋白质的去渍剂进行去渍。如果最后还留有黄色渍迹，仍然可以使用去除铁锈的去渍剂去除。在去除血渍的全部过程中不要使用蒸汽加热，避免蛋白质固定在面料上。比较顽固的血渍去除是需要时间的，可以反复使用清水和去除蛋白的去渍剂，尽量避免使用刮板用力刮或使用去渍刷用力刷。

287. 大男孩在被单上面"画了地图"怎样彻底洗净？

男孩子在青春期会很自然地出现遗精现象，所以会在他们的被单、褥单或卧具等地方留下一些涸迹。一般来讲，这些涸迹是比较难洗涤干净的。尤其有的人误认为需要使用温度较高的热水才能洗掉，其实适得其反。被单上"地图"的主要成分是人体蛋白。时间比较短的是很容易洗涤干净的，可以使用普通洗衣粉冷水或温水洗涤即可。如果沾染的时间比较长就不容易洗掉，可以使用衣领净涂抹在涸迹处，等待3～5分钟，然后进行洗涤。这是由于衣领净含有碱性蛋白酶，可以有效地分解蛋白质污垢。使用时需要注意的是，最好在被单干燥的情况下涂抹衣领净，涂抹之后必须等待3～5分钟再进行洗涤。如果使用温水，效果会更好一些。

加酶洗衣粉也是有效的。使用加酶洗衣粉时要求使用40～50℃的温水，在洗涤之前还需要浸泡10～15分钟。也可以使用去除蛋白的去渍剂进行处理，需要注意的是涂抹去渍剂之后需要等待几分钟。

288. 怎样去除衣物上的呕吐物？

呕吐物的成分应该是比较复杂的，但是有一个共性就是绝大部分都是水溶性的。所以，不论什么样的衣物沾染了呕吐物，都必须先使用水将呕吐物的表面部分洗掉。如果衣物的面料或结构不宜使用水洗，也要采取局部洗涤的方法将表面的呕吐物清洗掉，或在去渍台上使用清水枪及风枪交替处理，将表面呕吐物清掉。切忌马上进行干洗。

在使用清水处理去除表面呕吐物之后，再考虑使用其他去渍剂。呕吐物中的大多数为淀粉类和蛋白质类，油脂类已经在成分上有所改变，不必过多考虑。一般情况下这样处理之后就可以进行正常洗涤。如衣物上面还有其他污垢或渍迹，当然也要进行相应的处理。

如果沾染了呕吐物的衣物适宜水洗，则可以使用加酶洗衣粉洗涤。注意要使用40～50℃温水，还需要10～15分钟的预先浸泡，就能很有效地去除呕吐物。

第九章　熨烫与整理

289.为什么服装要熨烫?

（1）要恢复服装原样。从行业职能特征上讲，恢复原样，是服装熨烫工作的主要任务。欲达此目的，要从以下四方面做起。

① 熨烫平整。服装熨烫过程中，首先要将服装的面料、里料、衬料及附件等熨烫平整。不论是穿着还是洗涤所造成的褶皱都要熨烫平整。这只是熨烫工作中最起码的要求，但还远远不够。

② 恢复服装尺寸。经过洗涤后的服装，尤其是水洗后的服装，其尺寸都会缩小，即使是干洗的服装，也同样会有所缩小。为了得到证实，可在不忙的时候将第一次洗涤的纯毛西裤在干洗前用尺量好原始尺寸，当干洗后再量一下，其长度会缩小2cm左右。因此，在服装熨烫过程中都要适当拉伸，如有缩水的服装，那就更要充分拉伸，以恢复服装的原始尺寸。当然，有些针织品衣物也会变大。如经过防缩绒处理的羊绒衫等，在不恰当的洗涤及晾晒条件下会变大。在熨烫过程中，要将其尺寸缩小（当然是在有限的范围内）。

③ 熨烫出挺括度。在熨烫平整的前提下，同时将服装熨烫得更加板实、有筋骨，即称为挺括。提高挺括度的方法，就是充分合理地利用熨烫的条件（水分、温度、压力及冷却），将服装材料的纤维密度提高。当然，要根据服装面料的具体情况区别对待。

④ 恢复服装的曲线造型。人体美，是以人体的曲线体现出来的，而服装的曲线造型是根据人体曲线来设计的。通过穿着或洗涤，尤其是经过水洗后的服装，曲线造型会产生较大的变化，正确地恢复服装的曲线造型，如胸、腰、胯、肘、臀等部位，就是服装美与人体美的协调和统一。

（2）可提高抗污染能力。

① 固体污染物（灰尘）对纺织品的污染，主要是以附着的方式来实现。未经熨烫的纺织品纤维密度低，表面大多呈绒状，一旦有灰尘接触，就很难脱落，并逐渐进入织物组织内部，灰尘会越积越多。而经过熨烫的服装面料，表面的绒毛基本形成倒伏状态（是以不产生亮光的前提下），织物表面相对光滑了许多，虽然有同样的灰尘附着，但其中部分灰尘就会脱落，尤其在人体活动量较大的时候，灰尘会大量脱落。还有，经过熨烫后的织物纤维密度会增大，灰尘则难以进入织物内部，污染会明显降低。

② 液体污染物对纺织品的污染，主要是以渗透的方式来实现。织物熨烫的挺括度越高，纤维的密度就越高，液体的渗透就越慢，污染相对就较轻。

③ 气体污染物对纺织品的污染，主要是以穿透的形式来实现。经过熨烫的服装，织物纤维的密度加大，服装外部的大气难以穿透，污染会明显减少。

夏季人们之所以爱穿T恤衫，就是因其针织物透气性能好，无需熨烫，纤维密度低，吸湿性好，穿着舒适凉爽。

（3）有益人体健康。服装洗烫的目的，就是保证穿衣人的健康。在服装的洗涤过程中，由于服装材质及颜色的原因，洗涤温度受到限制，一般控制在45℃左右，这样服装上的病菌、病毒就难以彻底消灭。但在熨烫过程中，所使用的熨斗温度远远超过了洗涤温度，一般蒸汽熨斗也要超过150℃。如果使用电熨斗，在材质允许的条件下，温度可达到200℃以上，这个温度可以完全彻底地消灭病菌、病毒。

由于服装大部分是有颜色的，使用消毒剂会造成褪色，即使是白色的丝、毛织物，也不能使用含氯消毒剂。为什么宾馆、饭店或医院的公用物品，如台布、口布、床单、被套毛巾等，大多是白色纯棉织物？其原因是，这些物品在洗涤、熨烫、运输、储存等环境中要经过多种消毒（高温消毒、有机氯或无机氯消毒和紫外线消毒等）法，以保证公用物品的卫生安全性，防止交叉感染。而这些消毒方法都会对颜色及材质造成一定程度的损伤。而熨烫的温度，在合理的使用条件下，不会对颜色及材质造成负面影响，而且会有益人体健康。

290. 为什么熨烫时要给水？

当水分子进入纤维后，纤维分子间微结构单元间的距离会被拉开，其强度、模量、弹性及刚度下降，纤维产生膨胀和伸展，其大分子间的相互作用力减弱，分子易于构象的变化和滑移，同时，水分子的进入会使部分不完善的结晶体形成连续的无序区，这样就为熨烫奠定了良好的基础。

291. 为什么熨烫时给水的方式不同？如何具体操作？

由于熨烫的织物材质及花色不同，所以要采用不同的给水方式，否则，熨烫质量无法保证，甚至会造成事故。具体操作如下所述。

（1）闷水烫法。就是将喷好水的衣物卷紧，让水分均匀地渗透到衣物的各个部位，但需要较长的时间。闷水时间一般在20分钟以上才可以熨烫。闷水是熨烫前的准备工作，要提前做好，不能着急，如果闷水时间不够，会影响熨烫质量。

闷水量要根据季节与天气的不同而变化。要保证熨烫的全过程都不会干；同时水分也不能过多，因为过多的水分会影响熨烫速度及挺括度。在干燥地区或干燥季节，如春、秋和冬季，天气干燥，应适量增加闷水量，而夏季或潮湿天气应适当减少闷水量。

还有，闷水量要看织物的薄厚和服装的款式来决定。一般情况下，织物厚的要多些，织物薄的要少些。服装款式复杂、铺平困难或铺平面积较小的衣物，熨烫速度慢，耗时较长，闷水量要适当增加；服装款式简单、易铺平的衣物，熨烫速度快，闷水量要适量减少，以利提高工作效率。

另外，闷水量要因人而异，根据个人的熨烫速度适当调整水量，以保证熨烫质量及速度。

适用范围：材质，适用于棉、麻、丝类天然纤维；颜色，适用于单色或不掉色的花料。

注意事项如下所述。

① 在夏季闷好水的衣物，如果当天没烫完，必须用衣架挂起晾干，以防止发臭或霉变。

② 熨烫棉、麻和丝类天然纤维需用电熨斗或汽电两用熨斗，否则温度达不到纤维的软化点，就无法烫平。

（2）喷水烫法。主要用于易掉色的印花或手工刺绣（不包括机绣）的衣物。就是将衣物喷一块，烫一块。目的是防止掉色的花料在闷水时产生搭色或渗色事故。

喷水烫的面积要控制在一次能熨烫的范围之内，并要掌握好分块熨烫的喷水衔接。

适用范围：材质，适用于棉、麻、丝或与化纤混纺纤维；颜色，适用于掉色的花料（包括印花或手工绣花衣物）。

注意事项如下所述。

① 要使用电熨斗或汽电两用熨斗。

② 喷水烫法是一种不得已而为之的熨烫方法，因为水分没有充分渗入纤维，熨烫效果不够理想，所以凡是能用闷水烫的就不要用喷水烫法。

（3）蒸汽烫法。由于毛纤维非结晶区（无序区）中的大分子间存在交联状态，所以，毛织物的熨烫要采用湿热的蒸汽才能打开部分二硫键，并在新的位置重建二硫键，以使分子间结构重组，达到熨烫的目的。该方法主要用于毛纺织物或毛与其他纤维混纺织物的熨烫。

由于毛纤维的吸湿性很强，如果使用闷水烫法或喷水烫法，纤维内的水分就会过多，在正常的熨烫时间内不可能将纤维内的水分烫干，当衣物烫完后，当时的熨烫效果还好，但是过30分钟后，衣物的熨烫效果就消失。这是因为纤维内的残余水分在熨烫后会逐渐渗透出来，将熨烫的效果破坏掉，衣物的挺括度下降，织物表面发毛，如果烫的是西裤，裤线就会变圆，这些都会严重影响毛织物的熨烫质量。故此，熨烫毛纺织物就不能使用闷水或喷水的方法，而要改为蒸汽烫法。

蒸汽是水的气态，其性质没变，同样能起到润湿的作用。但这一状态的转变，对于毛织物的熨烫质量，具有非常重要的意义——毛织物的熨烫质量得到了根本保障。

为什么蒸汽烫法能对毛织物的熨烫质量有保障？经测算，1毫升的水，经过加热沸腾，可得到27毫升的饱和蒸汽，因为水转化为蒸汽后体积增加而密度减少，这样熨烫毛织物的给水量就好控制了，在同等体积的毛织物内含水量就会大大低于闷水或喷水，在熨烫过程中毛织物就容易烫干，熨烫质量自然就得到了保障。即使如此，熨烫毛织物也要严格控制给汽量，以防毛纤维过湿，影响熨烫质量。

适用范围：材质，适用于纯毛或毛混纺织物；颜色不限。

注意事项：在熨烫纯毛衣物后，当检查时，如有不平的部位，应回到熨台上进行修改，不得在悬挂的情况下用蒸汽熨斗往问题部位喷蒸汽。因为该种烫法没有压力，同时也没有吸风冷却，会使纯毛织物发毛，并失去挺括度。

292.为什么喷壶漏在衣物上的干净水烫干后会形成污渍？

在熨烫过程中，因喷壶漏水，会把衣物弄湿。将衣物烫干后，会出现一个水印，其实这并不是水印，而是污渍。当干净的水滴到衣服上以后，因水量多，不会很快扩散，多余的水就会很快渗透到熨台的罩布及衬垫物里面，这是水的第一次转移，当热的熨斗将衣服面料烫干的过程中，衬垫物中的水会陆续返回到衣服面料上，这是水的第二次转移，但所返回的并不是原来的干净水，而是已经溶解了衬垫物中污垢的水，所以，当衣物上的水滴烫干后就形成了污渍。这就是水的转移特性——水往干处移动。

当衣服滴上水后，不要直接熨烫，要及时将衣服拿起并挂上衣架晾干即可。熨台要烫干后再熨衣服，否则，同样会出现污渍。

293.为什么衣服必须彻底干燥后才能熨烫？

衣服八成干与彻底干燥后的给水，从本质上讲是两个不同的概念。由于衣服的干燥过程是不一致的，单薄的大面部位一般比较易干，而有衬的部位、多层部位及做缝部位就干得较慢，这些部位也正是熨烫的重点，定型效果取决于熨烫的干燥度，没有彻底干燥的水分都在纤维的最深处，也是最难烫干的原因。所谓的八成干是指干燥面积与潮湿面积的比例，而熨烫所需要的是均匀分布的水分。所以不要把这两个概念弄混。

294.为什么熨烫需要一定的温度？

高温使织物内水分转化为蒸汽的同时，也进入到纤维内部的深处，加快纤维内分子运动速度，促使纤维软化并使纤维内部分子结构重新排列，以达到整形的目的。与此同时高温将多余的水烫干，才能使熨烫的定型效果固定下来。

295. 为什么不同的服装面料要用不同的熨烫温度？

温度是熨烫条件中的核心，温度的高低是相对的，温度达不到一定的要求，就失去了熨烫的意义。比如熨烫衣服时温度达不到该种材质的软化温度，其结果就等于没烫。如果温度过高，就会出现熨烫事故。所以熨烫不同的材质就要选用不同的温度。一般常见纤维具体的熨烫温度。见表9-1。

表9-1　常见纺织纤维熨烫温度　　　　　　　　　　　　　　　单位：℃

纤维类别	纤维名称	直接熨烫温度	垫干布熨烫温度	垫水布熨烫温度
天然纤维	棉	175～195	195～220	220～240
	麻	185～200	205～220	220～250
	丝	170～185	185～195	195～220
	毛	170～180	185～195	200～240
人造纤维	黏胶纤维	150～180	185～190	195～205
	醋酸纤维	150～160	165～175	180～190
	铜氨纤维	150～160	165～175	180～190
合成纤维	涤纶	150～170	175～185	190～210
	锦纶	125～145	150～160	165～190
	腈纶	115～135	140～155	160～190
	维纶	120～145	150～160	不可加湿熨烫
	氨纶	140～150	155～165	170～180
	丙纶	80～90	100～110	115～120

296. 为什么电熨斗比蒸汽熨斗熨烫的质量要好？

在此首先要说明，在一般情况下电熨斗比蒸汽熨斗熨烫的质量要好。如果不能正确使用电熨斗，其结果就不一定了。

蒸汽熨斗使用的热源是饱和蒸汽，温度在150℃左右，对大多数服装面料不会产生破坏作用，其熨烫效果也一般。而电熨斗在垫水布熨烫时，当熨斗接触水布时，首先将水转变为饱和蒸汽，在熨斗不离开水布的情况下，借着熨斗的温度还会将饱和蒸汽继续加热，饱和蒸汽就转化为"过热蒸汽"。在熨烫过程中，过热蒸汽的作用及效果远远超过了饱和蒸汽。如熨烫纯毛西裤，蒸汽熨斗压的裤线只能维持三天，而电熨斗压的裤线能保持三十天左右。这就充分证明，过热蒸汽比饱和蒸汽熨烫的质量要好。

297. 为什么熨烫需要机械力？

在熨烫过程中，通过施加于熨烫物的各种机械力，如推、归、拔、压及拉伸等机械力，来达到预期的熨烫形态及效果，并提高织物的纤维密度，以达到挺括的效果。

通过熨烫时的压力，可以将弯曲的纤维压直，织物就变得平整。当然，直的纤维也可通过压力将其变弯，如压裤线、压裙裥等就是如此。通过推、归、拔、拉伸等机械力可恢复服装各部位的曲线造型。所以熨烫的过程中机械力是不可缺少的条件。

298.为什么熨烫需要冷却？

冷却是将熨烫后织物纤维内分子运动的速度减缓，使纤维除湿、降温，将重新排列的分子结构迅速固定下来，以达到定型的目的。冷却的温度越低、冷却的速度越快，效果越好。

299.为什么要采用分解熨烫法？

人体美主要是人体的曲线美，服装曲线造型是为人体美服务的内容之一。现代服装从设计、裁剪、制作及熨烫等方面都要追求曲线美，而且各道工序是协调统一的整体，任何一个环节都不可忽视。服装熨烫工作看似简单，随意地熨烫，其后果就是变形。服装的曲线部位，要采用分解熨烫的方法才能有效地保持或恢复服装的曲线造型。将复杂的服装曲线部位分为若干个可以铺平的单元而进行熨烫的方法，即为分解熨烫法。如西服上衣前身就必须分解熨烫（见图9-1），否则，就会破坏其曲线造型。

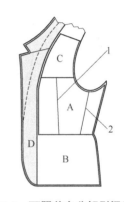

图9-1　西服前身分解熨烫示意

A—肋部；B—胯部；C—前胸；D—挂面；
1—胸省；2—腰省

300.为什么服装会产生亮光？

服装产生亮光的原因很多，下面分别进行阐述。

（1）毛纺织物产生亮光的原因如下。

① 摩擦的因素。服装在穿着过程中，经常摩擦的部位，如臀部、膝盖、肘等部位，易产生亮光。这是由于长时间的摩擦所致，是毛纤维表面的鳞片层被磨损或磨掉，使毛纤维表面的反光率增加而显得发亮。

② 多次干洗的因素。毛织物多次干洗，也是产生亮光的原因之一。干洗的衣服不变形，是由于干洗时纤维不变形，同时纤维之间的相对位置也不改变。简单地说，就是洗前在外面的纤维洗后还在外面，对衣服整体来说，干洗没有变形，但在衣服穿着过程中被磨损的纤维部位也同样没有变，因此，长时间磨损的织物表面出现亮光，也就在所难免了。所以，毛料服装不宜多次连续干洗。

③ 纺织结构的因素。毛纺织物的结构密度与亮光的产生也有着密切的关系。织物的密度越高，产生亮光的现象就越严重。如纯毛精纺织物就非常容易产生亮光。其中华达呢是最典型织物，织物纱线密度大，纤维互相紧密挤压，纤维自身状态及相互之间的位置很难改变，纤维受摩擦的部位也就相对固定在一个方位，受到长期的摩擦，就会出现亮光。

④ 熨烫的因素。一般纺织品结构所形成的纹路及纤维自身的绒毛，使纺织品表面变得粗糙而形成光的漫反射与散射。不规范熨烫（直接正面熨烫、压力过大或压力不均匀）时，织物表面的绒毛倒伏并压实，织物表面由粗糙变为光滑而形成局部镜面反射，这就是熨烫亮光产生的原因。

毛纺织物在熨烫过程中，如果压力过大或在正面直接熨烫，也会产生亮光。其原因是：由于毛纤维的可塑性强，在温度的作用下产生软化，即使垫上干布，压力过大也会造成毛纤维表面的鳞片层倒伏而产生亮光。

⑤ 熨烫设备的因素。有时，当熨烫衣物后，在衣物上会出现网状花纹的亮光。这是由于熨台的衬垫物使用时间过久，在长时间的熨烫压力作用下，其厚度变薄，无法均衡熨台钢网与孔洞之间的弹力，故此产生网状花纹的亮光。如果熨台衬垫物过硬，也会使熨烫物出现大面积亮光。

⑥ 综合性因素。毛纺织物出现亮光，大多属于综合性亮光。也就是由于以上所说几种因素中两种或两种以上因素所形成的亮光，即称为综合性亮光。其包含因素越多亮光就越严重，同时，亮光也就越难消除。

（2）合成纤维产生亮光的原因主要是摩擦。合成纤维，因其属于热塑性纤维，在织造成为织物的第一次定型后，纤维的位置就基本固定下来，在以后的洗涤过程中，无论是干洗还是水洗，纤维的相对位置一般就不会产生大的变化了，也就是说露在外面的纤维就永远在外面。所以，在穿着过程中的摩擦部位基本上总是露在外面的纤维，这样纤维表面的光洁度会随着穿着摩擦时间的延长而逐渐提高，亮光会越来越强。织物颜色浅的一般不会感觉明显的变化，而颜色深的就会感到有明显的亮光。尤其是经常受到摩擦的臀部、肘部或膝盖等部位，会出现明显的亮光。

（3）熨烫的因素。合成纤维属于热塑性纤维，软化温度较低，当热的熨斗与其接触时，纤维很快就软化了，当熨斗压力超过纤维承受能力后，软化的纤维与熨斗底的接触面就产生了热变形，当冷却后，纤维就形成了一个平面，与熨斗直接接触的织物纤维都产生了平面，反光角度一致，就形成了镜面反射，这就是熨烫亮光。由于合成纤维的性质酷似塑料，所以称为热塑性纤维，一旦产生熨烫亮光，是无法恢复的。所以，在此要提出一个新的概念：纯合成纤维织物或与合成纤维混纺的织物一旦出现熨烫亮光，即属于熨烫事故。合成纤维熨烫变形示意见图9-2。

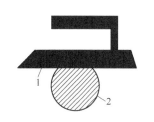

图9-2　合成纤维熨烫变形示意

1—熨斗；2—合成纤维

（4）熨烫设备的因素。合成纤维属于热塑性纤维，同样会出现网状花纹的亮光。一旦出现即成为永久性的花纹亮光。该种状况更为明显，无法向顾客解释。

（5）综合性因素。合成纤维织物与纯毛织物一样，大多属于综合性亮光，既有熨烫因素，也有其他因素等。

虽然服装出现亮光的原因很多，在此要强调的还是规范熨烫。服装熨烫要以反面为主，必须正面熨烫时要垫干布。天然纤维面料出现亮光还可以处理，热塑性纤维（合成纤维）面料如果直接正面熨烫，所产生的亮光是无法去除的，是永久性亮光。

时代在前进，纺织纤维在发展和变化，而熨烫技术也要与时俱进，如果不从这个高度来认识熨烫亮光，那熨烫质量就无法跟上时代的要求，更谈不上提高到一个新的熨烫水平。

301. 为什么棉、麻类织物要用电熨斗熨烫？

由于棉、麻类织物是由天然高结晶纤维素组成，使用蒸汽熨斗达不到棉麻纤维的软化及交联。所以，熨烫棉、麻类织物时要使用远远高于蒸汽熨斗的温度，使纤维产生软化和交联，而达到熨烫的目的。在日常工作中，遇到棉、麻类衣物就要改用电熨斗或汽电两用熨斗，其原因就在于此。

302. 为什么水洗可以减少或消除服装亮光？

在水洗时，水可以使变形的天然纤维恢复原状。天然纤维织物中棉、麻、丝织物，无论是在直接熨烫还是穿着时因摩擦所产生的亮光，只要通过水洗就能去除。棉、麻、丝纤维在水中的浸泡过程，可以使变形的纤维基本恢复原状，亮光即自然消除。

毛织物出现熨烫亮光，还是比较好去除的，在亮光处喷蒸汽并同时用毛刷反复刷几次，就能去掉亮光。如果去不掉，可在亮光处稍微喷些水，然后再喷蒸汽，并用毛刷反复刷几次，即可去除亮光。

对于穿着过程中因摩擦而产生的亮光，就要通过水洗时的刷洗方式去除亮光。其原理是通过刷洗的过程使织物纱线内的纤维产生换位或变位（即张力转移机理），将鳞片层已磨损的纤维由纱线的外表换到纱线的内部，或将纤维的磨损面转向里侧，使织物的亮光得以消除。

纤维在纱线中的张力转移机理，是因为纤维在纱线外层走的路径要大于纱线内层，当纱线受拉力伸长时产生的张力会使纤维向内挤入，当纱线受压缩起拱时纤维会向外移动。这就是去除毛织物摩擦亮光的理论依据。

该方法只限于纯毛织物，并且只能采用刷洗的方式。因为毛纤维的缩绒性所限，不得采用机洗或搓揉洗的方法，以防止缩绒事故的发生。

303. 为什么熨烫质量总是提不高？原因何在？

（1）温度的因素。温度是熨烫的要素之一，没有一定的温度就无法进行熨烫。在基本熨烫要素具备的前提下，温度是非常重要的条件，尤其是在使用电熨斗的条件下，由于怕出事故，不敢提高温度，因此，熨烫质量无法提高。在熨烫过程中，如果温度低，水分蒸发就慢，织物的干燥度就差，挺括度也就低；由于温度低，织物纤维的软化程度也会差，织物的平整度也就会低。在低温条件下熨斗反复熨烫，加剧了织物纤维的蠕动过程，熨斗反复熨烫次数越多，挺括度也就越差。另外，电熨斗在低温条件下使用，只能得到低温的饱和蒸汽，含湿度高，不利于高质量的熨烫。所以，一味地怕出事故，就会形成内心的负担，尤其是已经连续出过事故的人，要从自身寻找事故发生的原因，其实事故的原因不外乎以下几种情况。

其一，面料识别不准确。这种现象比较普遍，主要原因是日常工作中没有把面料识别作为一项必备的基础知识和能力而努力学习。

其二，是抱有侥幸的想法。本来知道熨斗温度较高，可还要试一试。就这么一熨斗的事儿，再去把熨斗降温，太麻烦了！结果事故发生了。应汲取教训才是。

其三，电熨斗与蒸汽熨斗，在使用过程中，人的意识是不同的。使用蒸汽熨斗时，拿起衣服就烫，一般不用考虑衣物面料的材质和熨斗的温度。所以，使用蒸汽熨斗的熨烫属于无温度意识熨烫。而电熨斗的熨烫过程就完全不同了，即使是恒温控制电熨斗，温度也是在一个相对的范围内不断变化，何况我们是在熨烫随时改变着的不同面料的服装。因此，使用电熨斗的熨烫属于有温度意识熨烫。这种意识，要始终贯穿于整个熨烫的全过程，在此期间不得有半点走神，必须全身心地投入其中，要随时关注熨斗的温度与熨烫织物的关系是否合适，并及时做出调整，否则，其结果就是事故。

事故的原因了解了，我们就应该努力学习纺织纤维的识别及其特性，尤其是各种纤维承受温度的能力，以选择合理的最佳纤维软化温度进行熨烫。何谓最佳熨烫温度？用最通俗的话来说，就是该种纤维在熨烫时就要出事故但还没出事故时的温度。此时，温度使纤维充分软化，熨烫出的服装既平整又挺括，定型效果自然也会很好。过去老师傅们曾经说过，没烫黄过衣服的人，就烫不好衣服。此话，其实也就是"失败乃成功之母"的意思。

熨烫温度过高，在熨烫过程中，除了容易出事故外，对熨烫质量也会产生负面影响。由于温度高，为了防止事故的发生，熨斗的运动速度就要加快，压力就降低了，这样，熨斗更不能停留在某个部位，尤其是服装结构复杂或较厚的情况下，温度还没传导到下面的纤维，熨斗就离开了，这种熨烫过程只是表面的熨烫，没有实质性的熨烫意义。

要想达到最佳熨烫效果，就要掌握好熨斗的温度。使熨斗的温度恰到好处地与服装面料相吻合，这是熨烫工必须掌握的技能。

（2）压力的因素。熨烫压力除了能使纤维变形、定型及提高纤维密度以外，还可以提高热传导的速度和效率，与此同时也就提高了熨烫的速度和质量。

在熨烫过程中，由于压力的加大，织物纤维密度自然会增大，纤维与纤维之间的空间压缩了（空间里的空气是热的不良导体，它比纤维的热传导能力更低），纤维的热传导能力就提高了。这样，熨烫的速度及质量都会得以提高。

熨烫压力，在熨烫同一件衣服的过程中，各部位的受力要均匀，服装面料的光泽才会一致。在这里要提醒大家，不是从反面熨烫，服装面料的光泽就一定会一致。由于熨烫压力的悬殊，产生织物表面绒毛倒伏状态的不同，其反光效果也会不同，会给人们留下光泽不一致的感觉。

另外，熨台衬垫物的厚度及弹性也是熨烫工作要关注的问题。熨烫的压力来自熨斗，而反作用力来自熨台，如果熨台各部位的弹性不均匀，熨烫效果及服装面料的光泽也同样不会均匀。出现该种现象的原因，主要来自熨台衬垫物中吸附进杂质（如衣物脱落的纤维毛絮、灰尘等）量的不同，而造成弹性不均匀的现象。熨台经常使用的部位，湿度要高，当杂质吸入后，就会黏附在衬垫物里面，随着使用时间的延长，经常使用的部位就会变硬。而不经常使用的部位，弹性相对就好得多。因此，为了使熨台各部位的弹性保持相对均匀，就应经常清洗熨台的衬垫物，至少每周要进行一次为好。同时，还可以提高衬垫物的透气性，以利于吸风冷却效果。

还有，熨台衬垫物的厚度也是熨烫工作必须关注的一个问题。随着熨台使用时间的增加，衬垫物的厚度会越来越薄，其原因是：熨烫时的水分、温度、压力及冷却因素，使衬垫物的纤维密度增高。随着衬垫物的变薄，弹性也随之降低，熨烫出的服装面料上会出现熨台支撑钢网的花纹。这种现象是最典型的压力不均匀所致。因此，要适当增加衬垫物的厚度，或更换新的衬垫物，以保持熨台衬垫物的弹性均匀度。

还要说明一下，熨台衬垫物的弹性强度要适度。弹性过强等于没有弹性；而弹性过弱（衬垫物过软）会使熨斗明显陷入衬垫物，该种状态会直接影响熨烫质量。当熨斗陷入衬垫物时，在熨斗的边缘处，服装面料即形成明显的S形弯曲现象，在熨斗的运动过程中，即对服装面料形成波浪（即正反折踱）现象，随着熨斗的运动过程，熨斗边部的服装面料始终处于波浪形的运动状态，熨斗往返的次数越多，服装面料的折踱次数就越多。见图9-3。其熨烫的平整度和挺括度均会受到很大的破坏。如果使用平底熨斗，熨烫物还会出现明显的熨斗印，熨烫质量无法保障。

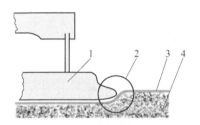

图9-3　波浪现象示意

1—熨斗；2—服装面料形成S形的部位；
3—服装面料；4—衬垫物

（3）水分的因素。水分在熨烫过程中主要起着载体（或称介质）的作用。当它完成任务后就要及时离开熨烫物，以达到定型的效果。残余的水分越少，定型效果越好。因此，给水量就是熨烫的关键。水量不足，熨烫效果达不到要求。但水量过多，也会给熨烫带来许多麻烦：为了烘干多余的水分，熨烫时间要延长，降低了工效；熨斗在织物上反复熨烫的结果是，挺括度下降；为了平衡水分带走的热量，熨斗要提高温度，消耗更多的能源，其后果一则浪费能源，二则提高了事故的发生率，三则降低了熨烫质量。

在此，再次提醒大家，毛纤维的吸湿性很强，其表面的角质鳞片层又是热的不良导体，虽然是用蒸汽熨烫法，蒸汽也是水变成的，故此，也要严格控制给汽量。否则，熨烫质量无法保障。

（4）时间的因素。

① 温度的传导需要时间。在日常生活中，经常要拿一些热的东西，这时就要用布或毛巾垫着，防止烫伤，有时垫得薄了，会感到越来越烫手，这就是热的传导过程。

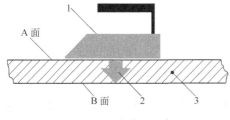

图9-4　温度传导示意

1—热源；2—热传导方向；3—熨烫物

热是一种能量，它可通过多种形式（传导、对流和辐射）进行扩散，而纺织纤维是热的不良导体，尤其是较厚的织物，热量的传导速度较慢，因此，熨烫过程中要给热量的传导留有一定的时间，这样温度才能传导到织物的另一面，见图9-4。当织物两面的温度完全一致时，即达到该织物的温度平衡，熨烫质量才有保证。

② 水分的渗透需要时间。在使用电熨斗熨烫天然纤维的棉、麻、丝类织物时，要采用闷水烫法。水分必须均匀地渗透到纤维深处，才能最有效地发挥作用。这个渗透过程相对时间较长，一般需要20～30分钟。

③ 水分的蒸发需要时间。在使用电熨斗熨烫的过程中，熨斗的温度将液态水转变成蒸汽，这只是熨烫的开始，还要使蒸汽进一步深入纤维，同时，电熨斗继续将蒸汽加热，由饱和蒸汽转变成过热蒸汽，达到纤维的充分软化及定型作用。与此同时，纤维中的水分也基本彻底蒸发。这一系列的熨烫过程，必须有一定的时间保证，才能得到高质量的熨烫效果。

④ 压力定型需要时间。在熨烫过程中，纤维的定型需要一定的压力和时间。对于弹性较小的纤维，瞬间即可完成定型，但对于弹性较大的纤维（如麻或毛），短暂的时间不足以达到彻底定型的效果，这种因时间而产生的效果即称为时效。故此，根据不同纤维的弹性适当调整压力和定型时间，是非常必要的。

⑤ 冷却定型需要时间。在服装熨烫过程中，随时要将熨烫好的部位进行冷却定型。尤其是服装结构复杂的部位或较厚的服装面料，要适当延长冷却时间，尽量去除残余的水分及降度，确保熨烫质量。

当服装熨烫结束后，冷却的任务并没有结束，还需要相当长的时间，织物纤维内残余的水分才能挥发掉，因此，在服装干燥过程中应处于相对宽松、稳定的状态，确保熨烫质量不受影响。

（5）熨烫方法的因素。

① 熨斗运动的速度。熨斗运动的速度不得过快。温度的传导与平衡需要一定的时间，否则，只是织物表面的熨烫，挺括度及定型效果得不到保障。

② 熨斗在衣物上的往返次数。在熨烫过程中，熨斗的往返次数应尽量减少，往返次数越多挺括度就越差。因为熨斗每一次的运动都会使织物中的纤维产生蠕动，纤维相互间的相对位置产生改变，织物的密度就会降低，熨烫的挺括度及质量随之下降。

③ 减少修改，尽量一次性圆满完成整件衣服的熨烫。不能依靠熨烫后的修改，因为修改过程的反转、抖动等作用力就是对挺括度和定型效果的破坏，修改的部位越多，破坏的程度就越严重。所以应尽量一次性将衣服圆满烫好，服装的挺括度及定型效果就有了基本保证。

304.为什么丝织物熨烫后会出现整体不舒展的现象？

在天然纤维中丝织物伸长度是最高的，尤其是轻薄织物更为明显。蚕丝伸长率一般为10%，但生丝伸长率可达17%～20%。由于丝织物缩水率较高，必须通过拉伸才能恢复其尺寸要求。在熨烫过程中的拉伸如果不一致，就会形成凹凸不平的状态，拉伸多的部位松弛，拉伸不足的部位绷紧，从整体上看就是不舒展的状态。

为了防止上述现象的出现，熨烫时的拉伸面积应尽量扩大。如果必须小面积拉伸，各方位的拉伸力度应尽量控制一致。如出现不舒展现象，轻者可适当修改，使绷紧部位适当伸展开即可；重者要重新闷水熨烫；如果特别严重，可重新下水，适当浸泡，将其恢复原状，干燥后重新熨烫。

305.为什么要经常洗涤熨台的衬垫物？

熨台衬垫物的弹性及透气性对熨烫的质量和防止产生亮光起着决定性的作用。所以，要维护好熨台的衬垫物。不论使用哪种衬垫物，工作一周就必须清洗一次，去除内部的杂质，以恢复其弹性及透气性。当洗涤后弹性无法恢复或过薄时，应及时更新，以免影响熨烫质量或出现网纹亮光。

306.为什么衣物要上浆？

衣物上浆后有很多好处，具体如下所述。

其一，可以提高织物的挺括度和定型性。织物上浆后通过熨烫使织物内浆料干燥，纤维之间黏合并固定到一起，限制了纤维的相对活动。所以，织物的挺括度提高了，同时定型性也提高了。

其二，防止污垢进入纤维内部。当织物上浆后，浆料不仅黏附在纤维的外面，同时也进入到纤维内部，也就是说纤维再没有任何的空间，当织物受到污染时，污染物无法进入纤维的内部，清洗时也就简单了许多。

其三，可在一定程度上延长织物的寿命。由于纤维表面黏附了一层浆料，当织物受到摩擦时其浆料所形成的薄膜就是很好的保护膜。

307.为什么有生浆与熟浆之分？如何配制及使用？

由于服装各部位的定型状态及挺括度要求不同，要适应这些要求，以达到最佳熨烫效果。

（1）生浆。用冷水与浆料按一定的比例混合所制成的浆液即称为生浆。生浆直接使用，主要用于需要定型的部位或易污染部位，如衬衫的领子、袖口及礼服的前身部位等。其配方见表9-2。

表9-2　生浆液配方

原料名称	作用	重量/克
水	载体	1000
淀粉	浆料	20～40
苯甲酸钠	防腐剂	2～4

淀粉生浆液制作方法：首先将淀粉放入陶瓷或玻璃容器中（不要使用金属容器），倒入300克熟凉水并搅拌均匀，然后加入600克熟凉水并充分搅拌均匀。再用100克60℃的热水，将苯甲酸钠放入热水中，搅拌使其溶解。待温度降至室温后，倒入浆液中，并充分搅拌即可。

淀粉的用量，要根据上浆部位需要的硬度而定。在1000克水中加入40克淀粉已达到比较硬的状态，如果需要更硬，也可以增加淀粉量。上浆部位若硬度过高，穿着会不舒服，尤其是领口部位，最好不要过硬，否则会使脖子发痒。

苯甲酸钠在这里的作用是防腐剂，因为配好的浆料一次是用不完的，尤其是夏天，如果没有防腐剂，第二天浆料就会发臭。另外，在潮湿地区或潮湿季节，衣服上的浆料是很易发霉的，因此防腐剂是不可缺少的。防腐剂用量，冬季加2克，春秋季加3克，夏季加4克。

（2）熟浆。将浆料与冷水按一定的比例混合均匀，然后将其加热后所得到的浆液即称为熟浆。熟浆主要用于不需要特别硬的部位，如衬衫的身部等部位。淀粉熟浆液配方如表9-3所示。

表9-3　淀粉熟浆液配方

原料名称	作用	重量/克
水	载体	3000
淀粉	浆料	20
苯甲酸钠	防腐剂	3～5

淀粉熟浆液制作方法：首先将2800克冷水加热，在等待加热的过程中，把淀粉和苯甲酸钠用200克冷水溶开待用。当加热的水到50℃后，将溶开的淀粉和苯甲酸钠倒入水中，并进行搅拌至沸腾即可停止加热。待降温至60℃后，即可使用。

（3）衬衫上浆方法如下所述。

① 全身上浆。一般需要全身上浆的衣服，主要为宴会衬衫或礼服衬衫，见图9-5～图9-7，图为前身款式示意，这些款式应该记住，当遇到此类衬衫时应予以上浆（除顾客说明不须上浆外）。该种衬衫需上生浆和熟浆两种浆。

要先将全身上好熟浆，待晾干后，熨烫之前再上生浆。上浆后的衬衫，如被污染，可较为容易地去除污垢。日常穿用的衬衫无须上浆，因为上过浆的衬衫透气性差，穿着并不舒适。

需要上浆的衬衫，洗涤后要彻底晾干。如果干燥不彻底，上浆后的衬衫整体硬度就会不一致，影响整体上浆质量。

准备浆料：要根据衬衫的数量备好浆料。以配方中的3000克为基础，它只能给1件衬衫上浆。以后，每增加1件衬衫就增加1000克浆料。如果是机械上浆，浆料数量要增加到手工用量的2～3倍。

熟浆温度：要根据上浆衬衫的材质而定。棉、丝材质的衬衫，使用温度相对可以高一些。如果是合成纤维混纺材质的衬衫，温度就要低一些。具体使用温度见表9-4。

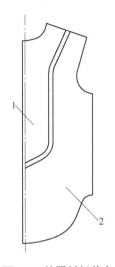

图9-5　礼服衬衫前身（之一）

1—生浆部位；2—熟浆部位

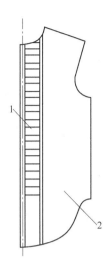

图9-6　礼服衬衫前身（之二）

1—生浆部位；2—熟浆部位

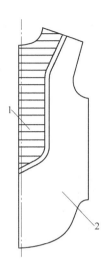

图9-7　礼服衬衫前身（之三）

1—生浆部位；2—熟浆部位

表9-4　熟浆使用温度参考表

纤维名称	棉	蚕丝	涤纶混纺
使用温度/℃	60	50	≤40

上浆方法如下所述。

机械上浆：当需要上浆的衣服较多时，应采用机械上浆法。首先根据衣服数量，选用合适的洗衣机，并在机内配制熟浆料。当温度合适后，将需上浆的衣服装入机内，运转5分钟后，排液、脱液、出机即可，最后晾干。

手工上浆：主要用于少量衣服上浆。首先将浆料做好。待温度合适的时候，将几件衣服同时放入盆内，用手或干净的木棍反复挤压或翻倒。然后，手工打把拧干。最后，挂架晾干即可。

② 局部上浆方法（见表9-5）。局部上浆是经常使用的。它主要用于袖口及领子等需要定型的部位。

表9-5　局部上浆操作方法

上浆部位		操作说明	操作图
袖口	折叠袖口	1.袖口对折，将正面折在里侧	

续表

上浆部位		操作说明	操作图
袖口	折叠袖口	2.二次对折	
		3.再次折成S形	
	袖口上浆	1.用手将浆液搅拌均匀	
		2.用手掐住袖口根部，并浸入浆液	
		3.拿起浸有浆液的袖口，另一手捏挤，然后再浸入浆液并捏挤，如此反复几次即可	
领子	折叠领子	1.领子对折，将正面折在里侧	
		2.二次对折	

续表

上浆部位		操作说明	操作图
领子	折叠领子	3.再折成S形	
领子	领子上浆	1.用手将浆液搅拌均匀	
		2.用手掐住领子根部，并浸入浆液	
		3.拿起浸有浆液的领子，用另一手捏挤，然后再浸入浆液并捏挤，如此反复几次即可	

308.为什么熨烫时不平的部位看不到，当拿起后就看到了？

现在使用的很多熨台都配有灯光照明，在熨台的正上方装有一根40W的管灯，亮度感觉很好，但在熨烫工作中出现的皱褶很难发现，当衣服挂起后才能发现皱褶。所以还要放回熨台修改，有时可能要反复好几次。这种情况很多人都感到不解。其实这是一个光学方面的知识，现在来做个试验：找一张白纸，将其折一道印迹，然后将印迹尽量弄平，但不要完全恢复其原始平整度，把纸放在基本垂直上方的灯光下（见图9-8中的灯光A时），同时用眼睛也从灯光的方向来看，纸上的折痕基本上是看不见的。这时如果将灯光的照射角度改变（见图9-8中的灯光B时），纸上的折痕就又看到了。纸的平面与灯光的照射角（α）越小，折痕看得越清楚（见图9-8）。在熨烫工作中，也是同样的道理，灯光如果在人的头顶上，衣物没有熨烫平整，操作人员是不易发现的。将

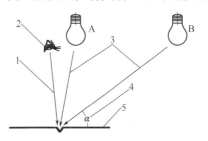

图9-8　灯光照射光线与视线的关系示意

A，B—灯光；

1—视线；2—眼睛；3—照射光线；

4—照射光线角度；5—有折痕的纸

衣物拿起后才能发现，所以又要重新铺平，再次修改熨烫。这样既降低了工作效率，又影响了工作情绪。

根据以上的原理，使用灯光熨烫时，光线不要垂直于熨台面，因为操作人员必须从熨台的上方向下看，如果光线和人的视线基本一致，被烫物品不平，操作人员是看不到的。为了达到最佳照明效果，灯光应该设置在操作人员的左前方，仰角 40° ~ 60° 范围内为宜。

最后还要说明一点，如果白天和晚间都要熨烫的工位，既要考虑自然光的充分利用，又要考虑灯光的正确使用，这样才能保证晚间与白天的熨烫质量和劳动效率基本相同。

309. 为什么服装熨烫时穿板式熨台要比平板式熨台的熨烫效果好？

熨台从形状上分为两种，平板式熨台和穿板式熨台。图9-9为吸风平板式熨台，其台面为长方形。主要用于熨烫铺平面积较大、曲线造型简单的衣物。其熨烫效率高，但不适合熨烫曲线造型复杂的服装。另外，由于服装的熨烫过程需要一定的时间，而且要分部位熨烫，先烫好的部分，只能堆放在台面上，当熨烫其他部分时，先烫好的部分就被台面的吸风破坏了，吸出了褶皱，这种现象称为二次定型效应。

服装的熨烫，最好选用穿板式熨台（见图9-10），穿板式熨台适合熨烫曲线造型复杂的服装、各类套头服装及裙类服装。

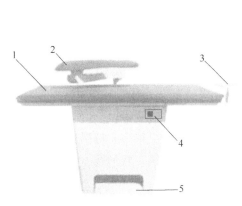

图9-9　吸风平板式熨台

1—熨烫台面；2—小穿板；3—熨斗托架；
4—吸风电机按钮；5—风门踏板

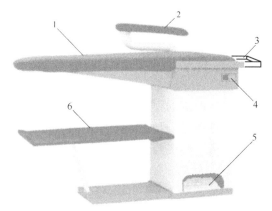

图9-10　穿板式熨台

1—熨烫台面；2—袖骨；3—熨斗托架；
4—电源开关；5—风门踏板；6—衣服托架

在穿板上熨烫服装时，已烫好的部位悬垂在穿板两侧，这样就起到保护作用，不会产生二次定型效应。因此，熨烫质量可得到充分的保障，同时也减少了修改所浪费的时间。

西裤熨烫时，腰头无法直接铺平熨烫，套在穿板头上熨烫就很方便了。所以熨烫西裤应选用穿板式熨台为宜。

310. 为什么蒸汽熨斗在使用时会漏水？

为了说明此问题，首先要了解蒸汽熨斗的结构及工作原理：其结构见图9-11，内部为双层，当蒸汽由进汽管（3）进入加热室（6）后，熨斗逐渐升温，所产生的冷凝水在蒸汽压力作用下从排水管（2）排出，这样就完成了熨斗的加热。当需要喷蒸汽时，将喷蒸汽手柄（5）打开，加热室内的蒸汽就进入到喷汽室（7），并均匀地喷出。

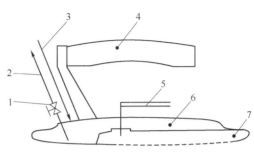

图9-11　蒸汽熨斗结构

1—排水阀；2—排水管；3—进汽管；4—手柄；
5—喷蒸汽手柄；6—加热室；7—喷汽室

在熨斗使用过程中，一般是因排水阀开得太小或根本没有打开而造成的漏水。当蒸汽给熨斗加热的同时，蒸汽热量的散失过程也就是蒸汽冷凝（还原成水）的过程，这些水必须及时从熨斗内排出，如果排水阀开得太小或根本没有打开，这些冷凝水的唯一出路就是喷汽室，这就是漏水的原因。

因锅炉（或蒸汽发生器）、蒸汽输送管道或用汽量的增加等因素影响，熨斗内会突然增加水量，此时如果正在喷蒸汽，就会造成漏水现象。遇此情况时只要及时关闭喷汽阀即可。该种情况一般少见，属于特例。但操作人员应该了解，以备不测。

蒸汽熨斗在使用时的温度是依靠蒸汽的循环来供应的，蒸汽由水加热而得到，如果熨斗的金属体温度低于蒸汽温度过多，蒸汽在单位时间内还原成水的量就多，如果使用就会弄湿衣物。如果蒸汽管道过脏还会造成衣物的污染。所以，蒸汽熨斗在使用前要充分预热，以减少冷凝水的产生。

311. 为什么蒸汽熨斗熨烫后的裤线一段压死，一段压不死，呈间断状态？

蒸汽熨斗的底部（见图9-12），只有前面的部分有喷气孔，而后面就没有了，这是结构所致。在进行熨烫工作时，衣物需要给汽的部位必须经过熨斗底前面的喷气区，才能得到有效的熨烫。由于后面没有蒸汽喷出，所以熨斗的后部不能直接达到有效熨烫效果。熨斗的后部为烘干区，该部位只能配合前部的喷汽后进行烘干才能达到有效熨烫。因此，在熨烫过程中，熨斗在压裤线时要按图中箭头的方向运动。如果压裤线时熨斗横向运动距离超出喷汽范围，就会形成断续状态。

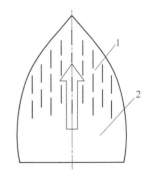

图9-12　熨斗底部功能示意

1—喷蒸汽区；2—烘干区

312.为什么熨烫过程中蒸汽熨斗不能总是喷汽?

在熨烫过程中,给汽和烘干是不可偏废的。饱和蒸汽的含水量虽然比闷水或喷水的湿度小了很多,但是,如果给汽的时间过长,水分仍会过量而难以烫干,熨烫质量会受到影响。

有些操作人员熨烫时,从熨斗接触衣物到熨斗离开衣物时一直在喷蒸汽。这种习惯是错误的,会造成织物过湿、平整度、挺括度、定型效果等都会很差,熨烫质量自然不会很好。

当熨斗与熨烫物接触后,在熨烫范围内只给一遍蒸汽即可,然后就应关闭喷蒸汽阀,利用熨斗的干热(是熨斗内部蒸汽循环传导出来的热量)对织物进行充分的烘干。这样烫好的衣物才能达到较高的平整度、挺括度及定型效果。

313.为什么循环蒸汽式汽电两用熨斗可以用于各种材质服装的熨烫?

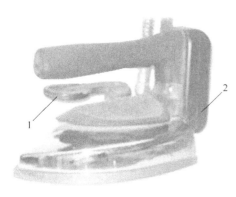

循环蒸汽式汽电两用熨斗,是蒸汽熨斗和温控电熨斗的完美组合。蒸汽可在熨斗内循环,就像蒸汽熨斗一样,可随时将冷凝水排除。该种熨斗可单独使用电加热,也可单独使用蒸汽加热,还可汽、电同时使用。该种熨斗可熨烫各种纤维的衣物,使用方便,能提供最佳熨烫条件,是服装熨烫最适用的熨斗。见图9-13。

该熨斗在使用前,可根据熨烫对象的不同,采取不同的加热方式。如果需要熨烫温度在160℃以下时,只接通蒸汽即可。如果要熨烫棉、麻类衣物,需要闷水熨烫时,只接

图9-13 循环蒸汽式汽电两用熨斗

1—喷蒸汽手柄;2—温度调整钮

通电源即可。如果要熨烫毛织物的话,就要将蒸汽和电源全都接通才成。不论使用哪种加热方式,使用前都要将熨斗预热。

电预热的方法是:先将电源接通,接着将温度调整钮转至所需温度。此时,电加热指示灯点亮。当指示灯熄灭,即告预热完成。

蒸汽预热的方法是:先接通供汽阀门,注意不要打开喷蒸汽阀门,以防止管道内的污垢污染熨斗的喷汽室。3分钟后,当熨斗内的水排完后,即可使用。由于该种熨斗的结构特殊,其排水装置设于内部,所以无须调整排水量。预热时间:夏季3分钟;冬季5分钟。

在使用过程中,蒸汽可随用随喷,不必担心有水滴出,只要排水正常即可。电加热的温度,是操作者工作中的关注重点,要随着熨烫物的变化提前调整温度,尤其是需要降温的时候,要有充分的提前量,以防止熨烫事故的发生。这就是使用电熨斗的温度意识。

314.为什么肩垫（馒头）没有卖的？自己如何制作？

肩垫是一个很普通的工具，看起来很简单，因其无法机械加工，只能手工制作，但还要有一定的技能和技巧，同时制作工时较长，故此没有卖的。要自己动手制作。

肩垫（见图9-14）俗称馒头，用于熨烫上衣的肩部、袖山及修改服装的曲线造型。馒头应准备几个大小不同的型号，以适应不同大小的服装。如大衣、外衣、上衣及女式上衣和儿童服装，要分别选用不同型号的肩垫。

肩垫的制作：所用材料有棕丝（制作沙发靠垫的絮填物）、薄毛毡和纯棉白色平纹布。

制作方法如下所述。

做纸样：用一张较硬的纸按图9-14的尺寸画好，然后用剪刀剪下。

裁剪毛毡：用做好的纸样铺在毛毡上，用画粉按纸样画好一式四个，然后用剪刀按线剪下待用。

裁剪罩面布：将纸样铺在白色纯棉布上，用画粉按纸样画好一式两个，然后用剪刀在线外10毫米（留做缝）处剪下待用。

絮棕：先将两层剪好的毛毡对齐并铺于桌面，把棕丝絮到毛毡上，范围要比毛毡大出一些，棕丝厚度应在用手按实后达到60毫米，周边应适当薄一些。然后再将另外两块剪好的毛毡对齐放在絮好的棕丝上，絮棕的工作就完成了（见图9-15）。

订线定位：将絮好棕丝的肩垫用对角订线的方法初步定位，并使毛毡对口连接到一起，具体方法见图9-16。可按号码顺序进行订线。为了后续缝合工作顺利，可将订线再加密，效果更佳。

缝合毛毡：将基本定位的毛毡用线对缝到一起。要将毛毡的边对齐，并将整圈

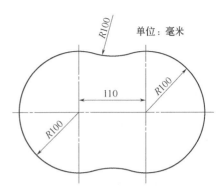

图9-14　肩垫下料图

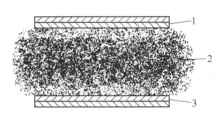

图9-15　絮棕示意

1，3—两层毛毡；2—棕丝

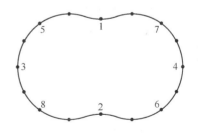

图9-16　订线定位示意

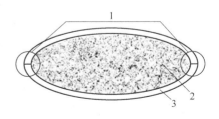

图9-17　缝合毛毡剖视图

1—毛毡对口缝合；2—棕丝；3—毛毡

图9-18　肩垫实物图

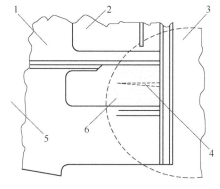

图9-19　小裤线部位铺法示意

1—西裤后片；2—后袋布；3—穿板；
4—小裤线；5—西裤前片；6—前袋布

316.为什么西裤后袋口部位总熨烫不平？

由于从正面熨烫时怕出亮光，所以熨烫的压力不敢加大，这样就造成熨烫质量的下降。若从反面熨烫其情况就完全不同了，不用担心会出亮光，所以可加大熨烫

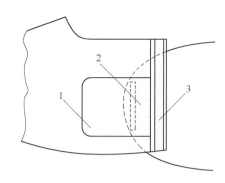

图9-20　后袋口上部铺法示意图

1—袋布；2—后袋口及上部；3—裤腰

缝合（见图9-17）。要缝得密实一些，以防止日后破裂。

缝罩布：将罩布缝在毛毯外面，要先缝底面，再缝上面。在缝底面时，不用折边。在缝上面时，要将做缝折齐并跨在里面，针脚要一致。最后的成品见图9-18。

按本纸样尺寸制作的肩垫为中号，可熨烫一般的上衣。如需大号或小号的肩垫，适当增减纸样尺寸即可。

315.为什么有衬里的西裤，小裤线长度熨烫不准确？如何正确熨烫？

有衬里的西裤腰头从反面熨烫小裤线，总觉得看不见，心里没数，无法控制小裤线的长度。其实，根本原因还是技法的问题。其中，腰头前片的铺法至关重要。其正确铺法见图9-19。当西裤铺至如图所示的相对位置后，在熨烫时熨斗压住裤腰，然后另一只手将裤腿向下拉，而这个力，因穿板头是圆的，西裤面料会在180°的范围内产生多方向（放射式）的分力，小裤线的长度与袋口的平行度也就自然控制得恰到好处。

的压力，这样熨烫的平整度及挺括度就得到了明显的提高，质量自然就有了保证。

西裤后袋口及以上部位的熨烫，对于一般熨烫人员来说，是一个较为难烫的部位。其主要原因还是铺法不正确。因袋口及裤腰较厚而中间部分较薄，熨斗的压力被厚的部位支着，薄的部位受不到压力，所以熨烫质量无法保证。按图9-20的铺法，使袋口处于穿板边缘，其反作用力较小，熨斗的边放在裤腰以下，熨斗的压力就可将袋口上方压实，熨烫质量就会提高。

317.为什么熨烫的裤线不垂直？

造成裤线不直的原因很多，但最重要的原因是裤缝没有拉伸开。从力学的角度分析，在一个悬垂的柔性平面上，如果受力不均匀，其平面状态就会被破坏。所以，在熨烫过程中，两条裤腿的四条裤缝就是熨烫的重点。裤缝的抽缩如果没有彻底拉伸开，裤腿各部位悬垂的力就不平衡，裤线就不会垂直。所以，要将裤缝的长度与裤腿面料长度拉伸一致，裤线自然就垂直了。

318.为什么要先将西裤的衬绸烫好？如何处理？

衬绸在裤腿里面，如果衬绸不平或处理不好，就会影响裤腿面料的熨烫效果。经过水洗的西裤，面料纬纱会有一定的缩水。化纤衬绸会比面料的横向尺寸显得过大，所以要将其折在内侧缝处，以免影响裤腿面的熨烫效果。

使用真丝材料作衬绸的西裤，衬绸的纵向缩水量要比面料大。因此，只有将衬绸的做缝处拉伸开，使面料全部伸展开，才能使裤腿的熨烫质量有基本保证。

319.为什么说分裤缝是熨烫西裤的重要工序？

分裤缝是将西裤两条裤腿的四条裤缝分开，以保证裤腿做缝的平整度。同时，在分裤缝的过程中，还要将裤缝拉伸开，尤其是内侧缝，要适当多拉出一些，以防吊裆（吊裆——裤腿内侧缝小于同一裤腿的外侧缝，在裤脚处形成一个三角），裤缝如果没有拉伸开，裤线就会不垂直，其原因是：在同一个裤腿上的悬垂力集中在没有拉开的裤缝上，前后裤线的悬垂力受到牵制，因此裤线就不直了。所以，在分裤缝时，必须将裤缝的抽缩量同时拉出，为压裤腿打好基础。

在分裤缝的同时，还有一项必须做的工作，就是要将腰头与裤腿的结合部（包括两个腿的外侧大袋口下方和里裆）烫好。西裤熨烫时，结合部最容易出现问题。西裤结合部及吊裆现象示意见图9-21。

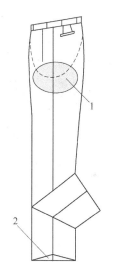

图9-21　西裤结合部及吊裆现象示意

1—结合部；2—吊裆现象

结合部熨烫质量差的原因主要有以下几个方面。

（1）在分裤缝时，结合部横向熨烫面积过小。应在分裤缝的同时尽量扩大此处的横向熨烫面积。

（2）在熨烫时，应尽量烫干，防止在压裤腿时吸风造成二次定型。压裤腿用的时间越长此现象越严重，初学者在压裤腿时可在吸风熨台与西裤腰头之间垫一张报纸，以减少吸风的影响。

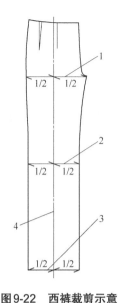

图9-22　西裤裁剪示意

1—横裆；2—中裆；3—裤脚；4—基准线

（3）在分里侧缝时，同时将里裆烫好，不能等到压裤腿时从外面烫里裆。因为在正面烫里裆时，会影响外侧的结合部。

320. 为什么压裤腿前要对好裤缝?

在压裤腿前对裤缝的目的是恢复原始裤线的设计位置。因为西裤在设计完成后，画线时的基准线就是成衣的裤线，裤腿的其他横向尺寸都以基准线为中点对称定位（见图9-22），熨烫西裤时，将西裤的内外侧缝由里裆至裤脚全部对正，裤线自然就找到了。对裤线的过程要分段进行，最后要将整个裤腿拉直，以里裆与裤脚两点受力，即呈直线，以减少段与段之间的弯曲。

对裤缝在实际工作中，会产生一定的加工误差，一般控制在0.5厘米范围内，是符合质量标准要求的。

321. 为什么后裤线只压到与里裆相平的位置?

后裤线压到与里裆相平的位置即可，不要压得过高，否则会破坏臀部曲线造型。有人认为新的西裤后裤线就是压到腰处。其实那是服装厂存储、装箱运输所形成的积压褶痕，不是熨烫的裤线。

322. 为什么纯毛面料熨烫时越给蒸汽越烫不平? 如何才能熨烫平挺?

由于纯毛面料的吸湿性较强，同时毛纤维吸湿后其长度会增加，所以，给的蒸汽越多毛纤维的长度增加得就越多，该部位就比周围的面料松弛，由此而产生不平的现象。

当熨烫纯毛衣服时，如遇局部面料松弛时，不要给蒸汽，应从反面重新烘干（熨斗不给蒸汽状态下的熨烫）。如果该部位处于多层或有衬的情况，可垫干布从正面烘干，这样问题就迎刃而解了。

323. 为什么西裤熨烫后要长挂?

将西裤的裤腿搭在衣架的横梁上即称为短挂（见图9-23）。此种挂架方法简单易行，但没有档次，同时还会造成裤腿产生一条横印，使穿着效果不佳，观瞻不雅，也体现不出熨烫质量及水平。

长挂是将裤腰用裤夹夹住，使整条西裤完全悬垂。也可以将裤腰前、后两端插上大头针，用线挂到衣架上（见图9-24）。如果西裤熨烫质量欠佳，长挂会显现熨烫的不足之处。所以，在考试或技术比赛时都要求长挂，以便检查。长挂法较为复杂，但很显档次，对西裤的熨烫效果不会产生负面影响，同时也充分体现出高档的服务和熨烫的技术水平。

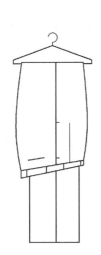

图9-23　西裤短挂示意

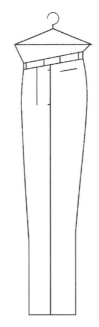

图9-24　西裤长挂示意

324. 为什么要制定熨烫质量标准？常见服装的质量标准如何？

制定熨烫质量标准就是制定熨烫的目标。有标准才能有管理，才能有要求；目标明确质量才能有保证，标准愈高质量也就愈好。所以，学习熨烫的过程要用高标准严格要求自己，技术才能迅速提高。

在洗衣业常见的熨烫活主要是西裤、西服上衣及衬衫，能达到这三种衣服的熨烫质量标准，熨烫其他服装基本上就没有大问题了。表9-6～表9-8即为西裤、西服上衣及衬衫的熨烫质量标准，仅供参考。

表9-6　西裤熨烫质量标准

序号	部位名称	质量标准
1	整体形象	平整挺括、造型美观
2	挺括度	水分充足，熨烫挺括
3	腰头	平挺、圆活、无抽缩、裤襻端正
4	小裤线	与袋口等长并基本平行，还要压死
5	袋口	平直合拢
6	袋布	平整
7	门襟	平挺、无抽缩
8	衬绸	平整，横向大的衬绸要折到里侧裤缝处
9	里裆	平挺
10	裤缝	由里裆至裤脚，内、外裤缝全部对正（最大误差：不大于0.5厘米）

序号	部位名称	质量标准
11	大裤线	总体要求：垂直并压死
		前裤线：与腰省衔接要自然、平顺
		后裤线：压至里裆高度止
12	裤腿	平挺、不泡
13	裤脚	内、外平齐
14	西裤面料	不得有熨烫亮光

表9-7　西服上衣熨烫质量标准

序号	部位名称	质量标准
1	整体形象	平整、协调、美观
2	挺括度	水分充足、熨烫挺括
3	领子	总体要求：挺括、圆活、角正、两侧对称
		单排扣西服：领口下端留5～6厘米活口
		双排扣西服：领口全部压死
4	袖子	整体要求：平挺、圆活
		男式：前圆、后压、袖线在肘以下
		女式：全部烫圆
5	后身	平挺、开气不咧、不翘
6	前身	平挺、无抽缩、胸部要凸出
7	袋口	平直、合拢
8	袋盖	平挺、不翘、不露里
9	袋布	平整
10	里子	平光、服帖、背臃拉直并压死
11	下摆	平直并压死
12	肩	平挺、圆活、袖窿无抽缩
13	衬	平挺、无抽缩并归位
14	西服面料	不得有熨烫亮光

表9-8　棉混纺面料衬衫的熨烫质量标准

序号	部位名称	质量标准
1	领子	板、圆、角正、两侧对称、领口前端留3厘米活口，造型似心状
2	袖子	袖筒平挺、袖口圆活、无杂褶
3	后身	平挺、褶裥垂直并压死
4	托肩	平挺、无抽缩
5	前身	平挺、无抽缩、口袋服帖
6	下摆	平直、圆摆不得出现荷叶边
7	折叠	要有棱有角、整齐对称。折叠规格：21厘米×32厘米

325.为什么踩领圈时，领子内侧会出现几个凸起的棱？

当烫平小领后，踩领圈时，领子内侧会出现几个凸起的棱（见图9-25），这是简易西服领做法的缺点导致的。由于领子用整块面料的原因（见图9-26），同一块面料的长度是相等的，在弧长计算公式中，半径相差越多，其弧长相差也就越多（见图9-27）。

通过弧长计算公式即可得出结论：弧长$I=R(r)×$弧度。在弧度相等的条件下，半径不同，弧长就会不同。因此，领子内侧用料长度要比领子外侧用料长度少。高档西服的小领为两块面料拼合而成（见图9-28和图9-29）。

图9-26、图9-28和图9-29中所画条纹为经纱方向。纺织服装面料在后整理过程（如染色、烘干、压光等）中，要经过许多压辊，而相邻的压辊之间都有一定的张力，以保证其运行中纺织物的平整度。经纱受到多次拉伸而变长，所以，水洗后缩水率比纬纱要高。经纱横用，在西服小领处的作用，正是用经纱比纬纱缩水率高的原理，使西服领子内侧缩小，适应了曲率半径不同的需要，致使领子内、外面料都能舒展、平整。

图9-28为早期西服小领结构示意图，其经纱横用部分为圆弧状，靠折领线的部位因经纱长度较短，缩水率不够明显，所以，现在的西服小领结构改为图9-29的形状，使折领线内侧缩水率趋于一致，效果更佳。

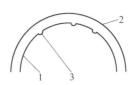

图9-25　简易做法西服小领内侧产生凸起示意

1—小领内侧；2—小领外侧；3—产生的凸起

图9-26　简易做法西服小领结构示意

1—折领线；2—西服小领

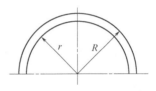

图9-27　半径与弧长关系

r—内侧圆弧半径；R—外侧圆弧半径

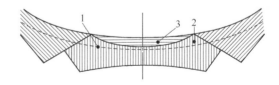

图9-28　早期西服小领结构示意

1—折领线；2—西服小领；3—经纱横用部分

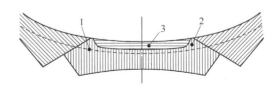

图9-29　现行西服小领结构示意

1—折领线；2—西服小领；3—经纱横用部分

326.为什么西服上衣后身里子中间有一个大活省？应如何处理？

西服上衣后身里子中间这个大活省称"背臃"，它的作用是保护衣服里子。西服后身尺寸一般较瘦，穿起来有精神。由于服装面料一般都有弹性，尤其是纯毛面料弹性很大，当双臂同时前伸时面料会有一定的伸长，但西服里料一般都没有弹性，当面料伸长时，衣服里料并不会随之伸长，在拉力作用下背臃随之打开，故此保护了衣里。如果没有背臃，那就有拉破里料的可能或造成里子开线。

后身熨烫应分三个步骤。先将左、右后身分别烫好，然后熨烫中间的背臃左右后身，熨烫时里子横向多余部分放在中间的背臃处。然后熨烫背臃时，将所有横向多余的里子集中并按背臃的方向折在一起，最后纵向拉直，用熨斗一次性压死即可。

327.为什么西服前身要分解熨烫？应如何操作？

西服上衣前身的结构及曲线造型复杂，由于胸省和腰省的关系，整个前身不可能一次铺平，所以应采用分解熨烫的方法。具体操作如下所述。

前身熨烫步骤（分解熨烫法，见图9-30）：肋部（A）—胯部（B）—胸部（C）—挂面（D）。

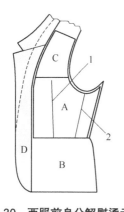

图9-30 西服前身分解熨烫示意

A—肋部；B—胯部；C—胸部；D—挂面；
1—胸省；2—腰省

为了熨烫的方便，该步骤的前后次序可以适当调整，但挂面部位必须是最后一步。

肋部：该部位的熨烫范围要严格控制，上边到胸省尖，下边到大袋口，前边到挂面与里子的衔接处，不要超出此范围，以免破坏服装的曲线造型。

熨烫前要将内侧衣袋铺平，防止影响正面的熨烫效果。熨烫时，肋部的上方要向上拔，横向要向后拔，以使胸部凸出。但不能往前拔，防止领口裂开。如果袖窿抽缩，应适当拉伸。

胯部：该部位的熨烫范围，上边要控制在袋口处，前边依然到挂面与里子的衔接处。在熨烫前，先将袋布铺平，并把袋盖翻到上面去，这样熨烫时就不会硌出袋盖印了。当此部位烫好后，撩起下摆，并将袋盖从反面烫好。如果是纯毛面料，水洗后袋盖的里子可能会比面料大，为了防止袋盖两侧露里儿，应将熨斗从两侧向中间熨烫，把多余的里子放在中间即可。

胸部：该部位的熨烫范围，下边由胸省尖（也就是肋部的上边）往上至肩缝，前边还是由挂面与里子的衔接处至袖窿。

熨烫前要将垫肩整理平顺，熨烫时胸要向上拔，以使胸部凸出。

挂面：最后熨烫挂面，是保证挂面的熨烫质量不受前几个部位的影响。熨烫挂面时，必须纵向拉伸，以保前身的挺拔。要注意，熨斗不得越过折领线，因为折领线以外就是领子的正面了。

西服上衣的前身到此就烫完了。由于前身是分解熨烫，在熨烫每个单元时都要相互关照并衔接好，以保证前身的整体熨烫效果。

328.为什么西服上衣熨烫后里料和面料不服帖？如何解决？

造成不服帖的原因主要有两个方面：其一是熨烫方法有误；其二是服装洗涤后面料抽缩。

解决的方法：在熨烫过程中，要由上往下顺序熨烫，下摆处多余的里料要在下摆处折起来并压死，不能将多余的里料推到上面而只压面料的下摆。

因面料抽缩造成的不服帖，要在熨烫时将抽缩的面料拉伸出来，并将下摆处多余的里料在下摆处折起来并压死，这样问题基本就可以解决了。

329.为什么压大领必须从反面熨烫？应如何操作？

领子是西服上衣的重要部位，要求平挺，更不能有亮光。所以必须从反面熨烫才能达到质量要求。

首先从领子反面熨烫平挺，此部位要采用闷烫法，烘干时间长一些，以保证领子的挺括度。然后按小领折线至第一个纽扣上方的两点之间，将折领线用手适当按压定位。最后，将领子翻到反面，用熨斗的边少量给气压领线即可。熨斗不得压领过宽，否则，会使前身硌出领边印，同时也会影响领子的挺括度。

330.为什么衬衫领口前端要留一段活口？

领口前端留活口的目的有两点：其一，可使领口显得自然、活泼，以消除呆板的状态；其二，防止系上领带后将领子撑起，使领带自然地融入领内。

领口前端留4厘米的活口较为合适，两侧要对称，除大翻领外一般应使翻领前端呈向内的圆弧状。

331.为什么衬衫的挂面要从反面熨烫？

挂面就是平常说的贴边。该部位必须从反面熨烫，尤其是有纽扣的那边，如果从正面熨烫会将纽扣蹭伤，若是熨斗绕着纽扣烫，那就会影响工作效率。反面熨烫挂面部位，既提高了工作效率，又能保证质量标准。

为了达到质量要求标准，熨台的衬垫物应有较好的弹性，熨烫过程中，在熨斗的压力下，纽扣会陷入衬垫物中，就不会对熨斗产生阻挡现象，同时也提高了纽扣周围的熨烫质量。

开扣眼那边的挂面，也同样应从反面熨烫。由于挂面部位面料有两层，轧线较多，内部还有衬，水洗后会有一定的抽缩，熨烫时要适当加压、拉伸，并适当延长烘干时间，确保挂面部位的平整与挺括。

332.为什么天然纤维面料的衬衫后身与托肩连接处会产生很多小褶？应如何处理？

衬衫的后身一般为经纱垂直使用，托肩为经纱横用，经纱的强度比纬纱高，但

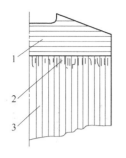

图 9-31 托肩抽缩示意

1—托肩；2—托间形成的褶皱；3—后身

经纱的缩水率比纬纱高，因缩水率的不同，水洗后天然纤维面料的衬衫后身与托肩连接处就会产生很多小褶（见图 9-31）。

遇此情况，应将托肩拉伸开，当托肩与后身长度相等了，后身的小褶也就没有了。切记不要拉后身，否则会使褶皱加重。

333. 为什么一般的衬衫要折叠？如何折叠？

衬衫的折叠会产生折叠的痕迹，正是这个痕迹才像新衬衫。衬衫前身的折叠痕迹正是人的胸部，穿起来更有立体感。除了纯毛衬衫、真丝衬衫和麻料衬衫要烫成圆身圆袖，并以挂件方式交付顾客外，其他衬衫都要折叠。折叠规格：宽 × 长为 21 厘米 × 32 厘米。

衬衫的折叠也是熨烫中的一项技术，要经过一定时间的练习才能掌握。衬衫折叠的要求是：要有美观的外形、保持熨烫的效果、应尽量减少不必要的折痕，这样既美观又便于存放或携带。

衬衫的折叠方法有两种：一种是使用衬衫板的折叠法，该叠法尺寸统一、不易变形、携带方便、显档次、操作者容易掌握，但成本相应提高，因为与衬衫板配套的还有领花、箍条及专用塑料袋；另一种折叠方法是徒手叠法，因不使用衬衫板，其尺寸要凭操作者的目测决定，难度较大，需要一定的经验。下面介绍的即为徒手叠法。

衬衫的折叠程序：系领扣—重合前后身—右侧折痕定位—翻身—折叠右袖—左侧折痕定位—折叠左袖—折下摆—折身—调整。

衬衫折叠说明如下所述。

① 系领扣（见图 9-32）。衬衫在折叠前，要把衬衫领口的第一个纽扣系好。在此要说明，只系这一个纽扣，不能多系。原因有两点：其一，防止系扣将熨烫效果破坏；其二，减少顾客穿衣时的麻烦。

② 重合前后身（见图 9-33）。当领扣系好后，将衬衫的前后身重合在一起，纽扣不得露出，并调整好领子的位置，为折叠打好基础。

③ 右侧折痕定位（见图 9-34）。要根据衬衫的大小灵活掌握其具体位置，不论衬衫大小，折叠后的规格都是统一的。因此，大号衬衫折痕的位置要与领子的距离稍小一些，而小号衬衫与领子的距离要大一些。注意别把衬衫弄散。

④ 翻身（见图 9-35）。当右侧折痕定好位后即可翻身。也就是将衬衫的前身翻到下面，以便折叠袖子和另外一边。

⑤ 折叠右袖（见图 9-36）。首先把右侧托肩顺平（折叠袖子时托肩不能有折痕），再把袖口开气朝上放平，最后将袖子外侧的袖线与托肩叠成"之"字形。注意要使袖线与右侧折痕相齐。

系好领扣

图9-32　系领扣

图9-33　重合前后身

右侧折痕定位

图9-34　右侧折痕定位

图9-35　衬衫翻身

⑥ 左侧折痕定位（见图9-37）。左侧折痕定位要比右侧简单许多，只要用双手将左侧翻到适当的位置即可。注意两侧必须要对称。

⑦ 折叠左袖（见图9-38）。左袖与右袖的折叠法完全一样，只不过是反方向的位置。在此不再赘述。

⑧ 折下摆（见图9-39）。要根据衬衫大小，将多余的长度折上，以保证折身的合适长度。

⑨ 折身（见图9-40）。将折好的下摆，对折到肩部。

⑩ 调整（见图9-41）。将折好的衬衫翻到正面，并将衬衫的棱和角及对称度全部调整好，衬衫就折叠好了。

折叠右袖

图9-36　折叠右袖

左侧折痕定位

图9-37　左侧折痕定位

图9-38　折叠左袖

图9-39　折下摆

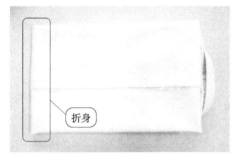

图9-40　折身

图9-41　折叠调整

334. 为什么90° 斜裙的下摆熨烫后不齐？应如何熨烫斜裙？

斜裙，一般指的就是90° 斜裙（见图9-42）。通过斜裙裁剪前的画线图（见图9-43），就可以了解到90° 斜裙名称的来由。90° 是指斜裙在铺平状态下，裙身两侧的夹角为90°。所谓的斜，就是经纬纱（除两侧做缝外）与腰和下摆都不垂直，所以称为斜裙。

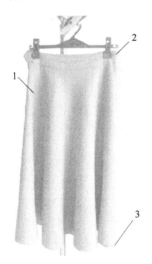

图9-42　熨烫后的斜裙

1—裙身；2—裙腰；3—下摆

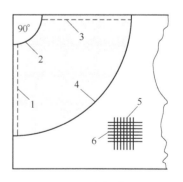

图9-43　90° 斜裙裁剪示意

1—做缝；2—裙腰；3—做缝；
4—下摆；5—纬纱；6—经纱

由于面料的经纬纱都与下摆不垂直，在穿着或洗涤过程中，由于重力作用，面料会变斜，尤其是水洗后更明显，因此造成下摆不齐。

工具的选择如下所述。

熨斗：汽电两用熨斗，电加热功率1kW，蒸汽压力≥0.2MPa。

熨台：吸风式穿板。

操作程序：裙里—裙腰—裙身。

操作说明：使用汽电两用熨斗，不用打水布，所以较为方便，工作效率也比较高。可直接从反面熨烫。由于毛纤维吸湿性强，给蒸汽量要适当，一般给一遍蒸汽即可，然后用熨斗的干热将其充分烘干。这是汽电两用熨斗的优势，要充分利用其干热，以提高熨烫的挺括度及定型效果。

① 裙里。熨烫温度要根据里料材质而定。

斜裙的里子有两种做法：一种是按筒裙的做法，另有一种是按斜裙的做法。如果是筒裙做法，熨烫比较简单。只要将裙里的反面单层套于穿板上，由于里子较薄，则给汽量要少。再把做缝分开，将整个里子熨烫平即可。

若裙里按斜裙的做法，要将裙里的反面单层套于穿板上，先将做缝分开，再熨烫整个裙里。在熨烫的同时要横向拉伸，并充分定型，以免裙里长于裙面。

② 裙腰。由于裙腰与裙里相连，所以熨烫温度要根据里料材质而定。

首先将整个裙子翻至反面在外，由里侧门襟开始熨烫，把裙腰套入穿板头部15厘米左右，从反面将裙腰双层分段熨烫好，然后把拉链系好，再将拉链部位套入穿板头20厘米左右，熨烫拉链与裙身的结合部位，至此，裙腰熨烫结束。

③ 裙身。熨烫温度控制在170～180℃。在熨烫时，要从裙身反面单层熨烫。首先，将两侧缝分开并适当拉伸，因接缝处的经纬纱是完全垂直于裙腰和下摆的，所以，可以用力拉伸。

由于裙身用料是斜的，所以在熨烫裙身时要横向拉伸，将经纬纱调整为90°。尤其是粗纺的厚料，要适当矫枉过正些为好，用以抵消重力悬垂所造成的下摆不齐现象。

熨烫质量标准如表9-9所示。

表9-9　斜裙熨烫质量标准

序号	部位名称	质量标准
1	裙腰	平挺、无抽缩
2	裙里	平整
3	裙身	平挺、做缝无抽缩、经纬纱相互垂直
4	下摆	平齐并压死

335.为什么柞蚕丝面料不能滴上水滴？如果滴上水如何处理？

由于柞蚕丝吸湿性强，一旦局部吸入水滴，即使晾干后其痕迹也不会消失。所以在熨烫过程中要格外小心，选用不滴水的熨斗。如果用打水布的方式熨烫，在水布的下面还要垫一层干布，以免水布弄湿面料。要特别注意，不得采用闷水或喷水的熨烫方法，以免出现水印。

如果柞蚕丝弄上水滴，唯一的方法就是将整件衣物重新下水，彻底干燥后再熨烫。

336.为什么柞蚕丝西裤不能双腿合压裤线？应如何处理？

柞蚕丝织物结构与其他织物有所不同，在这里主要指的是粗平纹面料柞丝西裤，不得两腿合压裤线，因其可塑性极强、纹路较粗，在合压裤腿时会互相影响，硌出对面的花纹而影响面料的外观。

为了解决该问题，在熨烫粗平纹面料柞丝西裤时要两腿分别压裤腿。如果必须合压，应将两腿之间垫一层干布。

337.为什么领带的材料是斜的？如何熨烫领带？

领带是由面料、里料和衬组成（见图9-44）。而这些材料（包括面料、里料和衬）都是按45°角斜着裁的（见图9-45），其原因一是为了便于打结，其二是为了使三种材料能够协调统一。只有斜的材料，才能适应打结时不同部位各自的需要而变形，这样打出的领带结才会舒适、协调、美观。

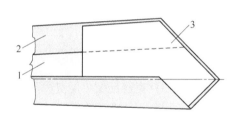

图9-44 领带结构

1—衬；2—面料；3—里料

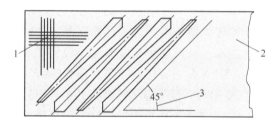

图9-45 领带裁剪示意

1—经纬纱方向；2—面料；3—裁剪角度

在熨烫领带前要仔细观察其变形的情况，如衬的大小变化、面料经纬纱的角度变化、宽窄的变化等。而这些变化的根源都是受到不同程度的拉伸所造成的。所以在熨烫过程中领带纵向不得受力，而且还要适当地将领带纵向长度归拢。尤其是方格图案或圆形图案的领带，稍有变形就能发现，所以熨烫时要特别注意。

熨烫真丝面料领带的质量标准如表9-10所示。

表9-10 熨烫真丝面料领带的质量标准

领带部位	熨烫质量标准	示意图
领带正面	平整、挺括、经纬纱相互垂直、不得有反面做缝所硌的印迹及领带大端边口硌的印迹	经纬纱要垂直　不得硌出反面的端口印 领带正面 不得硌出反面的做缝印

领带部位	熨烫质量标准	示　意　图
领带大端两侧折痕	领带大端口两侧折痕不要压死，留6～7厘米活口	经纬纱要垂直　领带正面　端口两侧不压死
领带反面	面料、铭牌均要平挺，经纬纱相互垂直	经纬纱要垂直　领带反面　铭牌要平整
领带衬	平挺、饱满（两侧不能小于面料）	经纬纱要垂直　领带正面　衬的两侧与面料不能空

操作程序：拆绷线—烫反面—烫平大端折印—烫正面—恢复绷线。

操作说明如表9-11所示。

表9-11　领带熨烫操作说明

操作工序	操作说明	操作示意图
拆绷线	是拆开领带大端做缝与衬的固定绷线。目的是在熨烫领带正面时要在里面垫上衬垫，防止硌出做缝印及大端边口印，否则无法插入	拆开此处绷线　领带反面
烫反面	是领带基本定型的熨烫。要适当纵向归拢。要垫水布熨烫	领带纵向归拢
烫平大端折印	将领带大端口部正反面之间的折印烫平6～7厘米，因为领带大端是不完全压死的	去除大端折痕　领带反面
烫正面	这时要用纸板裁剪一个与领带斜度一致的衬垫，长度应达到60厘米，然后将其插入领带的中间，这时就可以垫干布和水布熨烫正面了，但要注意领带大端要留6～7厘米活口	经纬纱要垂直　纸垫板　领带正面
恢复绷线	将拆开绷线的位置重新绷好。绷线颜色应与原先的一样。绷线只能将做缝与衬绷到一起，不能绷上面料	恢复此处绷线　领带反面

注意事项如下所述。

① 由于是使用电熨斗进行熨烫，必须使用水布和干布。

② 熨烫时所使用的水布含水量应尽量少些，以保证熨烫质量。

③ 如果使用吸风烫台进行熨烫，在熨烫过程中不要开启吸风，当全部熨烫结束后，将领带平放在熨台上，再开启吸风，去除残余水分，以保证定型效果。

④ 在熨烫领带过程中不得纵向拉伸，以防止领带变形。

338.为什么真丝旗袍整体熨烫效果不理想？应如何熨烫？

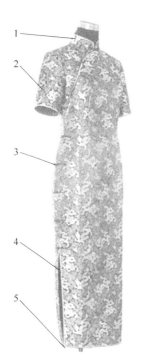

图9-46　旗袍结构及部位名称

1—领子；2—袖子；3—盘扣；
4—开气；5—下摆

旗袍是中国的传统服装，是过去旗人的袍服，经过历史的变迁，为了达到曲线造型的需要，现在已是中西合璧的款式，并成为中国的国服。

旗袍的结构及部位名称如图9-46所示。

工具的选择如下所述。

熨斗：干洗的丝绸旗袍，可使用蒸汽熨斗。水洗的丝绸旗袍，必须使用电熨斗。

熨台：熨烫旗袍必须使用穿板，否则旗袍的曲线造型无法保证。

袖骨：旗袍的袖子和肩部要使用袖骨熨烫，才能保证质量。

准备工作如下所述。

上浆：部分丝绸旗袍，其领子没有树脂衬，应上生浆。

闷水：水洗丝绸旗袍，要采用闷水烫法，闷水量要根据季节湿度、地域湿度及环境湿度适当选择。水量要比棉织物多一些，闷水时间要充分。

去除表面浮浆：浆过领子的旗袍，在熨烫前，要用白毛巾将领口的浮浆擦掉，以免粘熨斗。

操作程序：烫盘扣—掩襟—领子—袖子—前后肩部—前胸部，胸围线以上—后身部，腰围线以上—前身部，腰围线以上—后身部，臀围线以上—前身部，臀围线以上—后身部，臀围线以下—前身部，臀围线以下—开气—修改袖口。

丝绸旗袍熨烫的质量标准　如表9-12所示。

表9-12　丝绸旗袍的熨烫质量标准

序号	部位名称	质量标准
1	整体形象	整体平整、挺括，曲线造型协调、美观
2	挺括度	水分充足、熨烫挺括

序号	部位名称	质量标准
3	领子	平挺、圆活、两侧对称、造型美观
4	袖子	平挺、圆顺、肘部曲线造型凸出
5	后身	整体平挺、腰与臀部曲线造型圆活、平顺
6	前身	整体平挺，胸、腰、胯部曲线圆活，衔接自然平顺
7	开气（开衩）	平顺合拢、不抽不翘
8	肩	平挺、圆活、袖窿无抽缩
9	里子	平整、服帖、无抽缩、不露里
10	下摆	平直
11	镶边	平顺、圆活、无褶皱、无抽缩
12	盘扣	要立起，两侧要平直

操作说明如下所述。

烫盘扣：旗袍为中式服装，纽扣为盘扣。在服装的整理过程中，也要对其进行熨烫，方能达到质量标准。

盘扣的具体熨烫方法是，以盘扣为中线，将衣服对折（见图9-47），然后用熨斗熨烫盘扣的两侧。盘扣的扣襻一边全部熨烫。盘扣的疙瘩不要熨烫，只烫到疙瘩的根部即可，这样熨烫好的盘扣两侧平直并直立起来。要将全部盘扣烫好后，再进入下道工序。如果是花式盘扣可免烫。

掩襟（见图9-48）：即中式旗袍大襟里面掩盖住的部分，因此部位在穿着时藏在里面，要先行熨烫，在以后熨烫其他部位时即使对此处有轻微影响，也没有太大的关系。掩襟部位要从反面熨烫，并将与后身衔接的做缝分开。上边烫到袖窿处即可。其余部分烫肩时再进行熨烫。

领子（见图9-49）：首先将领子正面熨烫平整，同时要适当拉伸，当达到七成干时再熨烫反面，直至全部烫干，并顺势将领子跽成圆形。由于领子较厚，上浆时吃进的水量较大，所以熨斗温度要适当提高，一般可调到190℃。温度过低会粘熨斗。

袖子：袖子的熨烫，要套在袖骨上，从反面操作。由袖子里侧袖缝处开始熨烫，将袖子转一圈烫完。在熨烫肘部时要分两次熨烫，先烫肘部以下，再烫肘部以上（见图9-50），为了将两部分衔接好，可以适当重叠熨烫。当袖筒烫好后，接着熨烫袖山部分，要用熨斗尖熨烫到袖山与袖窿衔接的根部，袖子就基本熨烫好了。袖口的修改，要等

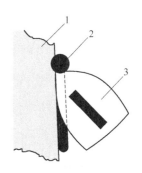

图9-47　盘扣熨烫示意

1—旗袍；2—盘扣；3—熨斗

图9-48　掩襟部位示意

1—胸省；2—掩襟

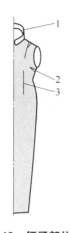

图9-49 领子部位示意

1—领子；2—胸省；3—综合省

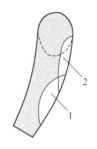

图9-50 肘部分解熨烫图

1—先烫下部；2—后烫上部

图9-51 前后肩部分解熨烫示意

1—前肩；2—后肩

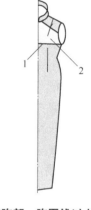

图9-52 前胸部，胸围线以上分解熨烫示意

1—胸围线；2—前胸部分

全部烫完后进行。

前后肩部：由于旗袍一般比较瘦，肩部要使用袖骨并在反面熨烫。要将肩缝分开，肩部胸省（见图9-51）及后肩省要倒向外侧（如果在制作时将其倒向内则，熨烫时不得强行倒向外侧），然后要将肩缝及省碴出的印去除。同时，要将袖窿的根部烫好。

前胸部，胸围线以上（见图9-52）：该处是旗袍较难熨烫的部位，应采用分解熨烫法。由已经熨烫好的肩部往下走，当熨烫到胸围线稍过即可，不要超过太多，尤其是胸部较高的旗袍，更要特别注意。胸围线以下部分留给下面的程序，不要超范围熨烫，否则会影响胸部曲线造型。

后身部，腰围线以上（见图9-53）：该部位较为平顺，比较好熨烫。首先将后身

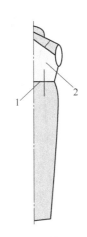

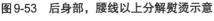

图9-53　后身部，腰线以上分解熨烫示意

1—腰围线；2—后身部

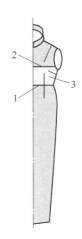

图9-54　前身部，腰围线以上分解熨烫示意

1—腰围线；2—胸围线；3—前身部分

与前身的做缝分开，并适当拉伸。然后由已熨烫好的肩部接着往下熨烫，至腰围线部为止。后身要分两次分别熨烫两侧。与肩部衔接部位所闷的水容易干，应适当补充喷水，以保证熨烫质量。腰部综合省要倒向外侧，并去除省砧出的印。

前身部，腰围线以上（见图9-54）：首先将两侧做缝分开，并去除做缝砧出的印。接着由上道工序完成的胸围线处开始，该处为重要部位，要与上边熨烫的部分衔接平顺，并往下熨烫到腰围线处为止。该处综合省要倒向两侧，并去除省砧出的印。

后身部，臀围线以上（见图9-55）：首先将两侧做缝分开，并去除做缝砧出的印。接着由上道工序完成的腰围线处开始，要与上边熨烫的部分衔接平顺，并往下熨烫到臀围线处为止。该处综合省要倒向两侧，并去除省砧出的印。该处曲线造型变化较大，臀围与腰围的差数越大，综合省缩进的量就要越多，熨烫难度就越大。由于所能铺平的面积较小，在熨烫过程中，要照顾好周围。熨斗既要进行熨烫，又要防止破坏周边已经熨烫好的部位。

前身部，臀围线以上（见图9-56）：接着由上道工序完成的腰围线处开始，要与上边熨烫的部分衔接平顺，并往下熨烫到臀围线处为止。该处综合省要倒向两侧，并去除省砧出的印。由于旗袍前面的曲线造型比较平缓，综合省缩进的量较少，所以该部位比较好烫。但也要尽量减少对周边的负面影响。

后身部，臀围线以下（见图9-57）：该处是旗袍最大平面部位，是最好熨烫的部位。由于是最后的熨烫部位，水分会有所挥发，如果感觉水分不足，应补充喷水。该处熨烫时，将臀围线以下的大面烫好，要将下摆烫直，如果是镶边的旗袍，可能会有所抽缩，此时要一并拉伸。两侧的开气处，此时不必熨烫，最后还要单独处理。

前身部，臀围线以下（见图9-58）：该处的熨烫与后身部臀围线以下的熨烫方法一样，在此不再赘述。

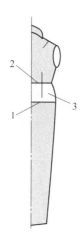

图9-55 后身部，臀围线以上分解熨烫示意

1—臀围线；2—腰围线；3—后身部

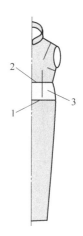

图9-56 前身部，臀围线以上分解熨烫示意

1—臀围线；2—腰围线；3—前身部

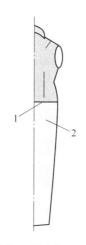

图9-57 后身部，臀围线以下分解熨烫示意

1—臀围线；2—后身下部

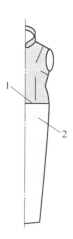

图9-58 前身部，臀围线以下分解熨烫示意

1—臀围线；2—前身下部

开气（开衩）（见图9-59）：旗袍的开气在前后身做缝的臀围线下方10厘米左右处开始，一直到两侧下摆。它的作用是保持通风及两腿活动的自由。所以，在穿着过程中，开气会被扯开，在熨烫时要将其恢复原样。在熨烫时，先将开气处放在穿板的中间，使臀围线与穿板头相齐，然后将开气合拢再进行熨烫。如果是有镶边的旗袍，很有可能会抽缩，此时要一并将其拉伸开。

修改袖口（见图9-60）：当旗袍由反面全部熨烫完毕后，要将袖子翻回到正面，此时对袖口进行修改。由于袖子是反面熨烫的，当翻到正面时袖口会不圆，所以袖口必须要在正面修改，才能达到质量标准。

袖口的修改，首先由袖口的里侧接缝处开始，修改一半后，再由里侧缝开始熨

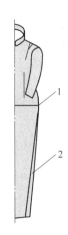

图9-59　左右开气分解熨烫示意

1—臀围线；2—开气

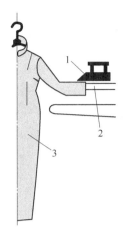

图9-60　修改袖口示意

1—熨斗；2—袖骨；3—旗袍

烫另一半，最后将外侧修改好，两只袖子同样修改，到此旗袍全部熨烫完毕。为了保证熨烫效果不被破坏，修改袖口时，要用穿板头上部的吊钩挂起。

注意事项如下所述。

① 初学熨烫旗袍，闷水量应适当加大，以免熨烫过程中水分挥发过多，影响质量。

② 旗袍为了体现人体曲线美，一般在制作时都比较合身。由于丝织物有一定的缩水量，在熨烫时横向必须适当拉伸，以免影响穿着。

③ 分解熨烫过程中，相邻各单元之间必须衔接平顺，否则会影响整体效果。

339.为什么真丝抽纱服装熨烫后平整效果很快就消失了？应该如何熨烫？

真丝抽纱服装的熨烫条件（水分、温度、压力及技法等）要求较高，稍有疏失便会影响熨烫质量。尤其是熨烫的干燥度，决定着定型效果保持时间的长短。

抽纱的种类：一般抽纱工艺大多用在丝绸及棉纺织物上。在整匹服装面料上经抽纱工艺处理的，称为抽纱面料；而在服装的某个部位经抽纱工艺处理的，称为抽纱工艺服装。还有经编织工艺制作的镂空服装，都称为抽纱工艺服装。

抽纱服装面料：是将纺织品的某个局部去除，呈镂空状态，并将其边缘用线锁边，以形成各种图形及花纹（见图9-61和图9-62），现代抽纱工艺可将部分天然纤维去除，并保留化纤

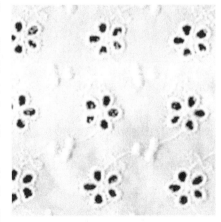

图9-61　纯棉抽纱面料

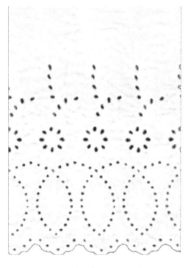

图9-62　棉/涤混纺抽纱面料

图9-63　毛/涤抽纱面料

底板，虽不呈镂空，但呈透明或半透明状态（见图9-63）。

　　抽纱服装大致可分为三种：其一，是用抽纱面料经裁剪后所制成的服装；其二，是在服装裁剪后，在衣片上的某个部位先进行抽纱工艺处理，如领子的边、角，前身的胸部、下摆，袖片的袖口部位等，然后再将各衣片组成抽纱服装（见图9-64），该种工艺较为复杂，主要用于夏季的真丝服装或真丝内衣的装饰等；其三，是用纱线（纯棉、真丝或混纺）编织的镂空花纹服装等（见图9-65）。

　　丝绸抽纱服装的熨烫特性如下所述。

图9-64　真丝抽纱服装

图9-65　编织镂空抽纱工艺服装

抽纱部位花边及花纹的抽缩性：在抽纱服装加工过程中，所有锁边及花纹部位都要使用纱线，所以其针码极密。由于抽纱服装多为夏装或内衣，水洗后，抽纱部位会有明显的抽缩。因此，在熨烫时要适当地从经纬纱双向拉伸，以达到抽纱部位及面料全部舒展开的目的。

抽纱部位的定型性：水洗后的抽纱服装，要采用闷水熨烫的方法，使用电熨斗进行熨烫，方能达到抽纱部位的舒展条件。如果熨烫的干燥度不够，抽纱部位的定型效果就会较差，过十几分钟后，抽纱部位就会回缩，面料便随之产生皱纹。

抽纱部位的花边及花纹，要向正面凸起：为了使抽纱服装的花纹显得有立体感，抽纱部位的花边及花纹要向正面凸起。因此，在熨烫过程中，要从反面熨烫，才能达到此种效果（见图9-66）。

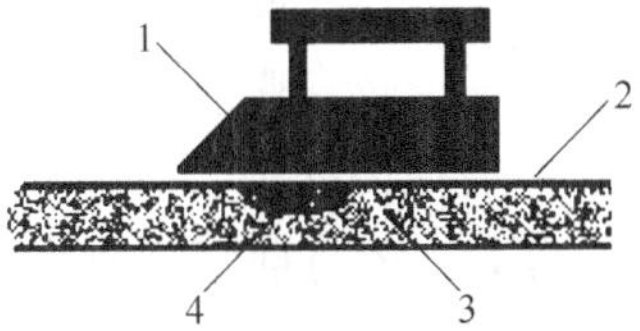

为了达到上述目的，熨台衬垫物的弹性要好。如果使用吸风熨台，不要开启吸风，以免织物中所闷的水分散失过快，影响熨烫效果。

图9-66 抽纱织物反面熨烫示意

1—熨斗；2—衣物反面；
3—穿板衬垫物；4—凸起花纹

编织镂空抽纱工艺服装，要适量上薄浆，这是因为纱线之间稳定性较差，结构较为松散，为达到较为理想的熨烫效果，应在熨烫前对其适量上薄熟浆，以提高织物的定型性。但上浆绝不能过硬，以免影响穿着的舒适度。

该种服装洗涤后，要等彻底干燥后再上浆。因为在潮湿状态下上浆，纤维内有水，浆液只能附着在织物的表面，无法进入纤维内部，上浆效果较差，而且会浪费大量浆液。

洗涤或上浆要等干燥后重新闷水熨烫：上浆后要彻底干燥，熨烫前要再次闷水，不得浆后直接熨烫，也不得半干时熨烫。因为半干时衣服各部位的含水量不一致，会严重影响熨烫质量。

工具的选择如下所述。

熨斗：要使用电熨斗。当然自动恒温控制型更好。注意熨斗底应有一定的弧度为好，防止出现熨斗印。

熨台：要选用穿板。衬垫物要有较好的弹性，以提高熨烫质量。

袖骨：熨烫丝绸衬衫的袖子和肩部时，必须使用袖骨才能达到熨烫质量要求。

熨烫质量标准如表9-13所示。

表9-13 真丝抽纱衬衫的熨烫质量标准

序号	部位名称	质量标准
1	整体要求	符合该种服装的熨烫标准（如果是衬衫，首先就要符合衬衫的熨烫标准）
2	整体形象	整体平顺，轮廓整齐，曲线造型美观
3	挺括度	水分充足，熨烫挺括
4	抽纱花边及花纹	平挺、无抽缩、花边及花纹正面凸起

给水方式：采用闷水方式，水量应适当多些。

操作程序：领子—袖子—肩部—后身—前身—挂架。

操作说明如下所述。

领子：抽纱服装的领子为单层，面积较小，不要直接熨烫，应先用双手按经纬纱的方向将抽纱部位进行初步拉伸。在熨烫过程中，同样要按经纬纱方向边拉边烫。不要斜向拉伸，以免织物变形。领子的边缘花纹应适当拉伸，只要面料基本舒展开就行，不要过分拉伸，以免形成荷叶边。真丝抽纱服装衣领多为单层，不要压领线，只要自然翻开即可。

袖子：丝绸服装是以挂件交付顾客的，所以要烫成圆袖。首先无论长袖还是短袖，一般袖口处都会有抽纱工艺，应给予经纬纱双向拉伸，然后充分烫干。其次熨烫袖窿处，先将袖窿的抽缩拉伸开，再将袖山处熨烫圆活即可。

肩部：肩部一般没有抽纱，应套入穿板头熨烫，由于后身肩部有肩省，不能一次铺平熨烫，所以，在熨烫时，省尖以上烫好后，再烫省尖以下部分。要分解熨烫才能烫平整，同时也保证了肩部的曲线造型。

后身：丝绸抽纱服装的后身一般没有抽纱工艺，只有下摆边缘有抽纱工艺，而且由于是曲线边缘，所以熨烫边缘抽纱部位不能只是横向拉伸，适当的纵向拉伸是非常必要的。否则，其边缘就不是原始形状了。然后把后身与前身的做缝分开并适当拉伸，由于后身有腰省，应采用分解熨烫法（按旗袍的分解熨烫方式），将整个后身烫好。

前身：该处是抽纱部位最多的地方。在熨烫前，先将抽纱比较集中的部位进行经纬纱方向的拉伸，然后再熨烫，以免造成无抽纱部位的过量拉伸。由于前身有胸省及腰省，应采用分解熨烫法（按旗袍的分解熨烫方式），将前身烫好。

挂架：由于夏季空气湿度大，应使用宽衣架，挂架要端正，不要拥挤，以防止衣服变形。

注意事项如下所述。

① 要从反面熨烫，熨台衬垫物要有较好的弹性，以保证抽纱部位的花边凸起。

② 熨烫要彻底干燥，防止抽纱花边回缩，并保证挺括度。

③ 抽纱花边及花纹部位熨烫时，要适当纵横双向拉伸，用力不得过大过猛，以免造成拉破事故。

340. 为什么百褶裙褶裥定位是熨烫的关键？如何规范熨烫？

百褶裙是以裙褶而得名，因其褶裥多，故称百褶裙。其裙身是由一块面料制成，在熨烫过程中，要将面料均匀地分配于每个褶裥，所以，褶裥的定位就是熨烫的关键。

结构及部位名称：百褶裙的结构非常简单，由裙腰和裙身组成（见图9-67）。因其为夏季服装，一般不做衬里。

熨烫质量标准如表9-14所示。

表9-14　纯毛面料百褶裙的熨烫质量标准

序号	部位名称	质量标准
1	裙腰	平挺、无抽缩、无针眼
2	门襟	平挺、无抽缩
3	裙裥	均匀一致、垂直并压死
4	下摆	平齐、无针眼

工具的选择如下所述。

熨台：必须使用穿板熨烫。并应选择较窄的穿板，以减少对熨烫好裙裥的影响。

熨斗：最好使用汽电两用熨斗，以较高的温度进行熨烫，以提高裙裥的定型效果。

操作程序：裙腰—裙面烫平—褶裥定位—褶裥定型—去除针眼—挂架—整体归拢。

操作说明如下所述。

图9-67　百褶裙部位名称

1—裙腰；2—裙身；3—下摆

裙腰：裙腰需从反面熨烫，应适当拉伸，以使裙腰彻底舒展开。在熨烫裙腰时，不要超出裙腰的范围，以免影响下面的裙裥定位。

裙面烫平：烫裙裥之前，先将整个裙面烫平，并适当纵向拉伸，用力要基本一致，为做裙裥打好基础。

裙裥定位：百褶裙在制作时，裙裥在腰部已经定位。熨烫时的定位，就是要以腰部褶裥的宽度为准，找到裙子下摆处的垂直对应点，每个褶裥的上下要宽窄一致。

在实际操作过程中，要在裙子的正面，以裙身做缝为起点，先用大头针分别将腰部褶裥固定，然后做裙身褶裥，要适当拉伸。每做好一个裙裥，都应用大头针固定，每个裙裥的内褶及外褶都要用大头针固定（见图9-68）。

褶裥定型：当第一板（将整个穿板做满褶裥为一板）的褶裥全部做好后，用熨斗轻烫定位，并观察其效果，如有不佳之处及时修改。最后垫干布熨烫，彻底定型。做褶裥一般分三板。当第一板褶裥定型后，要将穿板下方垫起一个支撑平面，与穿板之间留有10厘米的距离，以使其托起已经熨烫好的褶裥，以免因重力的悬垂作用使褶裥裂开而影响最后的归拢。

去除针眼：由于做褶裥时的拉力作用，大头针使面料产生变形而形成针眼，在拔掉大头针后（穿板两边下摆处的大头针不要拔掉），不要移动裙子，重新局部（裙腰及下摆）垫布并用蒸汽熨烫针眼部位，经过蒸汽的作用，针眼即可去除。最后还要将该部位彻底烫干。

后两板的熨烫与第一板完全相同。要控制好每一个褶裥的宽度，并使每一个褶裥都垂直

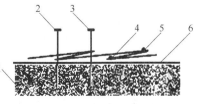

图9-68　褶裥定位示意

1—穿板衬垫物；2—内褶固定大头针；
3—外褶固定大头针；4—裙裥内褶；
5—裙裥外褶；6—穿板罩布

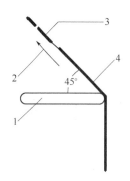

图9-69　百褶裙归拢示意

1—穿板；2—拖动方向；
3—衣架；4—百褶裙

于裙腰，以防止最后的褶裥难以衔接。

挂架：后两板如法熨烫完成后，用衣架挂好。挂架时，应使裙腰绷直，褶裥才能合拢悬垂，并保持熨烫效果。

整体归拢：当熨烫好第三板后，前面熨烫好的两板褶裥会有一定的散开状态，即使采取了支撑托垫的方法，褶裥散开现象有所控制，但不可能完全避免。为了恢复其最佳状态，最后要进行整体归拢。

整体归拢看似简单，但需要细心和耐心，同时还要有一定的技巧。在整体归拢时，用一只手拎着挂好衣架的裙子，挨着穿板边并形成一个45°角，由腰部开始往上拉，利用自然的悬垂力使褶裥合拢（见图9-69）。

当裙腰快到穿板另一边的长度时，把裙子放在穿板上，这时要用手摸检查底层的裙褶是否完全服帖，如有不服帖处，可适当调整。当全部服帖后，将裙子上半部垫好干布，用干热熨斗进行归拢熨烫即可。

当上半部归拢后，拎起衣架，将裙子往上拖，使下半部分全部铺在穿板上，再用手摸检查底层裙褶，当全部裙褶服帖后，将裙子下半部垫好干布，用干热熨斗进行熨烫，整体归拢结束，此时百褶裙熨烫完毕。

注意事项如下所述。

① 在用大头针给褶裥定位时，下摆的长度要一致，以保证下摆平直。

② 如果裙子较长，裙腰与下摆中间无法定位时，可在中间加一个大头针。熨烫时先分两段定型，然后，去掉大头针后再烫中间。

③ 在整体归拢时只能用干热熨斗熨烫，不得使用蒸汽，以免造成两层褶裥互相影响。

图9-70　立褶裙部位名称

1—裙腰；2—裙身；3—裙下摆

341.为什么立褶裙的熨烫难度比百褶裙大？如何规范熨烫立褶裙？

百褶裙的熨烫腰部已将裙褶定位，只要找到下摆的对应点即可使裙身褶裥定位。而立褶裙的褶裥要由自己全部重新定位，这是其一。其二，当第一面裙褶烫好后，第二面的裙褶宽度就很窄了，如裙腰部位的褶裥只有1厘米宽，稍有不慎就会破坏相邻的褶裥，没有扎实的基本功不行。其三，立褶裙是在斜裙的基础上熨烫褶裥，由于斜料易变形，褶裥的几何形态很难把握。所以，立褶裙的熨烫难度比百褶裙大。

结构及部位名称（见图9-70）：立褶裙其实是90°斜裙的衍生品种，就是在90°斜裙上熨烫各种褶而得到的褶裙。褶裙有90°、180°和360°三种。

熨烫质量标准如表9-15所示。

表9-15　纯毛面料立褶裙熨烫质量标准

序号	部位名称	质量标准
1	整体形象	轮廓整齐，美观
2	挺括度	水分充足，熨烫挺括
3	裙腰	平挺，无抽缩
4	褶裥	均匀、无杂褶，由上至下逐渐展宽并压死
5	下摆	平齐

工具的选择如下所述。

熨斗：为了保证质量，最好使用汽电两用熨斗。

干布：熨烫正面立褶时必须垫干布，以防止出现亮光。

操作程序：裙里—裙腰—矫正裙面经纬纱并烫平—裙面反褶—裙面正褶。

操作说明如下所述。

裙里：斜裙的里子有两种做法，一种是按筒裙的做法；还有一种是按斜裙的做法。如果是筒裙做法，熨烫比较简单。要将裙里的反面单层套于穿板上，如果里子褶皱严重，可适当喷水。把做缝分开，将整个里子熨烫平即可。

若裙里按斜裙的做法，要将裙里的反面单层套于穿板上，先将做缝分开，再熨烫整个裙里。在熨烫的同时要横向拉伸，以免裙里长于裙面。

熨烫温度要根据里料材质而定。

裙腰：要在反面熨烫，如有抽缩要适当拉伸。由于裙腰与裙里相连，所以熨烫温度要根据里料材质而定。

首先将整个裙子翻至反面在外，由里侧门襟开始熨烫，把裙腰套入穿板头部15厘米左右，然后从反面将裙腰双层分段熨烫好，再把拉链系好，最后将拉链部位套入穿板头20厘米左右，熨烫拉链与裙身的结合部位，至此，裙腰熨烫结束。

矫正裙面经纬纱并烫平：在熨烫时，要从裙身反面单层熨烫。首先，将两侧缝分开并适当拉伸，因接缝处的经纬纱是完全垂直于裙腰和下摆的，所以可以用力拉伸。

由于裙身用料是斜的，所以在熨烫裙身时要横向拉伸，将经纬纱调整为90°。尤其是粗纺的厚料，要适当矫枉过正些为好，用以抵消重力悬垂所造成的下摆不齐现象。烫平裙面是为熨烫立褶打好基础。

裙面反褶（见图9-71）：首先将两个做缝压成反褶，再以裙子的两个做缝为基准（Aa与Bb）相对，由腰部到下摆两个做缝全部对正，将裙子铺平，所得到的折线（Cc和Dd）就是该熨烫的两个反褶。以后的立褶定位，都是以相邻的两个褶相对，找到该烫的位置。如Aa与Cc相对，即可得到Ff线。以此类推，反褶共烫16个。当熨烫完反褶时的状态，如图9-72所示该种状态时，称为灯伞褶，也很有风格，更具温柔感。

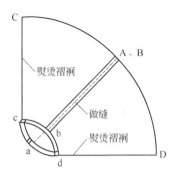
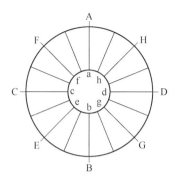

图9-71　立褶裙褶裥定位示意

图9-72　烫完反褶后的立褶裙效果

图9-73　只烫正褶的立褶裙效果

图9-74　立褶裙效果图

只熨烫立褶裙的正褶，也别有风格。其效果见图9-73。

裙面正褶：将相邻的两个反褶由腰至下摆对正，将中线垫布压死即可。在烫正褶时，由于两个反褶之间的距离较小，在熨烫正褶过程中不能影响已经烫好的反褶。当全部正褶同样烫好后，即告完毕（见图9-74）。

熨烫注意事项如下所述。

① 由于裙面的经纬纱与下摆不垂直，在熨烫立褶时不得纵向拉伸，以防止下摆不齐。

② 刚烫好的褶要放在上面，以减少后期熨烫过程中对已烫好的褶产生负面影响。

③ 在熨烫正褶时，要注意保护好反褶。

342.为什么人像机喷蒸汽时会将人像袋弄湿?

出现该种现象一般有如下三种可能。

其一，预热时间不够。人像机使用前没有充分预热，使冷凝水直接喷出。

其二，回水阀没有打开。冷凝水没有去处，当打开喷汽阀时冷凝水即会喷出。

其三，疏水器堵塞。虽然回水阀已打开，但依然喷水，这说明疏水器已堵塞，冷凝水同样没有去处，所以还会喷水。这时可以将疏水器旁通阀打开，冷凝水有了去处，问题就解决了。同时也证明是疏水器堵塞，及时清理疏水器即可解决问题。

343.为什么人像机熨烫薄料衣服会变形? 应如何处理?

当薄料衣服受蒸汽软化后，在吹风烘干时风压过大造成衣服内的张力过大，造成衣服变形。当遇此情况时，应及时调整风门，减小风量到合适的状态即可。

344.为什么人像机熨烫化纤混纺羊绒服装时不能使用前后夹板? 应如何处理?

化纤混纺面料在受热软化后，一旦受压即会变形。当冷却并失去压力后，化纤就将与其混纺的天然纤维固定住，使绒毛无法弹起，造成无法挽救的绒毛倒伏现象。所以，用人像机熨烫化纤混纺羊绒服装时不能使用前后夹板。

为了解决上述问题，在熨烫时可将衣服的纽扣系好。当吹风烘干应将风门减小，以减小风压，防止衣服变形。

345.为什么人像机不能熨烫人造化纤长毛绒服装?

人造化纤长毛绒极易软化，一旦软化即失去弹性。当人像机喷蒸汽时，人造化纤长毛绒就因失去弹性而下垂、倒伏，因此而造成的问题无法挽救。所以，人像机不能熨烫人造化纤长毛绒的服装。

346.为什么手动夹机要安装缓冲器? 如何调整?

为了减少手动夹机上夹板抬起时所产生的振动，保证设备的使用寿命，所以要安装缓冲器。

由于季节的变化，环境温度会影响液压油的浓度，从而影响设备的缓冲效果。为达到最佳缓冲效果，必要时应予以适当的调整。

工作原理（见图9-75）：当活塞（6）按箭头方向受力时，油室A（1）内的油会受到调整螺栓（2）的控制并通过油路（3）进入油室B（4），调整螺栓（2）相当于油路（3）回路中的一个阀门，阀门开得大，油室A（1）的油在单位时间内通过得便多，其内压力就小，缓冲力也就小。如果阀门开得小，油室A（1）内压力就大，缓冲力也就大。

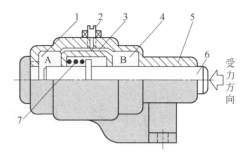

图9-75 缓冲器工作原理示意

1—油室A；2—调整螺栓；3—油路；4—油室B；5—阀体；6—活塞；7—弹簧

调整方法：首先松开调整螺栓（2）上的锁母，然后可旋动螺栓进行调整。在调整过程中，一次不要调整过多，要边调边试，在打开解锁钮后，在不需要用手帮助的条件下让上夹板自由上升，当拉杆与缓冲器接触时，设备的冲击声愈小愈好，直到满意为止。最后将锁母紧固即可。

347.为什么绒面夹机上要安装吸湿回风装置？有几种方式？

绒面夹机使用的蒸汽与衣服直接接触，由于织物内残余水分过大，需要将其水分及温度排除，为达到平挺及定型的目的，就需要吸湿回风装置。吸湿回风的方式各有不同，下面分别加以介绍。

① 射流阀吸湿（见图9-76）：是通过射流原理，使下夹板内形成负压状态，在外界空气平衡此负压时将织物内的水分及温度带走，即完成吸湿冷却任务。

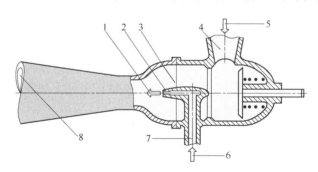

图9-76 射流阀工作原理示意

1—喷射气流；2—射流喷嘴；3—射流阀；4—吸湿口；5—潮湿空气；

6—射流气体；7—射流气体入口；8—排湿口

在熨烫过程中，当需要吸湿时，踏动回风踏板，射流气体（6）进入射流阀（3）并从射流喷嘴（2）高速喷出，致使喷嘴周围形成一个真空区，这时机外的空气就会从下夹板进入，并同时将织物中的水分带入射流阀并排除，以达到吸湿定型的目的。

② 叶片真空泵吸湿（见图9-77）：高速运转（2800转/分钟）的叶片真空泵，使机内形成真空状态，将真空泵入口与下夹板连通，即可达到吸湿、冷却及定型之

目的。

叶片真空泵隔一段时间就要打开排水口排水。最好将排水口接上排水管，并加装一个阀门，以备随时排水。

③吸湿机吸湿（见图9-78）：吸湿机吸湿的工作原理与真空机吸湿一样，其功率较大，可同时给几台夹机吸湿。吸湿机内可以存水并排水，较为方便。吸湿机的功率可根据夹机数量配置，如果夹机数量较多，最好分组配置为佳，以减少管道的负压损失。

以上三种吸湿方式各自有其优缺点：射流吸湿，结构简单，造价相对较低，但要经常维护；真空机吸湿效果最佳，但因真空机为高速运转，噪声较大，且因电机频繁启动，其电机及接触器的质量要求较高；使用吸湿机的夹机，因不带吸风装置，相对价格较低，但要另外购置吸湿机。要注意安装吸湿机应尽量减少吸风管道的长度，同时要使吸风管道尽量密闭，以减少功率损耗。另外，吸湿机在正常工作过程中不得排水，以免降低吸湿效率。

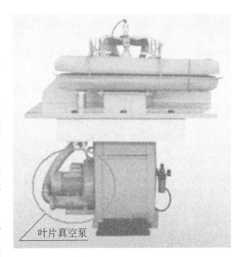

图9-77 使用叶片真空泵吸湿的夹机

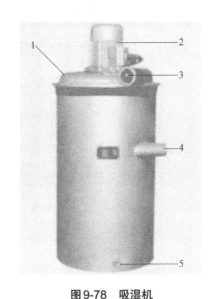

图9-78 吸湿机

1—风机；2—电机；3—排风口；
4—人风口；5—排水口

348.为什么自动夹机要安装气动 三联件？如何使用？

气动三联件，是气动设备中的保障部件。由空气压缩机制造的压缩空气内含有一定的水分，再经管道的输送，也会有一定的杂质污染。因此，压缩空气不能直接使用，要经过气动三联件的处理才能使用，以保证设备的安全运行。

气动三联件是由空气滤清器、调压器和注油润滑器三个部分组成，故称为气动三联件。详见图9-79和图9-80。

空气滤清器的作用：滤除压缩空气中的尘埃及水。滤芯用微孔过滤材料制成，对尘埃起到过滤作用。压缩空气中的水会顺着空气滤清器的外壁流到过滤杯底部，可通过排水阀随时排掉。要防止尘埃及水进入作动筒内，而造成作动筒的锈腐或磨损。

当滤清器内有水时，可随时打开排水阀排水，滤清器内积水不得接触到滤芯，一旦接触，水就会进入作动筒，一则会腐蚀作动筒，二则水会使作动筒内的润滑油

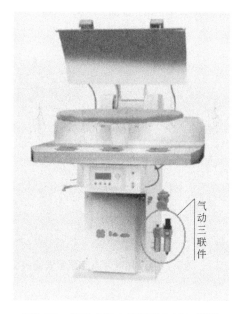

图9-79　气动夹机上配置的气动三联件

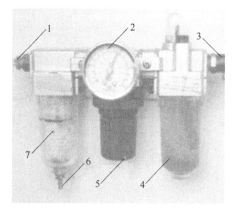

图9-80　气动三联件

1—空气入口；2—压力表；3—空气出口；4—注油润滑器；
5—调压器旋钮；6—排水阀；7—空气滤清器

硬化而失去润滑作用。

过滤芯如需清理，应先将透明滤清器罩取下，再将滤芯取下并用洗涤剂清洗，然后用压缩空气吹干，再重新安装使用。

调压器的作用：把空气压缩机供给的高压空气降至本机适合使用的压力，以保持气压的稳定性。其压力值可通过压力表显示。

压力的调整：新的气动设备在使用前，首先要对调压器进行调整，否则无法正常使用。在调整前，先将压缩空气接通，根据说明书的压力要求进行调整。并观察压力表读数，如果显示压力比要求压力低，这时先将调压旋钮向下拉，然后按顺时针方向旋转，压力即可升高，由于压缩空气的弹性系数较大，旋转速度要慢，并随时观察压力表的读数，当接近要求压力时要暂停旋转，此时压力读数会缓慢上升，当指针完全停止后再进行二次调整，并使其压力达到要求。最后将旋钮推回原位即锁定。

如果压力表指针超过要求压力时，应将旋钮按逆时针方向适当旋转，但此时压力表指针不会降低读数，因为机内的压缩空气并没有减少，所以压力不会降低。这时，应将夹机的上夹板反复动作几次，压力表的读数即可反映出真实压力读数。此时，如果低于要求压力，可进行重新调压。

注油润滑器的作用：将压缩空气中加入微量的润滑油，以保持作动筒的动作灵活，同时也起到防腐及密封作用。

在设备使用过程中，要经常观察润滑油的存储量。在正常的使用条件下，一杯油应该使用10～12个月。若使用时间过长，说明机内润滑不充分，甚至没有润滑；使用时间过短，说明机内润滑过量，过量的润滑会造成动作的迟缓。由于各厂产品设计不统一，请按说明书指示操作调整。

349.为什么绒面夹机的下夹板会潮湿?

绒面夹机下夹板潮湿的原因主要是吸湿回风不好。具体的原因可能有以下几个方面。

① 射流式吸湿装置,可能是射流阀内进入异物,也有可能是蒸汽压力不足。该装置的射流气体就是蒸汽,如果蒸汽不足,射流阀内的负压相应降低,吸湿能力也就降低了。

② 集中吸湿式的夹机,一般可能是回风管道密封变差,造成负压降低,导致吸湿能力降低。另外,吸湿机排水阀没有关闭,也会造成吸湿能力降低。

③ 真空泵独立吸湿,除非真空泵有问题,一般不会出现此类问题。

350.为什么绒面夹机吸湿回风的方式不同? 有什么区别?

通过热蒸汽熨烫的衣物纤维内含有较多的水分及一定的热量,这时要用左脚踏开吸风阀门,使下夹板形成吸风冷却状态,吸风时间要根据衣物面料的薄厚而定,一般为2～5秒,去除衣物纤维内的水分及热量,以达到衣物冷却及定型的目的。

在夹机熨烫后的冷却方式有两种。

第一种是开启冷却法(又称开模冷却法):在夹压熨烫后,开启上夹板后再进行吸风冷却的方法。该冷却法速度快,但定型效果一般,主要用于薄料衣服或无衬部位等。

第二种是闭合冷却法(又称合模冷却法):在夹压熨烫后,不开启上夹板就进行吸风冷却的方法。该冷却法速度较慢,但定型效果极佳,主要用于服装的主要部位,如压裤腿或上衣的前身有衬部位等。

以上两种冷却方法,可根据需要灵活掌握。

351.为什么光面夹机的温度达不到熨烫要求?

光面夹机因不向外喷汽,所以有些熨烫温度的问题不易发现。温度达不到熨烫要求的可能性主要有以下三个方面:其一,蒸汽压力不足,一般应达到0.4兆帕;其二,疏水器内的过滤装置堵塞;其三,设备进汽管道过滤器堵塞。

为了防止此现象的产生,一要保证蒸汽压力达到要求,二要经常清理进蒸汽管道的过滤器和疏水器内的过滤器。

352.为什么滚筒式平烫机的滚筒内有大量积水? 应如何解决此问题?

滚筒内有大量积水的原因一般比较明确,就是滚筒内的弧形回水管破裂或腐蚀了(见图9-81)。在正常情况下,进汽压力可将滚筒内的冷凝水从弧形回水管的最下端排出。如果弧形回水管的某个部位破裂或腐蚀,蒸汽就无法将冷凝水压出,大量的水就滞留在滚筒内。解决此问题的唯一办法就是更换弧形回水管。蒸汽循环结构原理见图9-82。

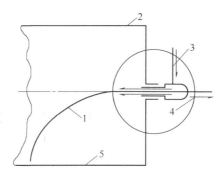

图9-81 滚筒加热示意

1—回水管；2—滚筒；3—蒸汽进入管；4—回水出口；5—冷凝水

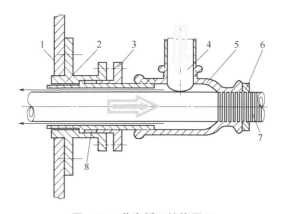

图9-82 蒸汽循环结构原理

1—滚筒端壁；2—法兰；3—压兰；4—进汽口；5—三通阀体；6—锁母；7—回水管；8—填料

353.为什么槽式平烫机容易搓褶？如何正确使用？

出现该问题的原因如下：

① 预热不充分。烫槽的温度低就发涩。

② 蒸汽压力不足。

③ 回水不畅。要清理疏水器。

④ 没有过砂布。

⑤ 没有上蜡。

正确使用方法如下。

预热：槽式平烫机因加热槽呈狭窄的片状，其容汽量很小，不属于受压容器管理范围，所以安全性较高。正因为如此，可提高槽式平烫机的蒸汽压力，也就是说可提高槽式平烫机的熨烫温度，这样既提高了工作效率，也提高了熨烫质量。

预热步骤如下：

① 全部开启疏水器旁通阀。

② 开启蒸汽阀门一点点（有气流通过的声音即可）。

③ 因槽式平烫机加热槽容积小，预热时间相应可以缩短，3分钟后开启蒸汽阀门1/3。

④ 再过3分钟后将蒸汽阀门全部开启。

⑤ 接着将疏水器旁通阀关闭，此时疏水器正常工作。

⑥ 再过3分钟设备即可使用。冬季环境温度较低，应适当延长预热时间。

过砂布：该砂布为槽式平烫机专用砂布，将砂布面朝下喂入平烫机，此时压辊可适当加压，以去除烫槽加热面上的水垢、皂垢、柔顺剂及浆料等。砂布应反复多走几遍，以保证烫槽的光洁度及热传导效率。

上蜡：该蜡为烫平机专用蜡。在加热状态下，蜡质会进入金属组织的空隙内。上蜡的目的是使烫槽的熨烫面更滑爽，让其顺利工作，防止产生搓褶现象。

擦去多余蜡质：经过上蜡的烫槽金属表面会残留大量蜡质，为了防止污染熨烫物，在正式熨烫前应将其擦掉。用废旧的床单过几遍即可，一般不少于三次。不要只擦中间，要尽量擦到烫槽的两端。

调整平烫机速度：这是整烫质量的基本保障。应保证一次性将物品整烫干燥，否则还要重复整烫，质量会明显下降。要根据当前所需熨烫物的要求合理调整设备运转速度，以达到一次熨烫干燥的效果。

有配套喂入机和折叠机的设备，在速度调整时，喂入机和折叠机会同步完成，无需分别调整。在整机调试时已将折叠机的增速差预调好，无需过虑。

调整压力：根据所烫物品的厚度及牢度合理调整压辊的压力。压力过小熨烫质量差，压力过高会产生熨烫物的破损，同时也加大烫毡的磨损。

调整折叠机的速度：一般与平烫机同时购买的配套折叠机，其运转速度是同步的，在调整平烫机时折叠机也得到同步调整。如果是单独购买的折叠机，在使用时其速度要单独调整，并且要比平烫机的运转速度适当快些，以防止积存或影响折叠。

熨烫物的准备工作如下。

① 分类。要按物品的种类（如床单、被套、枕套、台布、口布等）分开，以便分类熨烫过程的温度控制及熨烫速度的控制，可降低能耗，提高工效。

② 理顺。按各种物品熨烫的要求，分别按一定的方位统一码放好。如床单在熨烫时要将经纱垂直于滚筒，在理顺时就要按纬纱方向码放。该项工作可在分类的同时作好。

圆形台布在理顺时必须按纬纱方向码放。因为熨烫时经纱要垂直于压辊。其原因之一是经纱强度高，以减少拉伸破损的赔偿；其二是经纱缩水率高，水洗后圆形台布已成为椭圆形，通过经纱的拉伸可基本恢复其圆形。

口布或枕套在理顺时要分别将其抖平并码放整齐，以便提高熨烫时的喂入速度，从而降低成本，提高工效。

③ 检查：在分类、理顺的同时要检查熨烫物的洗涤质量，如有没洗干净的，要

分拣出来返工，以防止污渍在整烫时受热而增强固着力，同时也减少了不必要的整烫而带来能源、人力及时间的浪费。

熨烫流程如下。

① 喂入：配有喂入机的平烫机，其工作效率非常高。四个工位要全部上岗，每个人负责一个工位，将熨烫物同一个纬纱边的两个角夹在喂入夹上，喂入机将按喂入号1、2、3、4顺序喂入。由于光电控制器的自动控制，它可以做到无间隙喂入，提高了工作效率，同时也降低了烫毡的磨损及老化。

② 熨烫：其全过程由平烫机自动完成。操作人员只要监视设备的运转状态即可。如有异常要及时停机。

③ 槽式平烫机压辊烫毡的保护：在工作间断或工作结束时，应及时将压辊抬起，以防止压辊烫毡老化。

④ 折叠：其全过程由折叠机自动完成。但要有一名人员负责将折叠好输出的物品挪开，以备下次输出腾开位置。部分折叠机还可按事先设定的数量（如5个或10个）自动码放整齐，并成摞集中输出。个别特殊规格的物品，如不符合折叠要求，如有必要可适当处理。

354. 为什么平烫机要无间隙喂入？

配有喂入机的平烫机，其工作效率非常高。

在人工喂入时，喂入下一块台布时，应将台布的前边搭在上一块台布的尾部上边，该种操作方法称为无间隙喂入法（当最后一个压辊熨烫后，搭接部分应能分开）。无间隙喂入的目的有两个。其一，充分利用热能，减少能源和工时的浪费；其二，减少高温烫槽，直接与压辊接触及摩擦，防止包裹在压辊外面的烫毡过早磨损及老化。如果是滚筒式平烫机，无间隙喂入法可减少高温滚筒与传送带接触的时间，可延长传送带的使用寿命。

无间隙喂入，要根据该平烫机在熨烫过程中所能延展的长度而定。也就是说，在最后一个压辊熨烫时搭接部分要能分开才行。不要搭接过多，以防止搭接部位熨烫不干而降低熨烫质量。

355. 为什么人工喂入，折叠机折出的活不整齐？

人工喂入出活质量差的原因主要是人的喂入动作不可能每次都一样。在这里主要是指动作的位置及两人配合的准确性。如纵向折叠质量，取决于两人喂入时熨烫物的边与压辊的平行度。有时可能左边人放手早，有时右边人放手早，这样熨烫物就与压辊不平行了，电脑的长度测量无论在哪一个位置都会与实物有误差。所以，纵向折叠质量变差。

横向折叠也同样是由于人工喂入的位置差所造成。机械喂入可始终保持熨烫物的中线与设备的中线相重合。而人工喂入就会一个靠左、另一个靠右，这样在第一次横折叠时就会出现问题，第二次横折叠就更差了。所以，人工喂入这个问题从根本上是无法解决的。

356.为什么折叠机的折叠质量不稳定？折叠机的工作原理是什么？

折叠机质量不稳定的原因主要是光电控制的问题。一般情况是反光板被绒毛污染，造成反光强度低，光电控制器接收信号弱而造成输出信号迟钝、缓慢。另外一种情况是控制器的发光窗口或接收窗口被绒毛遮挡，致使发射光或接收光强度低而造成输出信号迟钝、缓慢。

折叠机工作原理如图9-83所示。

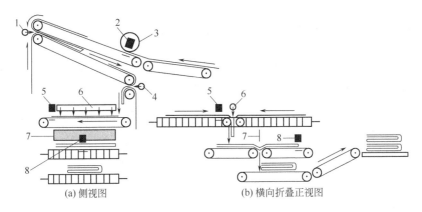

(a) 侧视图　　　　　　　　(b) 横向折叠正视图

图9-83　折叠机工作原理示意

1——次纵向折叠喷气嘴；2,5,8—光电控制器；3—长度测量器；4—二次纵向折叠喷气嘴；

6——次横向折叠喷气嘴；7—二次横向折叠切刀

光电控制器：光电控制器是喂入机及折叠机的重要控制部件。该部件由光电控制器和反光板两部分组成（见图9-84）。其控制方法有两种：一种为常开式，即在光电控制器与反光板之间没有熨烫物的状态下时光电控制器有信号输出；另一种为常闭式，即在光电控制器与反光板之间没有熨烫物的状态下时光电控制器没有信号输出。

在折叠机上所使用的光电控制器两种（常开和常闭）都要用。要根据不同需要区别选择，否则，设备会产生误操作，无法进行正常折叠。

长度测量及计算：当熨烫物进入折叠机（见图9-85）后，首先经过光电控制器（2），控制器接通，长度测量器（3）开始计算熨烫物的长度，当熨烫物的尾部经过后，光电控制器（2）又给长度测量器（3）一个信号，这时

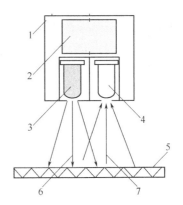

图9-84　光电控制器示意

1—光电控制器；2—信号放大器；

3—LED光源；4—光敏管；

5—反光板；6—照射光线；7—反射光线

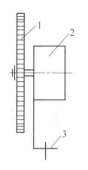

图9-85 长度测量器示意

1—滚轮；2—计算器；3—支架

长度测量器将熨烫物的总长度已测量好，并将1/2的长度输送至第一道纵向折叠控制系统，将1/4的长度输送至第二道纵向折叠控制系统。

长度测量及计算装置（见图9-85）：是折叠机的重要部件，同时要与光电控制器相配合，才能圆满完成测量任务。

根据滚轮直径，计算出其周长。当熨烫物进入测量范围时，光电控制器给长度测量器一个信号时，滚轮每转一周，计算器就加上一周的长度，当整个熨烫物通过后，光电控制器又给计算器一个信号，这时计算器就将全长的1/2和1/4计算好，并将1/2的数据发送给一次纵向折叠控制系统，将1/4的数据发送给二次纵向折叠控制系统，按此规律，每个熨烫物不论长短都会得到妥善处理，并得到完美的折叠效果。

横向折叠的位置，是以设备的中心线为准，由喂入机控制。如果是人工喂入，就要掌握好熨烫物的中心线，要与平烫机的中心线相重合，横向折叠质量才有保证。

第一次纵向折叠：当熨烫物的1/2处到达一次折叠喷气嘴的位置时，控制系统即刻导通压缩空气，并从一次纵向折叠喷气嘴（1）喷出（图9-83），使熨烫物进入上下对转的导辊输送带内，此时，第一次纵向折叠完成。

第二次纵向折叠：经过一次折叠后的熨烫物，随着输送带的传输，当熨烫物1/4处到达二次纵向折叠喷气嘴时，控制系统即刻导通压缩空气，并从二次纵向折叠喷气嘴（4）喷出，使熨烫物进入上下对转的导辊输送带内，此时，第二次纵向折叠完成，并落到下面的横向折叠机构上。

第一次横向折叠：随着传送带的传输，当熨烫物到达光电控制器（5）时，输送带立即停止，一次横向折叠喷气嘴（6）随即喷气，使熨烫物进入下面对转的导辊，此时，第一次横向折叠完成，并同时送入第二次横向折叠机构上。

第二次横向折叠：随着传送带的传输，当熨烫物到达光电控制器（8）时，输送带立即停止，二次横向折叠切刀（7）随即落下（由于熨烫物的层数过多，喷气的力量已无法达到折叠作用），使熨烫物进入下面对转的导辊，此时，第二次横向折叠完成，并同时输送出第二次横向折叠好的熨烫物。至此，折叠机完成任务。

357.熨烫时为什么需要水?

水是熨烫的基本要素之一。其根本原因是只有当有一定量水分存在的时候，把纤维加热到所需要的温度，再加上一定的压力，才可能使纤维改变形态，从而达到熨烫的目的。

在熨烫过程中水的作用和工作原理是很有讲究的。

对于亲水性纤维而言，如棉、麻、羊毛、蚕丝以及一些如黏胶纤维等人造纤维，水分有一些会进入纤维的内部，同时也聚集在纤维的周围，使纤维发生膨润，甚至使纤维分子的链结构产生改变。这时压力和热量的作用就可以使纤维按照操作者的意愿改变形态，再经过冷却定型，从而达到熨烫的目的。

对于疏水性纤维而言，如涤纶、锦纶、腈纶、丙纶以及醋酸纤维等，水的作用要小于亲水性纤维。虽然水分不能使这些纤维产生膨润和溶胀，但可以在纤维表面和周围形成较高湿度的小环境，可以使熨斗的热量更均匀地传递到纤维上面。熨烫这类纤维织物主要靠的是热量和压力，是靠纤维晶体结构发生改变而实现的，所以这类纤维的纺织品在熨烫时迅速冷却定型就显得更为重要。

358.熨烫时垫上一层布起什么作用？

在传统的熨烫技术中，熨烫毛纺织品时要求垫上一层布。为了保证能有足够的水分，还要加上一层含水的湿布。现在使用蒸汽熨斗和抽湿烫台，多数情况下可以不用垫布。但在熨烫精纺纯毛面料衣物时最好垫上一层布，尤其在熨烫颜色较深的衣物时必须垫布。这是因为熨斗在衣物表面运动时会因为摩擦使面料表面产生亮光。毛纺织品出现了亮光，其柔和细腻的风格就荡然无存了。这在织物组织纹路比较细密的面料中更为重要，如华达呢、哔叽、驼丝锦精纺花呢等。讲究的熨斗在底面装有防亮垫板，可以适当减少面料出现亮光，但对于比较敏感的面料这种防亮垫板的作用是有限的。因此，颜色较深、薄而细密的面料最好还是在熨烫时垫上一层布为好。

359.服装熨烫都有哪些技法和技巧？

手工熨烫的各种技法、技巧概括起来可总结为16个字，即快、慢、轻、重、归、拔、推、送、闷、礅、虚、拱、点、压、拉、扣。其实，这是在不同情况下熨烫过程中可以运用的16种具体技法。这16种技法既包括了服装制作过程的熨烫技术，也包括了洗染行业洗涤后熨烫整理的技术。

具体要求和做法如下。

快：轻薄面料的衣物在熨斗温度较高时，熨烫速度要快，不可多次重复熨烫。这是因为所有衣物熨烫时都不能超出布料的耐热承受程度，也不能反复熨烫聚集过多热量。当熨斗熨烫超出所需的温度或时限时，布料强度下降，很容易烫坏或烫出极光，只有较快速度熨烫才能避免发生损伤。

慢：对于服装较厚实的部分，如西服驳头、贴边等，熨斗要适当放慢速度，确保烫干烫平，否则这个部位要回潮，就达不到平挺的效果。

轻：对于各种呢绒服装或面料表面覆满细密绒毛的服装一定要轻烫。有条件的应该使用鼓风烫，以便于绒毛恢复原状。

重：服装的重要造型部位都是关键的部位，这些部位的基本要求是挺括、耐久不变形，因此对这些部位只能重压才能烫好，达到定型的目的。

归：服装在缝制过程中，为使平面的面料成为符合人体造型的服装，在缝制前有些部位要进行变形处理。如上衣的胸部周围、裤子的臀部周围等人体凸出部位的四周，相对来说处于凹势。需要将面料的经纬向进行"归烫"，使其符合人体的体型特点。

拔："拔"和"归"是相互联系与互补的。人体各个凸出部分需要运用"拔"的熨烫手法才能使这些部位凸出，以符合人体的造型要求。

归烫和拔烫是服装缝制中的重要工艺过程，洗衣店多数情况下不会涉及。但是，当某些服装服饰严重变形时，仍然需要通过归烫与拔烫进行修复。

推："推"是归烫与拔烫过程中一个特定的手法。就是将归拔的量推向一定的位置，使归拔周围的面料纱线的变形平服而均匀。

送：把经过归拔熨烫处理部位的面料变形，将其送向设定的部位并给予定位，叫做"送"。例如上衣腰部凹势的形成，是将周围归拔出的宽裕量推送到前胸才能达到，从而构成胸部的隆起造型。这也是服装能够形成体型曲线的主要步骤。

闷：服装较厚的部位也是需水量大的部位，必须采用"闷"的方法，即使熨斗在这个部位有一个短暂停留的时限，以保持多层面料里料的均衡受热。

碰：这是使用传统火烧熨斗遗留的手法。有些服装部位出现皱褶不易烫平时，可将熨斗轻轻地碰几下，以达到平服贴体的目的。

虚："虚烫"经常用于一些表面富含绒毛的衣物，也可以利用鼓风熨烫替代。有时虚烫也称作嘘烫。这是把服装熨烫过程整体完成以后，使用熨斗喷出少量蒸汽使某些部位的呆板线条活络的手法。

拱："拱"指使用熨斗尖部处理某些细小部位的手法。衣物上一些部位不能直接用熨斗的整个底部熨烫，如裤子的裆缝、腿缝等处，只能运用熨斗尖部处理。

点：服装的犄角旮旯部位洗涤后当然也需要熨烫平整，这时只能是使用熨斗尖部进行点状处理，使之平伏熨帖，称之为"点烫"。

压："压烫"是最重要的熨烫手法。服装熨烫定型时，许多部位都需给予一定的压力，才能达到定型的目的。夹板熨烫机就是典型的单一压烫的设备。

拉：在服装熨烫过程中，除了右手使用熨斗外，左手也需要配合。有些部位要适当地用左手进行拉拽，用以达到熨烫成型的作用。

扣：在衣物熨烫过程中，有些部位要利用左手协助整理使重要部位更加饱满，谓之"扣"。如男衬衫的领角、西服的下口袋盖等。

360.怎样烫平绣花衬衫？

绣花衬衫是衬衫中的佼佼者，普通绣花衬衫上面的图案多为点睛之笔。在领子、胸前、袋口、袖口等处绣上一朵花、一片图案，使本来很平淡的衬衫更加生动活泼。在一些地区，甚至流行在衬衫的胸前和各部位都有大面积的绣花，其中也包括男士衬衫。近些年来这类大面积绣花的衬衫也逐渐多起来。

衬衫上的绣花基本上有两大类：一种是所有的绣花颜色都和底布一致，或是同一颜色深浅不同，俗称本地本花绣花；另一种是多种色彩的绣花。衬衫的绣花和其他衣物的绣花有一点不同，就是除全真丝衬衫外，一般衬衫上的绣花都不容易掉色。

烫平衬衫的绣花要注意两点。

（1）大多数衬衫都适合水洗，水洗后的衬衫在绣花部位或多或少地都会有一些抽缩，所以熨烫绣花衬衫时尽量不要等到衬衫彻底干燥，在留有一定水分的情况下更容易熨烫平整。

（2）绣花部位不适合垫布熨烫，要使用熨斗直接熨烫。还可以用手辅助牵拉，尽可能一次定型。

361.如何熨烫柞丝绸衣物？

柞丝绸是由柞蚕丝织造的丝绸，其基本质地和桑蚕丝绸差别不大。市场上销售的柞丝绸大多是纺类柞丝绸，也有一些较厚重的，在穿着、保存、洗涤等过程中没有特别的要求。但是柞丝绸在熨烫时却和桑蚕丝绸有很大区别，也和其他一些面料不大一样。柞丝绸在熨烫时不能预先喷水，在熨烫过程中也一定要注意不能滴上一滴水，否则就会在水滴处出现涸迹。熨烫柞丝绸衣物可以有两种方法：一是在柞蚕丝衣物洗涤后还没有完全干燥的时候使用不喷蒸汽的熨斗熨烫；另一方法是使用能够喷出完全干燥蒸汽（不能有丝毫的滴水现象）的熨斗熨烫。绝大多数的柞丝绸都可以采用直接熨烫方法（就是俗称"明烫"），一般无需垫布。

362.熨烫衣物时不慎出现了多余的线条怎么办？

熨烫衣物时不慎出现了多余的线条，就是我们常常说的双裤线或是双裙褶。这是熨烫技术不够熟练的表现。出现这种情况之后，最要紧的就是要看衣物的面料是由什么样的纤维织造的。如果是棉、麻、蚕丝、羊毛或人造纤维制作的面料，下水之后即可将多余的线条消除，晾干后重新熨烫即可。但是如果衣物面料使用的是以涤纶为主的合成纤维，出现的多余线条就会比较难以处理掉。具体方法是先将衣物翻转过来，从背面进行重新熨烫。为了使多余的线条彻底去掉，可以在原有折痕处涂抹一些水，还可以根据面料情况适当提高一些温度。经过这样处理之后，再将衣物翻转到正面，重复上述操作，多余的线条就会去掉了。

363.水洗西服如何熨烫？

可以水洗的西服大多数都是休闲西服，基本上不设置硬挺的衬布，并对西服的整体结构进行必要的处理。所以，这类西服经过水洗以后一般不至于发生较大的抽缩和变形，质量好的休闲西服水洗之后完全不会变形。这种西服水洗后的熨烫和其他类型的西服熨烫基本上没有区别。而一些如条绒西服、帆布西服或是某些混纺面料西服，在水洗之后个别部位会发生变化，需要进行特别处理。主要是领子、袖口、口袋和所有的缝合处。领子袖口要在熨烫时边烫边整型。缝合处的缝边在水洗后有可能翻起或卷边，需要分别进行熨烫处理（烫工俗称劈缝）。尤其是带有全部衣里的西服，缝合处被衣里完全遮盖，不能直接看到，只能透过衣里用手把缝纫边摸着劈开。

364.怎样根据面料选择熨烫温度？

各种衣物的面料是由不同纺织纤维织造的，由于不同的纤维可以承受的温度不相同，所以在对衣物进行熨烫时首先就要考虑某件衣物能够使用的温度。总的来讲，天然纤维可以承受较高的温度，而合成纤维可以经受的温度就比较低。具体可见表9-16。

表9-16　几种纤维最高可承受的熨烫温度

纤维种类	最高熨烫温度 （熨斗温度）/℃	纤维种类	最高熨烫温度 （熨斗温度）/℃
棉	180	涤纶（聚酯纤维）	130
麻	180	腈纶（聚丙烯腈纤维）	125
蚕丝	170	维纶（聚乙烯醇纤维）	125
羊毛	170	锦纶（聚酰胺纤维）	105
黏胶纤维	170	氨纶（聚氨酯纤维）	105
铜氨纤维	160	丙纶（聚丙烯纤维）	100
醋酸纤维	130		

表中所标温度仅供参考，选择熨烫温度时还要考虑面料的其他相关情况。许多服装面料都是由不同成分纤维混纺或交织的，这时候选择熨斗温度就要以耐受温度较低的纤维作为标准。

第十章 洗涤去渍化料

365. 84消毒液是什么?

84消毒液是几乎每个家庭中都必备的日用化学品,一些洗衣店有时也会用84消毒液处理衣物。那么84消毒液是什么东西呢?它有什么用途呢?

84消毒液是含氯氧化剂(或称作含氯漂白剂)的复配制品,带有强烈的漂白粉味道。主要成分是次氯酸钠和少量表面活性剂。它是一种强氧化剂,具有很强的消毒、漂白功能,也具有较强的腐蚀作用。与工业次氯酸钠相比,84消毒液所含次氯酸钠的浓度大约为其40%左右。工业次氯酸钠具有很强的碱性,84消毒液的碱性稍微缓和一些,但仍然是较强碱性的制剂。

84消毒液的漂白作用主要用于棉麻纤维一类的面料,而且对所有颜色几乎都有破坏作用。因此,原则上84消毒液只适合用于白色棉麻纤维面料和人造棉一类衣物。84消毒液对一些色素类污垢也有漂除作用,所以洗衣时水中含有约0.2%的84消毒液时可以提高棉麻面料衣物的洗净度。但使用后需要进行充分漂洗,否则残余的氯漂剂经过较长时间的作用以后就会对衣物发生腐蚀性变化。

366. 怎样正确使用84消毒液?

正确使用84消毒液可以获得很好、很明显的效果,但是使用不当时同样会产生一些差错事故。84消毒液常常用于以下几个方面。

(1)漂除白色衣物上的颜色污渍。有时由于某些其他颜色衣服掉色使得白色衣物洗涤以后沾染了颜色污渍,这时可以利用84消毒液的漂白功能进行处理,使衣物重新变白。

使用浓度:1～2毫升/升(水)。温度:不超过40℃。处理时间:30～60分钟。

处理后充分漂洗即可。

（2）提高浅色衣物的洗净度。在使用水洗机洗涤各种浅色衣物时，加入1～2毫升/升的84消毒液，有助于提高这些衣物洗涤后的洁净度。使用后需要增加清水漂洗的次数，以确保没有氯漂剂的残留。

（3）提高水洗羽绒服的洗净度。在洗涤各种颜色羽绒服的时候同样都可以加入1～2毫升/升的84消毒液，洗涤后可以防止羽绒服产生水渍涸迹。但在漂洗时需要增加漂洗次数，还要进行酸洗处理。

（4）为洗涤各种内衣裤消毒杀菌。洗涤内衣裤时，为了有益于身体健康，最好进行简单的消毒杀菌处理。这时同样可以使用84消毒液。具体方法仍然是加入1～2毫升/升。其他操作过程和洗涤浅色衣物情况一样。

367. 哪些衣物不能使用84消毒液？

84消毒液是较强碱性的含氯氧化剂，因此对于不能耐受碱性的衣物不适合使用。如毛纺织物、蚕丝制品都不能使用84消毒液处理，即便是浓度很低的情况也能够造成不可逆转的损伤。所以，在任何情况下含有丝毛类成分面料的衣物都不能使用84消毒液。

84消毒液还是具有强劲漂白作用的氧化剂，所以一般情况下不可用于有颜色衣物。但是可以在严格控制使用条件时用于某些有颜色衣物的处理。

368. 市场上的家用消毒剂怎样使用？

除了84消毒液以外，还有一些用于日常家庭消毒杀菌处理的商品，如滴露、威露士等。这些家用消毒剂是什么制剂？又应该怎样使用呢？

滴露和威露士等是新一代家用消毒剂，在欧美等发达国家的日化产品市场中已经成为家庭常用品，主要成分都属于有机氯化合物。它们所含有效化合物成分主要是对氯间二甲苯酚，有的还含有二氯苯氧氯酚或三氯生（2,4,4-三氯-2-羟基二苯醚）等。这些有机氯制剂都属于目前国际上比较推崇的安全高效广谱抗菌剂，可以杀灭大肠杆菌、金黄色葡萄球菌和白色念珠菌。适用于衣物、皮肤和环境物体表面的消毒，广泛应用于消毒或用在个人护理用品中，如去屑香波、洗手液、肥皂和其他抗菌洗涤剂，还可以作为防腐剂和防霉剂用于胶水、涂料、油漆、纺织、皮革、造纸等工业领域。

369. 什么是无磷洗衣粉？

磷酸盐是传统洗衣粉的重要助洗成分，主要是三聚磷酸钠、磷酸钠、六偏磷酸钠以及其他一些磷酸盐类。由于发现含有磷酸盐的洗涤废水有可能给江河湖海等水系造成富营养化污染，于是世界上许多国家和地区纷纷提出禁止或限制使用磷酸盐作为洗衣粉助洗剂。为此洗涤剂行业开发出无磷洗衣粉，也就是不含磷酸盐类助洗剂的洗衣粉。

370.服装干洗为什么要使用干洗枧油？枧油是什么样的助剂？

不论使用哪种干洗剂干洗服装，都会使用干洗枧油助洗，这是所有洗衣店和洗衣师都知道的常识。那么为什么一定要使用枧油呢？

衣物干洗实际上是使用有机溶剂洗涤时，有机溶剂能够有效溶解各种油脂型污垢，所以去除油污是干洗的优势。而服装上的水溶性污垢在干洗过程中几乎不能脱落多少。枧油就是为了使服装干洗时能够同时把多数水溶性污垢洗掉的助剂。

"枧油"是对干洗助洗剂的俗称。其实"枧"字是一个广东方言字，音jiǎn（检），也就是普通话中的"皂"字，所以有一些地方把"枧油"也称作"皂油"或是"皂液"。准确地讲应该称作"干洗助洗剂"。

干洗助剂在干洗过程中通过干洗机内环境的少量水协助洗净衣物上的水溶性污垢。正由于它是借助于干洗机内的水才能够发挥作用，所以直接加注在干洗机内使用时无需加水。采用干洗前对重点污垢进行涂抹处理时，则需要认真控制所添加的水量。

干洗助洗剂的主要成分是阴离子表面活性剂、非离子表面活性剂、溶剂和软水。不同厂家出品的产品组成各不相同，从使用的功能和使用效果看大体可分为普通型、温和型与强力型三种。

371.怎样正确使用干洗枧油？

干洗枧油的主要用途是在干洗过程中协助去除水溶性污垢，因此正确使用干洗枧油的关键是使用方法和水量的控制。

使用干洗枧油可以有两种方法：一种是直接加入干洗溶剂中，参与干洗全过程；另一种是用于干洗前的预处理，涂抹在重点污垢处，协助洗涤水溶性污垢。具体使用方法如下。

干洗机内加注法：这种方法比较简单，只需要在干洗机装车以后开车前将枧油从干洗机助剂加料口或纽扣捕集器加入即可。使用量：1～2毫升/升（干洗溶剂）。

需要注意的是，如果已经加入枧油的干洗溶剂未经蒸馏，当再次重复用于干洗时，只需要适当补充少量（不超过30%）的枧油即可。如果溶剂经过蒸馏，使用全新干洗溶剂时，则需恢复原有用量重新加入枧油。

重点污垢涂抹预处理法：以枧油：清水=2：1或1：1稀释后调匀作为预处理液对衣物上重点水溶性污垢进行涂抹处理。衣物涂抹枧油以后需要待水分大部分挥发后再装入干洗机。

需要注意的是，枧油内加入的水量要根据面料成分不同进行控制。一般蚕丝织物和纯棉面料不能对水，只能使用纯枧油，甚至不能使用涂抹的方法。而完全由合成纤维制作的面料则可以适当提高对水比例，但不宜超过1：2。

一些人习惯在预处理液中加入少量四氯乙烯，其实这种方法并不可取。一是干洗机内是以干洗溶剂为主的环境，预处理液中少量的四氯乙烯无助于洗涤去污和提高洗净度；二是预处理液中的四氯乙烯在工作环境周围弥散，会造成空气污染，危害现场操作的员工健康。

372. 衣物柔顺剂是什么样的制剂？

衣物柔顺剂也称织物柔软剂，是在衣物水洗以后经常使用的后整理剂。它是以阳离子表面活性剂为主要成分制成的。其作用主要如下。

（1）改善纤维的状态，使因为穿用或洗涤之后纤维的变形恢复，保持蓬松柔软相对自然的状态。

（2）降低纤维之间的摩擦系数，使纤维之间可以自如地相对运动，改善织物的手感。

（3）纤维吸附柔顺剂之后可提高拒水性能。

衣物柔顺剂对于衣物的作用和洗涤剂对于衣物的作用有很大的不同。洗涤剂是要把污垢从衣物上脱离下来，而且洗涤剂本身在洗涤完成以后也要脱离衣物，所以可以说洗涤剂对于衣物的作用是"减法"。而衣物柔顺剂则需要被纤维吸附以后才能发生作用，而且是要存留在衣物上的，所以可以说衣物柔顺剂对于衣物是"加法"。

由此可知，使用衣物柔顺剂时要留有一定的时间让衣物吸附。为了保证吸附均匀还要适当翻动，或在洗衣机内进行柔软处理。由于衣物柔顺剂以阳离子表面活性剂为主，所以使用之前必须将以阴离子表面活性剂为主的洗涤剂漂洗干净。而过多的阳离子表面活性剂对人体皮肤有一定的刺激性，不同人群还会有较大差异，因此贴身穿用的衣物不宜使用过多柔软剂。

衣物柔顺剂的适用范围主要是需要蓬松柔软的衣物，如羊毛衫、羊绒衫、毛毯、毛巾被、浴巾以及一些内衣等。有时为了使居室氛围更加温馨，家庭中的一些纺织品如窗帘、沙发套等也会使用柔软剂处理。

373. 怎样正确使用衣领净？

衣领净（领洁净）是一种专用洗涤剂，是专门为洗涤衬衫、T恤以及内衣的领口和袖口污垢设计的。它也像其他洗涤剂一样含有阴离子表面活性剂等成分，同时还含有一种叫作碱性蛋白酶的成分，这是一种生物酶制剂，对于人体分泌的油脂、汗渍有很好的分解能力，而且非常适合在碱性的洗涤液中发挥功能。衣领净的针对性很强，所以使用衣领净时一般无需再采用其他辅助手段，就可以把领口袖口洗涤干净。由于衣领净是生物酶制剂，使用时是有条件要求的。

（1）为了充分发挥蛋白酶的作用，衣领净应该直接涂抹在干燥的衣物上，因为衣物下水以后就会影响衣领净的浓度和温度。

（2）涂抹衣领净以后需要放置一段时间，但不宜过久。这是为了给酶制剂留有充分反应的时间，一般在3～5分钟即可，然后再进行洗涤。

（3）涂过衣领净的衣物不要直接投入清水中洗涤，要投入含有洗衣粉的水中。

（4）如果条件允许，洗涤的水温应在40℃左右，这时蛋白酶的活力最高，能够发挥最好的效果。

由于蚕丝和羊毛都是蛋白质纤维，蛋白酶也会对它们产生影响，造成颜色或纤维的损伤，所以这类衣物使用衣领净的时候要慎重。衣领净也会对其他含有蛋白质类污渍具有洗涤功能，如鱼肉汤汁、牛奶、豆浆以及人体蛋白类分泌物等。但是衣领净不宜代替一般洗涤剂使用，因为衣领净的表面活性剂总含量远不如洗衣粉一类洗涤剂那么高，而且衣领净售价又比洗衣粉高。

374. 洗衣粉有多少种？它们都适合洗涤哪些衣物？

市面出售的洗衣粉具体可分为以下几类。

（1）通用洗衣粉。也可以称作普通洗衣粉，这是最常见的洗衣粉。商店、超市出售的洗衣粉大多属于这类洗衣粉。适合洗涤棉、麻和化纤衣物。属于碱性或弱碱性洗衣粉，其1%浓度的pH值应在10.5～11。

（2）增白洗衣粉。这类洗衣粉中含有一定比例的荧光增白剂，有的还含有一些过氧化物类型的氧化剂。在洗涤过程中有助于洗涤色素类污垢，还有增加白度的功能。增白洗衣粉适合洗涤白色或浅色衣物，也可以洗涤带有印花、花条、花格的浅色衣物，但不适合洗涤深色衣物。增白洗衣粉适合使用温水洗涤。

（3）加酶洗衣粉。加酶洗衣粉内加有碱性蛋白酶，适合洗涤含有较多蛋白质污垢的衣物，尤其适合洗涤贴身穿用的衣物，如内衣、内裤、被罩、被里、床单、枕巾等。但是碱性蛋白酶要求在40～50℃的温水条件下才能有效工作，在冷水中的效果要差一些。

（4）无磷洗衣粉。大多数洗衣粉的助洗剂是磷酸盐类的碱性物质。由于含有磷酸盐的废水进入河湖水系之后可造成富营养化污染，所以含有磷酸盐的洗衣粉将逐渐被淘汰掉。无磷洗衣粉内不含磷酸盐，不会造成此类污染。无磷洗衣粉是今后洗衣粉的发展方向，国内已有不少城市禁止使用含磷洗衣粉。

（5）强力洗衣粉。强力洗衣粉具有较高的碱性。一般不在市场零售商店销售，多由专业的供应商直接销售给洗衣店或洗衣厂。它们可能取有不同的名称，但是其主要洗涤对象是重油垢衣物，如餐巾、台布、厨师工作服等。此类洗衣粉属于强碱型的，其1%浓度的pH值大大高于一般洗衣粉。它不适合直接用手洗涤，要求使用较高的洗涤温度。不能在深色或含有蚕丝、羊毛的衣物上使用。

（6）加漂洗衣粉。这是一种加有含氯漂白剂的洗衣粉，这类洗衣粉主要是为洗涤白色或浅色衣物设计，它可以比较有效地去除夏季衣物上面的色素类污垢。市场上出售的漂渍洗衣粉就属于这类产品。它不适宜洗涤深色衣物，也不能用于洗涤蚕丝或羊毛纺织品。一般不使用热水，更不能把洗衣粉直接放在衣物上用水冲泡。

（7）彩漂洗衣粉。这是一种要求使用较高温度的洗衣粉，所含过氧化物氧化剂比例较高，也可以看成是加了较多彩漂粉的洗衣粉。它可以洗涤沾染了较重油污且带有颜色的纺织品，能够去除一些天然色素类污垢。使用这类洗衣粉要考虑衣物对热水的承受能力，一般不用在真丝或羊毛纺织品上。

（8）深色洗衣粉。深色洗衣粉也叫作蓝黑洗衣粉，专门用于黑、蓝等深颜色衣物的洗涤。常用的洗衣粉在洗涤深色衣物时容易使衣物洗后出现白霜样的东西，而深色洗衣粉就比较好地解决了这个问题，它基本上可以做到颜色保护。不过这种洗衣粉目前还不够普遍。

（9）中性洗衣粉。这是非常有价值的洗衣粉，其1%浓度的pH值一般不超过8。适于洗涤含有蚕丝、羊毛类纤维的各种纺织品，对人的皮肤刺激性也非常小，但售价较高。市场上这种粉剂型产品相对较少，比较多的是液体中性洗涤剂。福奈特开发了自己独有的中性洗涤剂，除了洗涤以外还可以用于对颜色型污垢进行剥色，去除搭色和串色。

375.洗衣粉用得越多就洗得越干净吗?

洗衣粉的主要成分是表面活性剂和碱性助洗剂，洗衣粉可以把污垢从衣物上洗涤下来是不容置疑的。但是表面活性剂除了去污功能以外还有把洗涤液中均匀分布的物质再回染给衣物的作用，在有过多表面活性剂存在的时候这种作用更为明显。如果洗涤液中没有过多的表面活性剂，这种作用就明显降低了。所以说过多地加入洗衣粉未必洗得更干净。为了把比较脏的衣物洗净，可以采取二浴洗涤法洗涤。也就是分成二次洗，第一次洗涤时使用部分洗衣粉把比较容易去掉的污垢洗掉，排水后再重新注入新水，加入洗衣粉洗涤第二次。只是增加一次洗涤，基本上不过多地增加洗衣粉的用量，却可以有效地提高洗净度，从而获得比较理想的结果。如果遇到特别脏的工作服一类衣物，甚至可以进行三次洗涤，洗涤效果比一次性多加入洗衣粉要好得多。

376.使用洗衣粉需要注意什么?

使用洗衣粉除了要注意使用温度、浓度和洗涤时间等因素以外，还需要注意的有以下几个方面。

（1）根据衣物的面料及颜色选择合适的洗衣粉。

（2）洗衣粉必须充分溶解以后才能开始洗涤。

（3）不能和柔软剂共同使用。需要使用柔软剂时，一定要将衣物上的洗衣粉彻底漂洗干净。

（4）大多数的衣物不能在含有洗衣粉的水中长时间浸泡，尤其不能在温度较高的洗衣粉水中浸泡。

（5）衣物完成洗涤以后应该尽快漂洗干净。

377.怎样正确使用肥皂?

大多数人都已经习惯使用洗衣粉，但是并未把肥皂彻底淘汰。然而在使用肥皂时稍不注意就会发生洗涤疵点，在比较深色的衣物上这种现象尤为突出。那么怎样正确使用肥皂呢?

其实问题不仅仅出在肥皂身上，这其中还有洗涤用水的问题。肥皂是由动植物油脂和碱制成的，它有很好的洗涤去污功能，使用起来也比较方便。但是肥皂还有一个重要的缺点，就是非常"害怕"硬水。硬水是含有较多矿物质的水，其中的钙、镁离子在洗涤液中遇到肥皂立即与其结合，生成钙、镁皂，沉积在衣物上就形成钙镁皂斑，也就是洗涤疵点。我国很多城市的供水都是硬度较高的硬水，平均总硬度（含有钙镁离子数量）都在100毫克/升以上，甚至超过200毫克/升，所以在使用肥皂时很容易因水质的硬度发生问题。

那么怎样使用肥皂才不会产生钙镁皂呢？其一，尽可能不要在冷水中直接使用肥皂；其二，不要使用肥皂洗深颜色衣物；其三，布草洗涤车间要设置软水处理设施，确保使用肥皂时的全部洗涤用水都是软水。

378. 衣用液体洗涤剂和洗衣粉有什么区别？

液体洗涤剂逐渐进入家庭是大势所趋，目前在发达国家和地区衣用液体洗涤剂的品种和总消耗量已经超过洗衣粉。为什么会有这种趋势呢？

洗衣粉是洗涤剂中较为原始的剂型，品种较为简单，容易大规模生产。而液体洗涤剂则具有品种繁多、易于个性化服务的特点。在使用方面液体洗涤剂也比洗衣粉具有更多的优势，它更加容易迅速溶解和易于控制。其洗净度和洗衣粉相比并无区别，同时还可以设计成各种带有辅助功能的品种。从环境保护角度看，液体洗涤剂更有洗衣粉无法比拟的优势。洗衣粉中含有大量无机盐，其废水降解过程对土壤的影响不可忽视，而液体洗涤剂除了无机盐含量很少以外，其中的非离子表面活性剂也更容易降解。一般液体衣用洗涤剂的碱性也较低，对使用者会更有利。随着经济的发展和科技进步，人们洗涤衣物的频率也相应地增加，重垢型衣物也会越来越少。所以，洗衣粉在洗涤剂中所占的比例自然会逐渐下降。

379. 干洗精能把衣服洗干净吗？

市场上可以买到叫作"干洗精""一喷净"（或类似的其他名称）的洗涤产品，一些宣传材料宣称可以代替洗衣店干洗把衣物洗干净。这是真的吗？

市场上的"干洗精"一类产品大多制成喷罐式包装，使用时将喷嘴对准污渍进行喷涂，然后将衣物表面留下的粉状物清除即可。处理得当时，确实使人感到喷涂过的地方干净了，尤其是油污斑点瞬间就不见了。但是，如果是一件整体穿用脏了的衣服，它就无能为力了。"干洗精"主要由挥发性很好的有机溶剂、吸附剂和气雾剂组成，喷上时有机溶剂把油污溶解，吸附剂进行适当吸收，自然可以将衣物上的油污斑点适当去除。但是并未将污垢从衣物上剥离下来，甚至一些油污经过溶解后渗入到衣服的深部，还会逐渐返出表面。其实"干洗精"只适合处理应急性的油污，如一件非常干净的衣服上面不小心沾染了一点油污斑点，"干洗精"就可以将这点油污去掉而不必到干洗店洗衣服。若是衣物穿脏了，还有一些油污，使用"干洗精"就无法替代干洗店干洗了。

380.洗涤灵能够用来洗衣服吗?

洗涤灵（洗洁精）是为洗涤餐具之用，属于硬表面清洗剂，从处方到使用都是为陶瓷、搪瓷、玻璃、金属等用具而设计。其中除了含有表面活性剂以外还含有用于为餐具灭菌的消毒剂成分，它可以有效地去除油污，但是也会对衣物的颜色和一些不适合的纤维造成伤害。如果在白色的棉布餐巾、台布上有了油污，使用洗涤灵进行去除确实有效。但是，其他衣物就不会有这么好的运气，稍不小心就会出现不必要的损伤。所以，除了白色棉麻类衣物或合成纤维面料以外，最好不使用洗涤灵洗衣服。

381.碱面可以用来洗衣服吗?

碱面有的地方也叫作面碱或是白碱，学名纯碱，也就是碳酸钠（Na_2CO_3），是洗衣粉中的助洗成分之一。纯碱虽然不能把油脂皂化，但是有去除油脂型污垢的能力。纯碱的碱性较强，对于一般的衣物纤维会有一些伤害作用。所以在洗衣粉中添加的比例不可能太高，为此不能直接使用纯碱作为洗涤剂。

在专业的布草洗涤厂中洗涤重油垢的白色衣物时，如厨衣、台布、口布等，纯碱能够发挥重要的作用。把纯碱配合肥皂加入到强力洗衣粉中，可以取得很好的效果。当然，纯碱对衣物的损伤也是比较大的，凡是重油垢衣物的使用寿命会短一些。

382.肥皂与洗衣粉的洗涤效果一样吗?

肥皂和洗衣粉各有一定的适用性。一般来说，肥皂的去污能力比洗衣粉强，能够去除各种类型污垢。所以有些洗衣店员工会把一小块肥皂放在身边，随时用于去除小面积残余污渍。但是使用肥皂时遇到富含钙、镁离子的水（即硬水），就会形成像豆腐花一样的白沫沉淀物，称为钙镁皂。肥皂变成了钙镁皂，就失去了洗涤作用，而且影响正常洗涤。浮在水面上的钙镁皂白沫重新沾在衣服上，还会给洗涤带来困难，既费时又费水。洗衣粉就没有肥皂的这种缺点，所以，在水质较硬，富含钙、镁离子的地区，应尽可能采用洗衣粉洗涤，少采用肥皂。一般情况，肥皂也不适宜洗涤深色衣物。而对于白色或浅色纺织品，肥皂的去污能力则有明显的优势。

383.衣用中性液体洗涤剂是什么样的洗涤剂?

目前，市场上销售的丝毛洗涤剂与羊绒衫洗涤剂等衣用中性液体洗涤剂受到许多消费者的欢迎，它柔和安全、容易漂洗，洗涤后衣物状态极佳。这种中性液体洗涤剂自身的pH值在7～8，专门用来洗涤丝、毛等精细织物。它的主要成分是表面活性剂和增溶剂等。由于不含碱性助剂，去污力主要靠表面活性剂，因此表面活性剂的含量相对较高，一般都在40%以上。其中非离子表面活性剂含量高于阴离子表面活性剂，因此具有非常柔和的洗涤性能，对蛋白质类纤维制成的衣物或面料具有保护作用，而且易于漂洗干净。当然，这类中性液体洗涤剂的售价也相对较高。

福奈特开发了具有特色的FORNET中性洗涤剂，除了适宜洗涤各种蚕丝、羊毛衣物以外，还可以安全地洗涤纤维性能没有得到广泛认识的各类纺织品。

FORNET中性洗涤剂还有独特的剥色功能，是目前其他各类洗涤助剂无法替代的产品。它可以把不小心产生的颜色沾染（串色、搭色、泅色）剥除。

使用方法：① 处理一件普通衣物需用70～80℃的热水12～20升；② 加入60～80毫升FORNET中性洗涤剂，搅匀；③ 把沾染颜色的衣物在热水中上下拎洗5～10分钟；④ 把中性洗涤剂彻底漂洗干净。

这种处理颜色沾染的方法最适合用于羊毛衫、羊绒衫、衬衫、T恤等一类衣物。但对特别紧密、薄密的面料，如羽绒服等，效果较差。

384. 使用洗衣粉有哪些禁忌？

洗衣粉不宜使用沸水冲化，如果使用沸水冲化容易减少泡沫。特别是在洗衣服的水温较低而冲化洗衣粉的水温太高时，由于温度悬殊，就更会影响去污作用。在使用一般洗衣粉时，冲化的水温应以50℃左右的温水为宜。

使用加酶洗衣粉的水温不宜超过40℃，以免破坏洗衣粉中酶的活性。

使用洗衣粉洗涤衣物以后，要尽可能漂洗干净。尤其是贴身衣物，若漂洗不净，残留在衣服上的洗衣粉会刺激皮肤。有过敏体质的人如果使用加酶洗衣粉或穿用加酶洗衣粉洗过的衣服，有可能造成过敏反应。

洗衣粉存放不宜过久，特别是加酶洗衣粉，存放期以半年为限，以免酶活性减低，影响去污效果。

含有氧化漂白剂的洗衣粉一定要经水溶解后使用，不能直接放在衣服上进行洗涤，避免发生咬色现象。

385. 荧光增白剂有什么用途？

荧光增白剂是一种无色的有机化合物，它能吸收人肉眼看不到的紫外光（波长300～400纳米），然后再反射出人肉眼可见的蓝紫色荧光。这种反射光与原来被作用物上泛黄的色调相补，给人眼的感觉就是该物体的白度和鲜艳度增加了，也就是说物体被增白和增艳了。从这个意义上说，荧光增白剂实际上是可以提高物体白度的一种染料。然而，利用荧光增白剂增白物体实际上是一种光学效应，所以又被称为"光学增白剂"。但是这种增白作用不能代替化学性的漂白，含有一定色素的纤维如果不经过化学性的漂白过程使其白度明显提高，只用荧光增白剂处理，是达不到增白效果的。

既然可以把荧光增白剂看成是染料，不同纺织纤维面料就需要不同类型的荧光增白剂。当然，荧光增白剂也有可能在洗涤过程中逐渐脱落，使衣物变得不那么白了。

目前，从化学结构上看已经有十余类增白剂，具体品种已经达到数百种，分别用于对各种类型纺织纤维、纸张、涂料乃至树脂、塑料等不同对象的增白。从光学上又可以把荧光增白剂分成不同的色光类型，如中国人喜欢的偏青蓝色、美国人喜欢的偏粉红色等。

由于荧光增白剂并非漂白剂，所以实际上在洗衣店可以使用的机会并不特别多。比较典型的用法就是某件衣物（或某一批布草）的增白剂在洗涤过程中逐渐脱落，白度降低，我们可以利用增白剂进行重新增白或增艳。

386. 加酶洗衣粉有什么用途和特点？

加酶洗衣粉是在普通洗衣粉中加入了一种叫作"碱性蛋白酶"的添加剂，用于洗涤含有较多蛋白质污垢的洗衣粉。

碱性蛋白酶在毛纺工业上使用时，叫作2709酶，又叫枯草酶，在一些地方还叫作酵素。它是一种生物酶制剂。它在碱性条件下可以有效地分解蛋白质，由此而得名。而洗衣粉工作时正好是碱性环境，因此，加入了碱性蛋白酶的洗衣粉就会对洗涤含有蛋白质的污垢作用大大提高，如人体的各种分泌物、各种食物中的蛋白质等都能有效地去除。所以，加酶洗衣粉适合洗涤床上用具和贴身穿用的衣物，如床单、被里、被罩、枕巾、内衣、内裤、衬衫、T恤等。

碱性蛋白酶适合的工作条件如下：pH值10 ～ 11；温度40 ～ 50℃；保持一定的作用时间。

所以加酶洗衣粉最好使用温水洗涤，如果习惯使用冷水洗涤，加酶洗衣粉就不能发挥最大作用。此外，由于真丝和羊毛纺织品是蛋白质纤维，不适合使用加酶洗衣粉。

387. 草酸有什么特点？在洗涤过程中有什么用途？

草酸是有机酸中的强酸，化学名称乙二酸，分子式$(COOH)_2$，白色颗粒状晶体，有毒，不能入口。洗染业可以作为中和酸剂使用，在某些情况下也可以当作弱还原剂使用。草酸还可以和一些金属盐类发生反应，生成金属盐的络合物。

草酸在洗涤中大多数用来作中和酸剂。由于草酸是固体颗粒，运输、保存和使用都比较方便。加上草酸酸性较强，使用量较小，所以洗涤布草的洗衣车间多用其作为中和剂。使用了较强碱性的洗涤剂之后，可以使用草酸对多余的碱性物质予以中和。

由于草酸还可以当作弱还原剂使用，对于氯漂剂一类氧化剂也有一定的脱氯作用，所以，在复配的中和剂中草酸也是重要的成分。

草酸可以用来处理沾了铁锈的衣物，在铁锈不太严重或生成时间比较短的时候效果较好，但它去除铁锈的能力不如专用去锈剂。一些含有铁离子成分的其他污渍也可以使用草酸去除，如血液的残渍。

但是草酸的腐蚀性较高，它相当于醋酸酸性强度的2000倍。使用草酸以后需要进行清水漂洗，以去掉多余的酸，防止衣物上水分干涸以后浓度上升，腐蚀衣物。

388. 醋酸都有哪些特性？有什么用途？

醋酸的化学名称叫作乙酸。它是食用醋的主要成分，所以又叫醋酸。分子式CH_3COOH。纯净的醋酸是无色透明液体，在低于16℃时99%的醋酸会结冰，因此纯度高的醋酸又叫冰醋酸或冰乙酸。冰醋酸具有刺激性的酸味，它对人体皮肤有很强的腐蚀性，不可直接接触。

由于醋酸强度适中，稀释后几乎对所有的纤维都无害，是洗染行业使用最为广泛的有机酸，有以下几种用途。

（1）中和残碱。水洗衣物之后，为了使多余的碱性洗涤剂彻底漂洗干净，经常使用酸性物质进行中和。醋酸就是使用方法简便、使用后安全可靠的中和剂，使用后无需再使用清水漂洗。残留在衣物上的醋酸不会对任何纤维和面料造成影响，残留在真丝和羊毛纺织品上的醋酸还有改善光泽和提高纤维强度的作用，可谓有益无损。

（2）固色作用。一些衣物在水洗时会发生掉色现象，使用含有0.1%～0.3%醋酸的水进行漂洗，就能够制止掉色现象。使用醋酸后无需再使用清水漂洗，以保持延续固色功能，脱水后即可晾干。

（3）挽救严重掉色。有些衣物严重掉色，刚刚把衣物投入含有洗涤剂的水中，大量的染料就被溶解下来。在这种情况下醋酸可以发挥很重要的作用。首先不要停止洗涤，尽快把衣物的洗涤工作完成。取出衣服，不要倒掉含有染料的水，立即加入50～100克的冰醋酸，搅动均匀，然后将衣服重新投入水中，浸泡10～20分钟，浸泡过程中需要经常翻动，防止不均匀。这时可以看到水的颜色逐渐变浅，染料重新"吊回"到衣物上。这种方法称为"吊色"，能够挽救修复严重掉色而变浅或色花的衣物。最后，继续使用含有醋酸的水漂洗，脱水晾干。

（4）去除涸迹。水洗一些较为厚重的衣物时，常因为漂洗不够彻底，衣物干燥后出现涸迹或圈迹。严重的需要重新漂洗，不太严重的可以使用含有醋酸的水喷涂或用毛巾沾醋酸水擦拭，能够去除涸迹和圈迹。

389.烧碱（氢氧化钠）可以用来洗衣服吗？

烧碱又叫火碱，是非常强的无机碱。水中含有1%的烧碱，其pH值就可超过13。烧碱的化学名称为氢氧化钠，分子式NaOH。基本形态为半透明白色固体，有极强的吸湿性。

市场上销售的烧碱有四种形态。

（1）固体烧碱。使用铁皮桶包装的圆柱状固体，每个180千克，俗称固碱。

（2）棒状烧碱。长10厘米左右、直径1～2厘米的棒状，俗称棒碱或棍碱。

（3）片状烧碱。白色半透明的薄片状烧碱，俗称片碱。

（4）液体烧碱。使用专门的槽罐车装载运输的黏稠液体，俗称液碱。

纯净烧碱应该是白色的，对人体各部位都有强烈的腐蚀作用。能够使蛋白质溶解，所以真丝和羊毛纺织品绝对不能和烧碱相遇。一般的衣物也不适合使用烧碱洗涤，因为烧碱的强碱性能够将大部分纤维损伤。在各种纤维当中棉花的耐碱性能是最好的，在浓度高、温度低的条件下能够完成丝光工艺，使棉纤维改善品质。但棉纤维在温度较高而浓度不太高的条件下也会发生脆损。所以烧碱的使用需要予以严格控制。

由于烧碱对油脂具有皂化作用，因此一些洗衣企业使用烧碱洗涤重油垢衣物，如台布、口布、厨衣等。但用量和温度都必须严格控制。

390.柠檬酸有什么用途？

柠檬酸也是比较温和的有机酸，其酸性强度和醋酸差不多。化学名称：2-羟基丙烷-1, 2, 3-三羧酸。分子式：$C_6H_8O_7$。柠檬酸是白色颗粒状晶体，有很纯正的水果酸味。

柠檬酸对于水果、蔬菜、青草等植物色素具有溶解作用，所以可以用来去除这类植物色素类渍迹。具体使用方法有两种。

（1）将柠檬酸制成5%～10%的水溶液备用。洗净衣物，把柠檬酸液滴在渍迹处，等待片刻，植物色素即可逐渐消除。如果沾污比较严重，还可以重复这个操作。

（2）将衣物洗净，把柠檬酸颗粒直接放在渍迹处，在柠檬酸溶解的过程中逐渐将植物色素渍迹去掉。

柠檬酸使用之后需要将多余的药剂清洗干净，否则干涸以后浓缩的柠檬酸有可能损伤衣物的纤维。

391.氨水有什么用途？怎样使用？

氨水是氨的水溶液，一般可以把它的分子式写成NH_4OH（即NH_3+H_2O），化学名称氢氧化铵，是碱性比较强的液体，有刺鼻的尿骚味。市场销售的氨水多为30%的水溶液。

虽然氨水可以在洗涤过程中发挥某些作用，但是由于其刺鼻的气味，影响了使用的方便性。但它在处理某些特殊污渍时却有其独特的作用，如用于去除陈旧性汗渍、清除霉斑等。

（1）去除汗渍。将衣物（衬衫、T恤等）洗涤干净（湿的状态），先把食盐粉均匀涂抹在汗渍处，待食盐大部分溶解后再涂抹5%～10%的氨水。经过如此处理后汗渍即可减轻。如果汗渍较为严重，还可以重复上述操作。处理后将残存的食盐与氨水彻底清洗干净。

（2）清除霉斑。一些衣物在闷热潮湿季节容易发生霉变，出现霉斑。如果卧具类衣物生了霉斑，在洗涤时可采用较高温度和碱性洗衣粉洗涤，再适当加入一些氨水，除霉效果非常明显。

如果是其他衣物出现霉斑，可以使用下列方法进行处理。配制酒精氨水处理液，氨水：酒精：清水=1：2：1，同时配合肥皂进行刷拭处理，可以有效去除衣物上的霉斑。

（3）配制氨水：酒精：清水=1：10：5的酒精氨水混合液，还可以用来去除光面皮衣的污渍。不过，由于现在有了更好的皮衣清洗剂，这个配方基本上已经被淘汰。

392.洗染中常用的氧化剂都有哪些种类？

在衣物洗涤过程中常常需要使用氧化剂对衣物进行处理，解决一些在常规洗涤时不能彻底去除的污垢和渍迹，如次氯酸钠、双氧水、高锰酸钾等。

　　洗染业使用的氧化剂大体可以分成两大类：一类是含氯氧化剂，另一类是过氧化物氧化剂。洗衣业经常使用的含氯氧化剂有次氯酸钠、漂白粉、漂粉精、优氯净（二氯异氰尿酸钠）、氯胺T、亚氯酸钠等。过氧化物氧化剂有双氧水（过氧化氢）、过硼酸钠、过碳酸钠、过氧化钠、高锰酸钾等。

393. 次氯酸钠有什么特性？怎样正确使用？

　　次氯酸钠是经常使用的氯漂剂，也是具有很强腐蚀性的氧化剂。市场上销售的次氯酸钠是黄绿色液体，有效氯含量为110～135克/升。由于分解出氯的逸出，有效氯含量会逐渐下降。所以，次氯酸钠会随着时间的推移逐渐降低力份，因此不适合长期贮存。贮存次氯酸钠需要保持密闭状态，减少分解和力份的降低。次氯酸钠含有较多的游离碱，对所有的纤维面料都有强烈的腐蚀作用，绝对不能在蛋白质纤维上面使用。次氯酸钠对于大多数染料也都有破坏作用，因此对带有颜色的纺织品大多会造成伤害。由次氯酸钠造成"咬色"的斑点，实际上是纤维已经受到不同程度的损伤。所以咬色斑点即使经过染色改色也仍然会留有伤害的痕迹。

　　次氯酸钠可以对纤维素类纺织品进行漂白。比较好的方案是采取低浓度、低温度和较长时间，这样可对纤维的伤害程度最低。

　　在洗涤白色棉纺织品的时候常使用次氯酸钠提高洗净度。但是，应该尽量降低使用温度和用量。处理搭色衣物时，只要衣物的纤维允许，也可以选择低浓度、低温度和较长时间处理的方法。

394. 什么是彩漂粉？怎样使用彩漂粉？

　　彩漂粉是洗涤布草时使用的漂白剂之一，主要是在洗涤有颜色的纺织品时用以去除天然色素污垢，如餐饮业的台布、口布以及厨师工作服等。它具有明显提高这类衣物洗净度的作用，而且基本上不会损伤衣物的颜色。

　　彩漂粉大多数是白色的粉状固体，在运输、保存时需要注意防潮和防水。一旦受潮，彩漂粉就会失去效力。

　　如果使用彩漂粉处理一般衣物，需要10～15倍于衣物的水、60～80℃的水温，浸泡过程中还要进行翻动与拎洗。使用量约为1～3克/升，处理时间在10分钟左右即可。在面料纤维允许的条件下，还可以适当加入少量碱性洗衣粉，以提高彩漂粉的力度。

　　在洗涤夏季衬衫、T恤一类衣物时，如果具有热水条件，也可以加入一定量的彩漂粉，用以提高这类衣物的洗净度。

395. 双氧水有什么用途？怎样使用？

　　双氧水是过氧化氢水溶液的俗称，分子式为H_2O_2。市场出售的双氧水大多数是30%～35%浓度的产品，为无色透明液体，对皮肤具有腐蚀性。由于其性质活泼，容易分解，保存时应该尽量使容器密闭。双氧水在日光照射下容易分解，所以还要防止日光照射（双氧水出厂的包装都是黑色塑料桶或套上黑色塑料袋的瓶子），而且不宜长时间贮存。

双氧水具有很强的氧化作用，它的工作情况和彩漂粉非常相似，也适于去除天然色素类污垢和提高水洗的洗净度。可以在水洗时加入到洗涤液中，也可以单独处理。使用条件：10～15倍的70～80℃热水；使用量为1～2克/升；浸泡10分钟左右，浸泡过程中注意翻动和拎洗。在纤维条件许可的情况下，适当加入一些碱性洗衣粉用以调整pH值，可以提高双氧水的氧化能力。

比较小的斑点型天然色素渍迹，还可以使用双氧水以1∶（1～3）比例清水稀释后点浸的方法去除。

396. 你知道高锰酸钾吗？它有什么用途？

高锰酸钾也是非常强的氧化剂，分子式$KMnO_4$，是带有金属光泽的紫色晶体。它的氧化能力大大高于双氧水一类的氧化剂。使用中特别要注意控制浓度，过浓的高锰酸钾可以将纤维素直接碳化，造成严重的毁损。

一些沾染在白色棉纺织品上的颜色污渍和一些陈旧性黄渍，都可以使用高锰酸钾去除。某些天然色素也可以使用高锰酸钾处理，达到漂白的目的。使用高锰酸钾之后，由于在反应生产物中含有二氧化锰的色淀，使被处理衣物会整体变成棕黄色，需要使用草酸进行还原以恢复原色，这时使用过程才算完成。

高锰酸钾大多数采用0.1%～0.5%的浓度，经过热水溶解之后再加入清水稀释至需要浓度。整体处理采用浸泡和拎洗方法，局部处理也可以使用涂抹或点浸方法。处理后，使用1%～3%草酸水溶液作还原处理，去掉高锰酸钾残余的棕黄色色淀。

397. 什么是还原剂？洗衣店可以使用的还原剂都有哪些？

洗衣业利用还原反应解决一些在常规洗涤中不能彻底去除的污渍，所使用的助剂就是还原剂，经常使用的有保险粉、雕白剂、海波、亚硫酸氢钠等。

还原剂也有强弱之分，强还原剂可以用来作为还原漂白使用，而弱还原剂一般只是用来脱除多余的氯漂剂，也就是作为脱氯剂使用。许多还原剂在染色中是很重要的助剂。目前洗衣业染色业务极少，几乎没有使用的机会，因此不作赘述。

398. 保险粉是什么样的助剂？怎样正确使用？

保险粉又名快粉，化学名称低亚硫酸钠或连二亚硫酸钠。分子式$Na_2S_2O_4$。保险粉是著名的强还原剂，正常状态应该是富于流动性的白色细沙状。性质活泼，较大量保险粉遇水能自燃，属于危险品。极易受潮变质，失去使用价值，所以一定要密闭保存。

由于保险粉对于纤维的损伤相对于氧化剂而言要小得多，所以被称作"保险粉"。它可以用于各种纤维的纺织品而不至于造成伤害。但是保险粉对除还原染料以外的大多数染料有破坏作用，所以一般情况只适合在白色纺织品上使用。

洗染业使用保险粉主要用于漂除衣物上的色迹，或用来使一些陈旧性的灰黄色衣物的色泽更新。

具体用法：使用10～15倍90℃热水，每件衣物加入25～40克保险粉。然后投入衣物，并且迅速翻动拎洗，1～3分钟反应就可以基本结束。

上述操作的要点是：① 使用时要把保险粉放入热水中搅匀，不要用热水去冲化保险粉。② 不断翻动衣物，并且尽量使衣物没入水中。③ 操作过程的动作应该尽可能迅速。

399.什么是海波？它有什么用途？

海波是硫代硫酸钠的音译名称，俗称大苏打。分子式$Na_2S_2O_3 \cdot 5H_2O$。白色透明斜长晶体，由于含有五个结晶水容易风化。1%水溶液呈弱酸性，是弱还原剂，也是黑白摄影定影剂的主要成分。

在洗衣业海波基本上只有一种用途，就是作为脱氯剂使用。因其用量小、使用方便和效果显著而受到欢迎。当使用氯漂剂处理衣物之后，氯的味道很难尽快散去，残留在衣物上的氯对衣物还有缓慢的破坏作用。使用海波进行脱氯处理，能够达到非常好的效果。每件衣物用量3～5克；衣物重量10倍左右的冷水；拎洗3～5分钟即可。使用后，还要用清水漂洗一两次。

400.有机溶剂是什么？在洗衣去渍时有可能使用哪些有机溶剂？

能够将其他物质溶解的液体被泛称为溶剂，水是最为广泛使用的溶剂。而能够溶解许多有机化合物的一些比较简单的液体有机化合物就称为有机溶剂，又称为非水溶剂。对于洗衣业而言，有机溶剂应该是能够溶解油脂类、蜡类、树脂类以及一些在水中不能去除的污垢的溶剂。

我们选用的有机溶剂，基本上本着安全、有效、使用方便、对于人体及环境影响和副作用较小等原则。目前，用于干洗的有机溶剂主要是四氯乙烯和碳氢溶剂。用于去渍的常用有机溶剂有溶剂汽油、乙醇（酒精）、丙酮、香蕉水（醋酸杂戊酯）、松节油以及四氯化碳等。

大多数有机溶剂都易挥发、易燃、易爆、有特殊气味，甚至有腐蚀性、有毒。所以使用有机溶剂有许多需要注意的问题。

401.使用有机溶剂应该注意哪些问题？

使用有机溶剂需要根据其特点注意一些问题。

（1）使用有机溶剂时应该在通风条件比较好的地方，并且要远离易燃物品和火种，防止有机溶剂气体聚积。

（2）所使用的工具和容器最好是竹、木、陶瓷、玻璃、天然纤维等。避免使用橡胶、金属、塑料等材料制成的用具，防止发生不必要的化学反应。

（3）操作时要注意自身的保护，尽量不接触皮肤，避免吸入有机溶剂的气体。

（4）使用有机溶剂后要把衣物上残余的溶剂彻底清洗干净。同时也要把用具和环境清理干净，避免沾染其他衣物。多余的溶剂必须妥善处理，不能随意倾倒。

（5）有机溶剂的瓶子及容器必须盖好盖子，放在安全的地方，防止碰倒、破碎和误用。

（6）洗衣店的有机溶剂应该设有专人负责，提高安全意识。

402.溶剂汽油可以用来做什么?

溶剂汽油是洗衣业使用最早的有机溶剂，无色、透明，易挥发。俗称120号汽油，有时也称作直馏汽油。在没有现代干洗技术的时候，主要靠它去除衣物上的油性污垢。一些特殊的衣物也可以使用溶剂汽油进行手工干洗。由于各种专业去渍剂的出现，使用汽油的机会少了许多。不过，我们仍然可以使用溶剂汽油解决一些常规方法难以解决的问题。如水洗后的衣物如果残留一些简单的油渍，溶剂汽油仍然是最为方便的去油剂。但是对于含有食物色素的油渍，单纯的汽油就不能奏效了。

溶剂汽油还可以对无法使用干洗机洗涤而又不能进行水洗的衣物进行处理，可获得很好的效果。如洗涤由毛毡制成的男士或女士用的毡帽，如果使用干洗机干洗毡帽，就会使其严重变形无法使用，水洗也会造成毡帽色花及变形疲软，而使用溶剂汽油手工洗涤则能获得非常好的效果。又如某些绒毛玩具、整体狐狸围巾等，也都只能使用溶剂汽油进行手工处理，才能获得好的结果。

403.松节油能够去除哪些污渍?

松节油是无色或略带淡黄色的透明液体，有辛辣味道，易挥发，也是传统洗衣业常用的去除油渍的溶剂。在纺织印染业也经常使用松节油作为去油剂。松节油对于大多数染料没有影响，在一般使用过程中也不会造成去渍处的脱色。而且松节油不会对人体健康造成负面影响，具有较好的安全性。

松节油可以去除各种油脂、含有橡胶的污渍以及沥青等渍迹。使用方法与其他有机溶剂一样。注意，松节油的质量有高低之分，优质的松节油应该是无色透明的液体，质量差的松节油在去渍后可能会留下黄渍。此外，由于松节油的辛辣味道存留时间较长，不如使用溶剂汽油更为方便。

404.酒精（乙醇）有什么用途?

酒精，化学名称乙醇，化学式CH_3CH_2OH。为无色透明液体，有辛辣味，易挥发，是各种酒类的核心成分。酒精在洗衣业用途广泛，尤其在染色时使用机会更多。酒精应该是工业酒精，其乙醇含量应在95%以上。医药酒精含水分较多，不适宜去渍时使用。

酒精可以溶解圆珠笔油，所以可以去除这类渍迹。尤其是当大量的圆珠笔油沾染了衣物之后，使用酒精去除具有方法简便和成本低的特点。

酒精加水加氨水去除霉斑也是很有效的。

此外，酒精加肥皂制成酒精皂（把肥皂切成细末溶解在酒精里，再加入少量水制成糊状，需要放在密封性较好的瓶子里），可以去除一些洗涤后常见的残余污垢。既可以用在洗涤之前，也可以用在洗涤之后，适于作简单处理。

405.香蕉水能够用来作什么？怎样正确使用？

香蕉水又称作硝基稀料，是硝基油漆的溶剂和稀释剂。其主要成分是二甲苯、丙酮以及醋酸杂戊酯的混合物。具有像水果一样的芳香味道，易燃、易挥发，可以溶解油脂、油漆、橡胶、树脂等，也能够溶解醋酸纤维。

香蕉水可以用来去渍，主要去除油脂类污渍。它可以去除油脂、各种油漆、指甲油、化妆品和沥青一类的渍迹。

使用香蕉水要注意把溶解下来的污渍成分吸附或排出，使之脱离衣物。使用时需要注意防火。此外，醋酸纤维不能使用香蕉水。如果对面料不够了解，需要在背角处先进行试验，以防不测。

406.什么是丙酮？有什么用途？

丙酮也叫醋酮，又叫二甲酮。化学式CH_3COCH_3，为无色透明液体，有芳香味，易挥发，易燃。是很好的溶剂，可以溶解油脂、蜡质、油漆、一些树脂以及醋酸纤维、硝酸纤维等。

虽然丙酮适于去除一些油脂类渍迹，但可能对某些纤维造成损伤，所以一般不作为去油剂使用。而日常使用的502胶沾染了衣物，则一定要使用丙酮才能解决，因为只有丙酮才能溶解502胶。操作时要注意溶剂的溶入一定要从周围向中心逐步进行，在不使用去渍台时要不断更换吸附材料，使溶解下来的502胶脱离衣物，最后才能彻底去除污渍。

如果醋酸纤维面料沾染了丙酮就会溶解，形成溶解性破洞。不论是面料还是里料都会完全被破坏，无法使用，要特别注意。

407.常见专业去渍剂都有哪些种类？

用于去除各种污渍的药剂有两大类：一种是直接使用某种化学品，如氧化剂、还原剂、有机溶剂等；另一种是专门为洗染行业去除污渍的去渍剂，我们称其为专业去渍剂。

专业去渍剂是由不同公司研发和销售的药剂，专门用于去除衣物上的残余污渍。既有国外进口产品，也有国产去渍剂。去渍剂大多采用成套成组方式组合，分别去除对应的各类污渍。

去渍剂犹如治疗疾病的药，所以有人把去渍剂称作去渍药。那些功效显著的药剂，在服用时一定要对症，否则于病无用，反而有损健康。而且，越是疗效显著的药必然存在较大的副作用。所以，使用去渍剂需要明确了解该种去渍剂的基本特性和适用范围，并且熟知其不适合的衣物和污渍。任何去渍剂都会有某种方面的副作用，使用者也应该有充分的了解，对于不够了解的某种去渍剂在使用前一定要进行使用试验，绝不可以盲目上手。正因为如此，去渍剂的生产厂家都会郑重地发布免责声明。

每种去渍剂都会标明它的针对性范围。目前，主要有这样几种不同类型的去渍剂：去除油污的去渍剂；去除锈迹的去渍剂；去除蛋白质类污渍的去渍剂；去除鞣质类污渍的去渍剂；去除油漆、树脂类污渍的去渍剂；去除颜色污渍的去渍剂。

此外，还有一些针对性极强、只用于解决某一种问题的专门去渍处理剂，如FORNET拉链润滑剂、FORNET润色恢复剂等。

408.Go系列去渍剂可以处理哪些污渍？

Go系列去渍剂是美国威尔逊公司的产品，该去渍剂产品历史悠久，行销全球，最先由中外合资酒店的外方技术人员引进，至今仍然在宾馆酒店洗衣房流行使用。其主要特点是针对性强，功效显著，同时副作用也较大，当使用不对症时造成的损伤也大。因此要求使用者应熟知这种去渍剂的性能、使用方法和适应范围。

Go系列去渍剂包括以下几种产品。

（1）油性去渍剂（TarGo）。用于去除各种油脂类污垢、油漆、沥青、指甲油、圆珠笔油等污渍。

（2）蛋白去渍剂（QwikGo）。用于去除蛋白质污垢，如冰淇淋、牛奶、巧克力、食物残渣、肉汁、汗渍等。

（3）单宁去渍剂（BonGo）。用于去除鞣质、单宁、茶水、咖啡等污渍。

（4）串染去渍剂（YellowGo）。用于色迹的漂除。

（5）去锈剂（RustGo）。用于去除铁锈、铜斑、银迹、定影药水等污渍。

（6）白色复原剂（DroGo）。用于水洗布草后脱灰，以提高白度。

409.西施系列去渍剂可以处理哪些污渍？

西施去渍剂（SEITZ）也是国外产品，产于德国，广泛应用于各地宾馆酒店和一些洗衣店。西施去渍剂有两种套装组合，一种为7支，另一种为3支。它们以其包装瓶子的不同颜色予以区分。

（1）Blutol（红色）去渍剂。用于去除蛋白质类污渍、血渍、新鲜蛋白、冰淇淋、牛奶、巧克力、食物残渣、汤、鱼和肉汁、牛油、可可、汗渍、呕吐物等污渍。

（2）Purasol（绿色）去渍剂。干性溶剂型去渍剂，可去除油脂、油漆、指甲油、涂料、树脂、蜡油、润滑油、焦油、圆珠笔芯等造成的污渍。

（3）Quickol（蓝色）去渍剂。用于去除化妆品、红墨水、彩色笔、药剂、鞋油、油漆、染料、油脂、蜡油、润滑油、焦油、指甲油、圆珠笔芯、润肤膏、复写纸、软膏、矿物油等造成的污渍。

（4）Frankosol（黄色）去渍剂。用于去除青草、霉斑、油烟、锈垢、啤酒、糖、芥末、冰淇淋、霉菌、淀粉、蛋白质、蜂蜜、牛奶、蜜酒、食物渣、泥尘、巧克力、尿渍、汗渍和其他水溶性污渍。

（5）Lacol（紫色）去渍剂。用于去除各种油脂、圆珠笔、复写纸、彩色笔、油烟、油脂润滑剂、黏合剂、油漆、涂漆、天然及合成树脂、天然及矿物油脂、蜡油、润滑油、指甲油、圆珠笔芯、印章印、唇膏和墨水等造成的污渍。

（6）Cavesol（橙色）去渍剂。用于去除茶叶、可乐、咖啡、芥末、水果、香水、青草、烟草、葡萄酒、药渍及不知名的黄褐色污渍。

（7）Colorsol（棕色）去渍剂。对去除含有天然和合成染料的各种颜色污渍有很好的溶解能力，可溶解口红、圆珠笔、葡萄酒、芥末、鞋油、墨汁、印刷油墨、涂料、树脂和各种油脂性污渍等。

410. 克施勒系列去渍剂可以处理哪些污渍？

克施勒去渍剂也是产于德国的产品，主要流行于具有一定规模的洗衣店。目前在市场上销售的也有两组。

第一组：3支装，分别叫做A、B、C，是较为温和的产品。其去渍功能有时表现得稍微迟缓，但是安全性相对较高。它也是以不同颜色的瓶子包装。

（1）KrcusslcrA，用于去除单宁、咖啡、茶水、草汁等。

（2）KrcusslcrB，用于去除蛋白质、奶制品、血渍、汗渍等。

（3）KrcusslcrC，用于去除油脂、油漆、化妆品等。

第二组：6支装，统一使用棕色瓶子，采用不同颜色标贴予以区别。

（1）红色标贴瓶，用于去除血液、白蛋白、蛋白质以及食物残渣色素。

（2）绿色标贴瓶，用于去除油漆、石油、油脂、蜡、化妆品、油墨、某些黏合剂。

（3）蓝色标贴瓶，用于去除单宁、水果、果汁、红酒、咖啡、茶、可乐、药物等污渍。

（4）白色标贴瓶，用于去除油膏、油、胶黏剂、口香糖、蜡等。

（5）黄色标贴瓶，用于去除铁锈和金属离子污渍以及陈旧血渍。

（6）紫色标贴瓶，用于去除墨水、染料、颜料以及彩色污渍。

411. 洗衣粉和肥皂可以在一起使用吗？

有资料说洗衣粉和肥皂不能在一起使用，因为它们属于不同的性质，在一起使用会相互抵消洗涤作用。是这样吗？这是没有根据的。其实洗衣粉和肥皂在水中溶解以后都表现为碱性，而且它们的主要成分同属于阴离子表面活性剂，也都具有洗涤去污功能。它们在一起使用时还有一种有趣的现象，就是可以使洗涤泡沫明显降低，但是不会影响洗涤效果。这可能也是误以为它们共用会抵消洗涤作用的原因。

此外，洗衣粉的成分中含有软水剂，可以直接使用冷水洗涤，完全不必考虑硬水的影响。但是肥皂对于硬水非常敏感，遇到硬水会产生钙镁皂斑，造成洗涤瑕疵。所以不论什么情况下使用肥皂都要考虑到这个问题。如果在含有洗衣粉的水中使用肥皂，由于洗衣粉中含有软水剂，生成钙镁皂斑的可能性也就大大降低了。

第十一章 常见事故处理

412.什么是搭色?

在衣物的洗涤过程中或在前处理时，某件衣物掉色，沾染了其他衣物。由于被沾染的衣物与掉色衣物相接触沾了颜色，所以沾染部位是局部的，颜色污渍有明显的轮廓界限，其他未沾染的部分仍然能够保持原色。造成这种沾染的首要条件是在有水的情况下不同颜色衣物在一起堆放、搁置、浸泡或脱水。总之一定有过在有水的情况下相互接触的过程。

接触过程中，水中含有较高浓度洗涤剂，或温度较高，或接触时间较长，是产生这种沾染的促进条件。由于这种颜色渍迹一定是通过接触掉色衣物而沾染的，所以叫"接触沾染"，洗染行业习惯上叫作"搭色"。大多数搭色事故是可以避免的。

搭色的衣物有两种情况：一种是单一颜色衣物搭色，这种情况比较简单，修复处理也比较容易；第二种情况是由不同颜色面料拼组的衣服发生了搭色，这种搭色的衣物修复方法较为复杂。由于去除搭色的同时还要保护面料原有的不同色泽，所以在选择去除手段时受到了很多的限制。如果有可能也可以把衣物拆解，修复处理以后再重新缝制起来。

413.什么是串色?

洗涤时由于某件衣物（或是衣物的某个部分）掉色，使共同洗涤的其他衣物造成沾染，甚至发生颜色改变。这是一种比较均匀的颜色沾染，被沾染衣物的整体颜色都可能发生改变，甚至好像是被特意染了某种颜色。如一件红色衣服洗涤时发生了掉色，于是同洗的白衬衫变成了粉色衬衫，淡黄色T恤变成了橙色，淡蓝色背心变成了灰色等。由于掉色衣物和被污染衣物共同洗涤，因此被染色的衣物往往不会只有一件，与其共同洗涤的其他衣物都会出现同样的沾染。所以，我们说它是"共浴串染"，所形成的颜色沾染叫作"串色"。

发生串色都是未能分色洗涤的结果，这是很低级的错误，常在家庭洗衣时出现，在洗衣店出现得较少。

但目前非常流行同一件衣服使用不同颜色面料、里料拼组而成，这类服装的面料、里料染色牢度应该比较高，一般情况下不会发生掉色沾染。但是，当洗涤条件过于苛刻（如洗涤剂浓度太高、洗涤温度过高、浸泡时间过长等）时，仍然有可能发生掉色，形成串色沾染。这种类型的串色比较难修复，要立足于预防。预防方法并不复杂，一方面洗涤过程需要连续迅速操作，缩短洗涤过程的时间；另一方面漂洗后通过酸洗固色，大多可以有效防止串色。

414.什么是涸色？

当衣物的面料、里料由不同颜色织物拼接或组成，或在衣物上装有颜色不同的拼块、镶条等附件时，在洗涤过程中由于其中某个部分掉色，就会造成污染，形成颜色沾染。这类沾染渍迹大都出现在不同颜色面料的拼接接缝处或附件缝合安装处，而且在同一件衣物上这种颜色污渍会带有普遍性，都会出现相同的沾染。

一些印花面料或染色牢度较低的色织面料，在洗涤过程中有时也会出现颜色的渗出和涸染，形成颜色污渍。由于这种类型的颜色污渍出现在不同颜色的分界处，并形成相同类型的"界面涸染"，所以叫作"涸色"。

涸色是颜色沾染事故中较难修复的。由于不同颜色的面料或附件紧紧相连，无法分别进行处理。最为彻底的方法就是将衣物不同颜色部分拆开，把颜色渍迹去除掉之后再缝合起来。但是由于一些衣物不能拆解，或拆开后无法恢复，就会使涸色成为不可修复的绝症。所以防止涸色要比处理涸色更为重要。

415.什么是咬色？

咬色现象绝大多数都是由化学性腐蚀造成的。咬色以后的衣物上出现了轮廓清晰、界限明确的斑痕。咬色斑痕的颜色大多比面料的原有颜色浅一些，有的可能还改变了原有颜色。咬色的面积一般不会太大，常常只有手指或硬币大小，有的也可能是条状的。洗衣店发生咬色大多是在去渍时造成，而且往往是不经意造成的。形成咬色时也未必能够立刻发现，等到经过一段时间发现咬色为时已晚。

容易造成咬色的药剂大都是消毒剂、漂白剂或是洗衣店使用的氧化剂、还原剂和各种去渍剂一类化学药剂。日常生活中的一些化妆品或头发护理用品，如染发水、焗油膏等，也会造成咬色。此外，就是一些含有强酸、强碱的日用品，如电瓶水、洁厕剂、管道疏通剂等，也有可能造成咬色。

"咬色"比起"搭色""涸色"等事故要更为严重。无论什么样的咬色，大多无法真正修复。采用补色方法修复咬色只是临时性措施，而且有掩盖差错、欺骗之嫌。只有极少数发生咬色的服装可以通过复染改变原有颜色以后，还能保留一定的穿用价值。

416.深色的真丝和纯棉衣物洗后为什么会出现白霜？怎样去除？

衣物经过干洗或水洗后有时会出现片片白色霜或雾状的现象。尤其是深色的真丝或纯棉衣物，不论经过干洗还是水洗，都有可能出现这种现象。其中缎类丝绸面料和精细的纯棉面料发生这种现象的机会更多一些，个别的化纤面料有时也会出现这种现象。这种白霜或白雾俗称"白溜子"，实际是一种浅表性的磨伤。这是由于面料纤维经过过度摩擦以后，纱线纤维磨损外露，形成细微的纤维毛羽。产生的原因是在洗涤过程中摩擦过度。尤其是机洗时，细密的面料就可能出现磨伤。手洗时如果不注意也会发生磨伤。这种磨伤因为是浅表性的，仅仅处在衣物的最表面，所以很容易被认为是没有洗净的污垢。如果越是用力处理，问题就会越严重。

去除这种白溜子一般都是暂时性的，下一次洗涤还会重新出现。好在还可以再一次进行处理。具体方法是采用FORNET润色恢复剂进行喷涂。一件衣物需要20～30毫升。把润色恢复剂乳液装在喷雾器内摇匀，然后就可以对白霜处进行喷涂。

喷涂时注意以下几点。

（1）最好使用皮衣喷枪进行喷涂。喷涂时雾化一定要好，不能有水珠喷出。

（2）不可喷涂太多，不能喷成湿漉漉的。

（3）保证均匀。喷涂以后自然挂干即可。为了省事，也可以熨烫以后再喷。

如果磨伤严重，已经造成纱线表面染料脱落，润色恢复剂就无法挽救了。

417.羽绒服经过水洗以后为什么会有不同颜色的圈渍？怎样处理？

羽绒服经过水洗以后经常会留有不同颜色的圈渍。深色羽绒服的圈渍多数是灰白色的，而浅色羽绒服洗后多数是灰黄色的。这些圈渍实际上是没有漂洗干净的污渍或洗衣粉。为什么会是这样呢？

市售羽绒服多数为中档产品，所填充的真正"羽绒"相对比例较低，而含羽毛较多。为了确保羽毛的保暖功能，在填充前的洗涤过程不可能很充分，所以多数羽绒服里填充物的洁净度都不够高。穿用过程中这些污垢不大容易暴露，但是在洗涤时衣物的污垢和羽绒的污垢很容易混溶在一起。当洗涤羽绒服以后没有漂洗干净时，污垢就会泛在衣物的表面，成为圈渍。不仅如此，由于漂洗不够充分，羽绒服内还可能含有或多或少的洗衣粉，干燥后也能成为圈渍。而且所有的羽绒服面料都要考虑防止羽绒外钻，所以羽绒服的面料比起一般织物要细密得多，甚至覆以涂层，用于防钻绒。这就给羽绒服的洗涤后漂洗带来更多的困难，这也是羽绒服难以漂洗彻底的原因之一。所以羽绒服洗涤之后的漂洗就显得特别重要。

为了能够充分将洗后的羽绒服漂洗干净，避免出现圈迹，建议在漂洗羽绒服时按照下面方法进行。

（1）适当增加漂洗次数，有条件的话可以使用一些温水。

（2）每一次漂洗以后都要进行脱水。

（3）可以在漂洗的水中加入少量冰醋酸（3～5毫升/件）。

（4）出现较为严重的圈渍，可以使用较高温度的清水重复水洗。

如果羽绒服洗涤以后残留少量圈渍，尤其是整体很干净只有局部有圈渍时，可以用含有醋酸的水用喷雾器喷在圈渍处。但是这个方法仅仅限于深色羽绒服，如果是浅色羽绒服只能进行重新漂洗解决。

418.为什么有的羽绒服水洗以后会有臭烘烘的气味？如何解决？

羽绒服内填充的真正"羽绒"比例并不很高，在一般羽绒服中细小羽毛所占的比例比较大，用手隔着面料捏一下填料可以触摸到羽毛的毛梗。而有一些毛梗根部就有可能残存毛囊油脂一类的东西。当羽绒服内的填充物没有能够彻底洗净，尤其是一些羽毛梗根部中的毛囊油脂没有彻底去除，洗涤以后又没能够及时干燥时，就会发生腐败霉变，自然就会臭烘烘的。

这类羽绒服往往是中低档制品，在洗涤以前可以触摸到毛梗的羽绒服，都有可能发生洗净不够彻底时发臭的现象。所以洗涤这类羽绒服时应该适当加强洗涤强度，使用普通碱性洗衣粉，把洗涤温度提高到40～50℃，还可以适当延长洗涤时间。同时，在漂洗时也要使用一些温水，每一次漂洗以后都应该进行脱水，在漂洗时还可以加入适量冰醋酸。洗涤以后要让羽绒服尽快干透，长时间不能干透是羽绒服发臭的重要原因。如果较长时间还不能干透，一定要进行烘干。经过这种多方面处理，羽绒服发臭问题就会解决。

419.衣服表面发亮是怎么回事儿？怎样处理？

衣服表面发亮情况大多发生在颜色较深的衣服上，细密轻薄的纯毛纺织品最容易出现这种现象。发亮的部位多数在容易摩擦的地方，如肩部、肘部、裤子膝盖及以上部分。开车的人由于后背与座位摩擦，也可能会发亮。此外，衣服结构层数较多的部位，如裤襻、裤子门襟、袋口、领子尖部等，也容易发亮。总之，经常受到摩擦的部位最容易出现亮光，所以摩擦是第一原因。这是因为毛纤维表面的鳞片层被逐渐摩擦脱落或磨平，纺织品纱线外露部分的纤维绒毛也已脱落时，面料表面的光滑部位暴露无遗，就形成成片的亮光。在显微镜下这种衣物的表面和没有受到摩擦的面料相比明显的光洁。然而摩擦却是由多方面原因产生的。衣物在穿着的过程中、熨烫过程中、干洗机的洗涤以及烘干过程中等，都在使衣物受到摩擦，所以发亮问题就成为最为常见的问题。从某种意义上讲，这也是毛纤维在逐渐老化的标志。衣物的穿着与洗涤是不可避免的，所受到的摩擦自然被认为是理所当然的。排除了前面的原因以外，熨烫就成了大家关注的焦点。许多顾客往往指责洗衣店把衣物烫亮了，其实这中间也有一些误解。熨烫不当确实可以把衣物烫亮，但是发亮的原因是多方面的。而且因摩擦而发亮是个缓慢的过程，是由几个原因慢慢积累共同造成的。但是在逐渐发亮的过程中不当的熨烫就可能成为促使衣物明显发亮的诱因。

针对这种情况，在干洗这类衣物时最好反过来，使得在干洗和烘干过程中减少摩擦机会。在熨烫这类衣物时要垫上一层棉布，降低摩擦强度。

如果已经出现了发亮的现象，可以采取下面措施适当地减轻发亮情况。首先可以先进行一次水洗，在最后一次漂洗时使用柔软剂和适量醋酸进行处理，熨烫时要垫一层棉布，这样处理以后情况会好一些。不过，只能在一定程度上有所改善，完全改观几乎是不可能的。如果确实是由于熨烫不当，把本来没有发亮的衣物熨烫亮了，可以使用含有较高含量的冰醋酸水（每升水含冰醋酸5～10克）在发亮部位喷施，可以得到适当修复。

420. 领口袖口的汗黄渍怎样洗掉？

衬衫领口和袖口的汗黄渍是逐渐累积形成的，每次洗涤衬衫时如果汗渍没有彻底去除，经过较长时间的累积就会形成陈旧性汗黄渍。这种现象在全棉白衬衫上更为明显，在一些白色或浅色的T恤、背心等夏季衣物上也比较明显。如果这些衣物能够勤洗、勤换或经常使用较高温度洗涤，这种情况就会好得多。如果每次仅使用冷水洗涤，而且洗涤周期又比较长，就容易产生汗黄渍。

去除汗黄渍可以分三步进行：① 洗净衬衫以后（处于脱水后湿的状态）将一些食盐粉涂在汗渍处静置片刻；② 将稀释成5%的氨水涂在已经涂过食盐的汗渍处，再静置片刻；③ 使用清水彻底清洗干净。经过这样处理后一般的汗黄渍大多能够清除，如果不够彻底还可以重复进行上述操作。注意：这种方法不适合在真丝或羊毛衬衫上使用。

421. 衣物发霉是怎么回事儿？怎样把霉斑洗净？

生霉是因为衣物上存有有机残留物，经过霉菌的作用而生成。衣物上生霉的基本条件是污垢、潮湿和温度。所以在一般情况下，洗涤干净的衣物生霉的机会要少得多，而未经洗涤的衣物则很容易生霉。但在南方湿热地区，即使洗涤干净的衣物也会因为保管不当而生霉。尤其是那些经过干洗的衣物，要比经过水洗的衣物更容易生霉，其主要原因仍然是保管不当。因为干洗以后衣物上面总会或多或少地残留一些水溶性污垢，这就给霉菌生长提供了可能，如果保管环境又比较潮湿，生霉就很难避免了。刚刚熨烫完了的衣物没有经过充分的风干，马上套上塑料袋保存起来，如果这时正处在比较潮湿温暖的季节，也可能生霉。

洗涤霉斑衣物要看生霉的情况，因为生霉的程度不同和范围大小不同，洗涤的难易也就不同。浅层霉斑在深色衣物上一般表现为灰白色的斑点，这类霉斑在去渍台上使用清水和冷风交替打掉即可。在不是蚕丝或羊毛的浅色衣物上，霉斑表现为灰黑色或灰绿色斑点，可以使用40～50℃温水加碱性洗衣粉洗涤。严重的霉斑大多数面积较大，甚至在霉斑表面覆盖着一层绒毛状的生成物，这种霉斑要看它生在什么面料上，棉、麻、各种化纤类面料比较容易洗掉，可以适当提高洗涤温度和选用碱性较强的洗涤剂。白色的棉纺织品还可以在洗涤时加入少量氯漂剂。霉斑若是生在真丝或纯毛面料上面，去除时就要困难些。需要注意的是，霉斑需要在水洗条件下进行处理，如果先行干洗，反而增加了去除的难度。在面料允许的情况下，还可以使用1份氨水加3～4份酒精再加5份水的"酒精氨水"对霉斑进行处理。不论使用什么方法都不要使用过大的机械力，以免造成颜色脱落。

422.怎样及时发现纯毛衣物的虫蛀现象？

纯毛衣物很容易受到蛀虫的蛀蚀，尤其是比较脏的衣物遭蛀的机会更多。受到虫蛀以后的纯毛衣物上能够发现蛀坏部位的残破洞口，但蛀蚀较轻的部位很难发现被蛀的痕迹，常常在洗涤以后才发现，却为时已晚。其实，在洗衣店里衣物被蛀的机会并不多。但是常常由于在收衣时未能及时发现顾客送洗的衣物已经被蛀，因漏检而造成误解。为此，学会和及时发现虫蛀部位是非常必要的。任何衣物被虫蛀都是在温热潮湿的季节，所以在秋冬收洗衣物时就要仔细查验纯毛衣物是否存在被蛀情况。

衣物被虫蛀是有规律的，大体上有这样几条：① 纯毛衣物最容易被蛀；② 颜色较浅的纯毛衣物容易被蛀；③ 织物组织结构比较疏松的纯毛衣物易蛀；④ 污渍较多的部位易蛀。

一般最容易被蛀的衣物有纯毛织物中的大衣呢、女式呢、粗花呢、羊毛衫、羊绒衫等，其次是各种一般纯毛面料衣物。

被蛀衣物的表面常常会有一小片比周围颜色发浅的区域，往往容易被认为是淀粉、糖类或盐类等污渍。如果用指甲刮擦这个部位，被蛀的地方就会有断落的纤维屑脱落，这时就可以很容易地发现被蛀的地方。如果是深色厚重的呢绒面料浅表层被蛀，表面会有轮廓整齐而略高于周围的一小片区域，其表面纹路不清晰，甚至有些发毛，用指甲刮擦也会有断纤维脱落，同时形成一小片凹陷区域，这时被蛀的部位就可以清楚地显现。

423.什么是织补技术？怎样把衣物上残破的洞口恢复原样？

当衣物整体完好而仅在局部面料发生小型破损时，就可以通过纺织品织补技术修复残破处，使其恢复如初。

自清代末年洋务运动以后，上海以及江南地区的毛纺工业有了长足发展，专门进行毛纺织物残破部位织补的女工应运而生，后来逐渐发展成为洗染业的专职岗位。织补师使用专门的织补工具，采用重现纺织品织造过程工艺，把一些小型破损修复如初，甚至可以织成正反两面完好如新的状态，用"天衣无缝"形容是最为准确的描述。

纺织品织补技术是我国独有的传统技艺。新中国成立以来，织补技术屡次在国际交往中传出佳话，受到外国友人的交口称赞。

424.织补衣物使用什么样的工具？

普通纺织品可以分成经纬织物和针织物两大类，所以用于织补的工具也有两种，一种是用于织补经纬织物的织补针，另一种是用于织补针织物的织补钩针。在进行织补时，为了使织物保持富有张力的平整状态，织补时还需要使用专门的织补圈固定被织补部位，织补针与织补圈是最为关键的工具。其次是一些辅助工具，如小剪刀、小镊子、大针、针扎、工作灯、放大镜等。图11-1是机织纺织品的织补针。图11-2是针织纺织品的织补针。图11-3是用于织补的织补圈。图11-4是用于织补的放大镜。

图11-1　机织纺织品的织补针

图11-2　针织纺织品的织补针

图11-3　用于织补的织补圈

图11-4　用于织补的放大镜

425.什么样的衣物发生残破可以采用织补修复?

人们的衣物在日常生活中不小心被尖锐利器划伤或剐破，形成破口、破洞甚至缺损时，尤其破损的衣物价值较高、自己非常珍爱或具有一定的收藏保存价值时，就需要修复，织补技术就是这类问题的解决之道。

适合采用织补修复的破损有两个方面要求：一是破损的类型只限于"硬伤"，即受到外力形成的破损，如小洞、划口、剐伤等，如果破损部位是磨损形成的，破损处周围面料的强度已经比较低，甚至已经很薄弱，则难以修复；另一个是破损部位不能是缝合处，这是因为缝合处没有进行重新织造时的受力部位，因此很难达到完美效果。

426.经过织补后的衣物应该是什么样的?

衣物破损之后人们就会想到把破损部位织补一下，不然破损的衣物就无法穿用了。但是往往发现一些织补过的破损处仍然可见，尽管破口没有了，但是织补处却像是贴了一块膏药，与想象中的织补完全不是一回事。那么经过织补后的衣物应该是什么样的？

　　判断织补质量有四条标准：① 织补部位的颜色与原有面料周围的颜色应该是一致的；② 织补部位的组织纹路与原有面料的组织纹路应该是一致的；③ 织补部位与原有面料结合处应该平整一致，没有凹凸不平，也没有外露的纤毛；④ 织补部位与原有面料结合牢固，背面修剪整齐。

　　总之，衣物破损后经过专业织补是可以恢复到完好如初的。精心织补过的衣物从表面看不能发现织补的痕迹。所以织补师要在织补过的地方用棉线钉上记号，以备查验。

　　图11-5（a）是织补前的破洞情况；图11-5（b）是经过织补以后的情况。

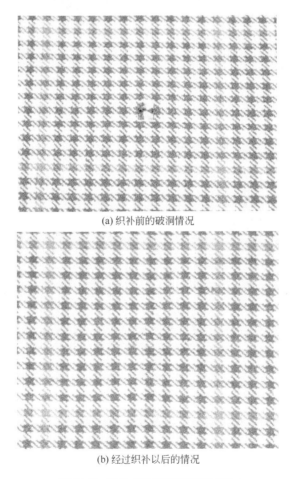

(a) 织补前的破洞情况

(b) 经过织补以后的情况

图11-5　衣物织补前后的情况对比

第十二章 服装保管收藏

427.如何防止服装被虫蛀?

虫蛀过的服装较轻的还可以用织补的方法挽救,那些严重被蛀的衣服则失去了使用价值。因此,衣服被蛀的危险性比发霉还要严重。一般来讲,毛纺织物服装、丝绸服装最易虫蛀,棉、麻衣服次之,混纺衣服再次之,而化纤服装则基本上不会发生虫蛀。

目前,使用驱虫剂保管服装防止虫蛀仍然是比较有效的方法。驱虫剂有天然樟脑丸和合成驱虫剂这两类。樟脑丸来源于天然樟树,是较贵重的驱虫剂,一般用于裘皮、毛料等高档服装。合成驱虫剂相对品种较多,在存放衣服的箱柜中放置驱虫剂,一定要用白色纸或布包好,放在箱柜四周或吊挂在衣橱中,以免沾染衣服。化纤衣服一般不会被蛀,而且还可能与驱虫剂发生某些化学反应,所以各类化纤衣物不需要放置驱虫剂。

428.丝绸服装怎样保养与收藏?

丝绸服装质地轻薄,色泽鲜艳,保管和穿用时都要小心,谨防污染和损伤。丝绸服装在收藏前要彻底清洗干净,最好能干洗一次,这不仅能去污,还能保护质料和衣形,同时又能起到杀虫防蛀的作用。

洗后的丝绸服装要熨烫定型,使其整体平整挺滑,可增强抗污染能力。丝绸织物色牢度较差,不宜在阳光下直晒,以免发生褪色,影响色泽鲜艳度。丝绸服装在收藏时,白色的服装最好用纸包起来,或者放在塑料袋中,可以防止泛黄。花色鲜艳的丝绸服装也要用深色纸包起来,可以保持色彩不褪色。丝绸服装较轻薄、怕挤压、易发生皱褶,尤其是经过轧纹的丝绸服装和香云纱服装等,应单独存放,或放在衣箱的上层。

金丝绒等丝绒类服装一定要用衣架挂起来存放，防止绒毛被压而倒绒或变形，从而损伤衣物、影响外观。丝绸服装要与裘皮、毛料服装隔离收藏，同时还要分色存放，防止某些染料发生沾染。丝绸服装也会因受潮而发霉，并易招虫蛀，所以在收藏时不仅要保持干燥，还要用一些防蛀剂来防虫蛀。

429.羊毛服装怎样保养与收藏？

羊毛纤维服装可分为呢绒面料服装和羊毛针织服装两大类型，因其组织结构和用途的不同，其保养与收藏方法也有一些差别。

（1）呢绒面料服装的保养与收藏。呢绒服装的面料有纯羊毛的，也有羊毛与其他纤维混纺的。面料含毛量的多少决定了呢绒服装的档次。呢绒服装在各类服装中属于高档次的服装。呢绒服装连续穿着时间过长，容易产生弹性疲劳，不容易恢复原状，从而造成变形走样。所以呢绒服装不能长时间连续穿用，当穿一段时间后就应当让它"休息"一下，才能保持其服装的弹性。

呢绒服装在收藏时，要去尽灰尘、晾透去潮后存放。最好要干洗一遍，干洗不仅能去污提高服装的清洁度，同时也对服装进行了一次杀灭虫卵处理，因为干洗剂四氯乙烯有很强的灭虫防蛀功效。呢绒服装易招虫蛀，较长时间收藏时，要在衣箱或衣柜中放入防蛀剂，以保安全。

呢绒服装有很强的吸湿性，所以在阴雨季节要经常通风或晾晒，以防发霉变质。晾晒时应避开强烈日光，或晒反面，避免使服装出现褪色。呢绒服装是高档服装，切不可乱堆乱放，要注意保护好衣形，切勿造成褶皱。特别是一些长绒服装更怕受压。因此在保管这类服装时，应用衣架将其悬挂存放，避免变形走样，失去风韵。呢绒服装如果出现破损小洞要及时修补，避免再扩大，以保持整洁和高档品位。

（2）羊毛针织服装的保养与收藏。羊毛衫、羊绒衫、羊毛裤以及兔毛衫等，都是保暖性良好的针织服装。这类服装穿着随体、线条流畅。其中羊绒衫是高档服饰，还有马海毛衫、安哥拉兔毛衫等都是价格昂贵的高级服装。这类服装不要贴身穿着，不能与皮肤直接接触，防止受人体分泌物的污染。这类服装组织结构松散，不要用力拉扯，防止变形、破损。如果出现破洞，要及时修补，防止脱套使洞扩大，不仅影响美观，也会造成损失。

在新绒衫初穿时容易起小的球粒，这是由于短毛外露，受到摩擦后卷曲所致。浮毛掉尽就会光洁，切勿硬拉，硬拉会把长的毛纤维拉出来，越拉越多，最后能使衣服出洞。和羊毛衫这类衣物相互贴合的衣服要尽量选配质地光滑的，这样可以减少小球的出现。

兔羊毛衫和兔绒衫吸湿性较强，其组织结构疏松，缩水率很高，因此不宜水洗，只宜干洗。这类服装极易招虫蛀，在长期收藏前应进行一次干洗，然后可以折叠或悬挂存放，并要在衣箱或衣柜中放入防蛀剂，以防虫蛀。白色毛衫为了防止其他颜色的污染，可用白布或纸将其包好存放。但不宜使用塑料袋，因为塑料袋不透气，易使毛线发霉或产生污迹。这类服装在装箱时，应放在上层，防止受到重压，影响保暖性能。

一些经过存放的拉毛衫或羊毛衫，在使用时要用软毛刷顺着毛的走向把毛拉起后再穿用，使衣形恢复丰满的状态，显示出原有风格。

430. 洗涤干净的衣物也会发霉吗？怎样防止？

多数人都会认为已经洗涤干净的衣物不应该发霉，但是实际上，当各种条件适合霉菌生长的时候，不管是干洗还是水洗干净的衣物都可能会长霉。穿用过的衣物，由于上面留有大量的有机物，若含有一定水分或环境比较潮湿，发霉是很自然的。放在仓库里的全新纺织品一旦受潮，不论什么面料都会生霉。这就说明任何衣物的面料即使在非常洁净的情况下也有可能生霉。

任何有机物都是霉菌生长的温床，而含有天然纤维的纺织品自然就是生霉的好地方。合成纤维与天然纤维相比生霉的机会小得多，但是也不是绝对不生霉。而那些残留一些污垢的、未经洗涤的衣物就更容易生霉了。

潮湿是霉菌生长的必备条件，彻底干燥的纺织品永远不会生霉，保持干燥的环境，霉菌就很难生长。在一些气候潮湿的地区，当洗涤干净的衣物没有能够及时晾干时，还挂在绳子上就会长霉。

适宜的温度也是霉菌生长的必备条件。低于冰点的环境下，霉菌几乎无法生存，在寒带很难见到衣物长霉。那些气候宜人、温暖潮湿的地方是霉菌最容易繁殖的地方。

那么怎样不让已经洗干净的衣物生霉呢？下面我们介绍几种具体措施。

① 洗涤干净的衣物一定要彻底干燥。刚刚熨烫完毕的衣物往往还会含有一定的水分，不宜立即套上塑料袋保存，要等衣物彻底干燥之后再套上袋子。

② 较长时间不穿的衣物在保存时最好放入一些干燥剂，夏季还应利用好天气晾晒一下。

③ 保存衣物的环境应该比较干净和通风，不要把衣物放在温热潮湿的房间保存。

④ 在南方湿热季节，可以利用吸湿器或空调器的抽湿功能对房间进行抽湿处理，降低室内的湿度。

⑤ 保存衣物时把防霉和防蛀一起考虑，放在衣物里的防虫剂和干燥剂用干净的布片或纸包好，防止污染衣物。

431. 怎样让裘皮衣物安全度过夏天？

裘皮服装是各种衣物中的重要角色，每件裘皮衣物的拥有者都会对它呵护有加。同时，裘皮服装也是非常娇气的。由于裘皮服装的主要部分——裘皮是由动物的皮和毛直接制造的，所以，裘皮衣物的主要成分都是蛋白质。动物的皮毛经过鞣制只是解决了微生物侵蚀的问题，也就是只解决了防腐，而对于摩擦、刮蹭、潮湿、虫蛀等问题，裘皮服装几乎完全没有抵抗力。在夏天温热潮湿的环境下，裘皮最容易受到伤害。所以，一件裘皮服装能否历久常新，最重要的就是在不穿用时候的保存，尤其是如何安全度夏。

为了使裘皮服装能够安全度过潮湿炎热的夏天，建议采取下列几点措施。

（1）寒冬过后不再穿用的时候，利用阳光充足的干燥天气将裘皮衣物彻底晾晒一次，晾晒的时候毛被部分要朝外，可以使用小竹竿把尘土敲打干净。

（2）晾晒之后应把衣物彻底冷却，不可在冷却不彻底的情况下急于收藏。

（3）在裘皮衣物的口袋、肩、袖等处放入适量防虫剂和干燥剂。

（4）裘皮衣物适合悬挂保存，不宜折叠码放，以避免变形。

（5）外面不适合套塑料袋。裘皮服装要随着周围的环境湿度吸放水分，就像人的呼吸一样，套了袋子以后潮气不能随时释放，易霉易蛀。为了不让衣物落上灰尘，可以用干净的布或旧单衣罩上。

第十三章 皮革衣物护理

432.皮和革是同一种东西吗?

在人类发明纺织品以前的千万年里，人类主要是利用打猎所获得的兽皮作为防寒装饰之物，皮革成为人类文明最早的标志。古人把从动物身上剥下的兽皮弄干后直接穿在身上，当然又粗又硬，而且不易弯曲变形、厚大而沉重，还带有难闻的味道。一旦遇水，这些兽皮还很容易腐烂，失去使用价值。

可以想象，原始人类穿着这样的"皮革"该何其难忍。而现代的皮革服装，穿在身上柔软舒适，轻便易随身，无臭味，几乎从不腐烂。那么古代"皮革"和现代皮革的根本差别是什么呢？其实也就是"皮"与"革"的差别。

原始古人类所穿的是"皮"，而现代人穿用的是"革"。严格来说，皮与革是截然不同的两种东西。皮是指皮胶原纤维仍处于在动物身体上时的状态（指化学结构），可带毛，也可不带毛。皮干燥状态时坚硬、易折断、不易弯曲，当水分含量大时细菌快速繁殖而发生腐烂。皮是制革的原料，革是由皮制成的产品。

虽然皮和革是两种不同的东西，但由于皮在日常生活中的使用价值较小，常见到的是革，而革又来源于皮，人们慢慢地就将两种各不相同东西的代号"皮"与"革"合二为一，合称"皮革"，作为革的新代号。现在我们说的皮革已经成为一个固定的名词，指的是革，而不含有皮的含义。为了方便和简单起见，在皮革制品名称中，已将皮革中的"革"字省略，直接以皮相称，如皮鞋、皮箱、皮衣等。称革为"皮"，似乎比称革履、革箱、革衣等更随便和更习惯些。值得提出的是，目前有些人把皮革简称为"皮"，而把人造革简称为"革"，这种说法其实既不正确也不严谨，容易使人们在概念上发生混乱，增加了无真假皮革鉴别能力者购买皮革制品时的难度。

433.怎样识别真皮革和仿皮革？

皮革衣物具有穿着方便舒适、美观大方以及适应季节比较长的种种优点。但毕竟大多数皮衣的价格都比纺织品服装贵，而且皮革衣物又不适宜在家中进行洗涤保养，因此，各种仿皮革面料和仿皮革服装应运而生。市场上可以买到不同等级的仿皮革或仿裘皮服装，有的完全可以乱真。由于仿皮革衣物的洗涤熨烫与皮革衣物的洗涤保养有着极大的区别，因此准确识别它们就非常重要了。

皮革是由动物的真皮组织经过鞣制加工而成。成品皮革的主体是由蛋白质纤维组成的皮板，一些皮革表面还会有一层含有合成树脂的涂饰层。皮革的背面除极少数外绝大多数都没有纺织品的基布。而仿皮革的主体合成树脂，其表面主要靠物理加工方法形成，背面大多数都会有一层纺织品基布。所以，鉴别是否真皮革一般可以从断面处观察其结构，得出准确结论。

仿绒面皮革面料大多数由发泡树脂制成，也有一些是完全由纺织品制造的。但是不论哪种仿绒面皮革，其主体结构中也一定有一层基布，因此还是能够比较容易地识别它们。

434.皮革都有哪些种类？

皮革和皮革制品可以从许多不同角度进行分类。

以原料来源分类：羊皮革（包括山羊皮和绵羊皮）、牛皮革（包括黄牛皮革、水牛皮革、牦牛皮革等）、猪皮革、马皮革等。

以鞣制工艺分类：铬鞣革、醛鞣革、铝鞣革、植鞣革等。

以原料皮的部位分类：原生皮革、全粒面皮革、剖层皮革等。

以皮革表面状态分类：光面皮革、绒面皮革、修饰面革、贴膜革、轧花皮革、拼图皮革等。

以使用用途分类：鞋面皮革、鞋里皮革、服装皮革、球用皮革、箱包皮革、装具皮革等。

在皮革制造行业里，带有动物毛被的皮毛制品也属于皮革制品，因此皮革制品分类是比较繁杂的。

435.各种不同皮革制品各有什么特点？

我们把常见的皮革制品特点进行一一介绍。

（1）羊皮革。包括山羊皮和绵羊皮。

山羊皮：粒面细致美观，柔软性能好，坚牢性稍逊于牛皮革。美观舒适，较为耐用耐磨，主要用于皮革服装和考究的提包手袋的制作。

绵羊皮：柔软性比山羊皮更好，高档产品可与丝绸织物媲美，但坚固性和耐磨性差一些。

（2）牛皮革。包括黄牛皮革、水牛皮革、牦牛皮革等。

黄牛皮：粒面细致，皮层厚、强度高，其丰满性和弹性也较好。其制成品穿用美观、舒适耐久。

牦牛皮：粒面比黄牛皮革差一些，其他性能大体相近。

水牛皮：表面粗糙，纤维粗松，强度较黄牛皮低，其他性能与黄牛皮接近。

（3）猪皮革。猪皮革与牛羊皮差别较大。猪皮革粒面粗糙，纤维紧密、丰满，弹性稍差，强度与牛皮革相近，其制成品穿用耐久，但美观性较差。

（4）二层皮革（剖层革）。在皮革加工中，较厚的动物皮需经过剖层机剖成几层，以获得厚薄一致的皮革，并获得数量更多的皮张。动物皮生长毛的一面为头层皮，也叫粒面革。头层革以下各层革分别叫二层革、三层革、四层革，二层绒面革可用于皮鞋、服装、手套和软包等，二层修面及贴膜、移膜革则用于皮鞋、皮球和皮箱。

（5）全粒面革。全粒面革指保留并使用动物皮本来表面（生长毛或鳞的一面）的皮革，也叫正面革。全粒面革的表面未经成膜涂饰，大多数仅仅经过染色或美化涂饰，例如摔纹革、压花革等。全粒面革所用的原料是伤残少的高等级原料皮，而且加工要求也高，属高档皮革，又因皮革的粒面层完整地保留在革面上，所以坚牢性能好。全粒面皮革表面不经涂饰或涂饰很薄，保持了皮革的柔软弹性和良好的透气性，而且具有很好的渗透性。

（6）绒面革。绒面革的表面呈绒毛状。利用皮革正面（生长毛或鳞的一面）经磨革制成的称为正绒；利用皮革反面（肉面）经磨革制成的称为反绒。利用二层皮磨革制成的称为二层绒面。由于绒面革没有涂饰层，透气性能较好，柔软性也较好，但防水性、防尘性和保养性较差，没有粒面的正绒革的坚牢性较低。绒面革制成品穿着舒适、卫生性能好，但除油糅法制成的绒面革外，绒面革易脏，而且不易清洗和保养。

（7）修饰面革。修饰面革是部分或全部除去动物皮原有表面，再在上面贴附一层人造薄膜的皮革，有头层修饰面革和二层修饰面革。修饰面革表面的薄膜多数是以树脂性材料制成的涂饰层，并以此为依托经多次涂饰及压制某些花纹而成。有的修饰面革是将预先制作好的化学薄膜移贴到皮革表面，这种修饰面革也称作移膜革或贴膜革。许多鞋类或箱包采用这类移膜革制作。

修饰面革主要是弥补了材料表面的不足，其透气性差，坚牢性低，耐折性和抗老化性也较低，穿用时的感觉也不如全粒面革舒适，但是其抗水性好，易于清洁和保养。它主要用于皮鞋、皮箱、皮带、票夹、皮制球。

（8）贴膜革、复合革、涂饰性剖层革等。

贴膜革：在剖层皮上贴上一层聚酯膜，耐碰、耐摩擦，适合制作鞋面。

复合革：在剖层皮上复合一层橡胶膜，有很好的耐化学品性、耐久性，适合制作靴鞋类。

涂饰性剖层革：在剖层皮上加上着色树脂层。

436.皮革衣物经过清洗保养后为什么会变得发硬?

皮革是经过鞣制加工而成的,然后制成皮衣。但是皮革与纺织品的区别就在于不同皮块之间都可能有差别,而且由于鞣制工艺不同,皮革耐受水、溶剂等的能力也会不相同。因此准确识别皮革,采取科学正确的洗涤方法至关重要。皮衣在清洗保养过程中最容易发生的问题是"退鞣"和"脱脂",这是造成皮衣发硬的常见原因,正是由于洗涤方法不当造成的。所以说,皮革衣物清洗保养后发硬是不正常的,是因为对于某一件皮衣判断不正确,选择了不当的清洗保养方法造成的。

不论采用什么样的方法洗涤皮革衣物,洗涤过程中都要考虑是否需要进行复鞣处理,洗涤后都要考虑是否需要进行加脂处理。有些皮衣在洗涤过程前后没有进行复鞣或加脂,随着皮革本身的退鞣和脱脂的缓慢发生,皮革会逐渐变硬。

437.皮革衣物在洗涤过程中为什么会掉色?

皮革衣物的颜色也如同纺织品服装一样,具有多种色泽。由于皮革的染色方法与纺织品染色方法有较大不同,大多数皮革比较容易掉颜色。绝大多数的纺织品是在高温条件下染色的,而皮革的染色不能适应这种条件,只能在较为低温的条件进行。所以,皮革制品的染色牢度比较低。不论采用干洗还是水洗方式洗涤,皮革衣物掉色的可能性都比较大。相对而言,皮革衣物干洗时掉色的情况要好一些,所以皮革衣物大多数适合采用干洗。然而许多皮革服装采用了不同颜色拼块组合而成,其中有的颜色反差很大,这给皮衣洗涤带来很大的困难,尤其绒面皮革衣物在洗涤中掉色的可能性更大。

干洗皮革衣物时需要注意干洗机内的水分情况,当干洗机内存在游离水或是机内环境湿度过高时,皮衣掉色情况就会严重得多。

另一方面,一些以纺织品为主要面料的衣物,局部镶有皮革附件,在洗涤时自然也存在掉色的问题。尤其在水洗过程中更容易发生掉色,需要特别注意。为了防止这种情况的发生,洗涤这类衣物一定要连续操作,不宜中途停顿。漂洗时还要加入一些冰醋酸进行控制。

438.皮革衣物洗涤之后为什么会抽缩?

皮革在鞣制过程中有一个工序是"张皮"。通过这个工序,皮张从原来具有各种弯曲表面的状态变成平面状态。皮张的不同部位有的发生"归拢",有的则被拉伸。虽然张皮之后还会对皮张进行定型处理,但是皮张内部仍然存在一些内应力。因此,当洗涤方法不够准确时就有可能发生抽缩。可以这样说,发生抽缩是洗涤方法的问题。只要洗涤技术过硬,就完全可以避免皮衣洗涤后抽缩的现象。

439.皮衣可以改色吗?

皮衣要比普通衣物穿着时间长一些。因此,当皮衣的颜色自己不喜欢的时候,就想到了改色。一些洗衣店往往也把皮衣改色作为服务项目向消费者宣传。但是大多数把皮衣改了颜色的人都会对改色不满意。这到底是怎么一回事？皮衣到底可不可以改色？

皮衣的颜色大体上可以分成两个类型：一类是采用涂饰颜料形成的各种颜色涂饰层，这种皮衣大多是光面皮革衣物，称作涂饰革；另一类是采用皮革染料把皮革染成各种不同颜色，比如绒面皮革或磨砂皮革等，称作染色皮革。下面我们分别介绍这两类不同皮衣的改色问题。

采用涂饰方法的皮衣，表面有一层由高分子化合物形成的颜色涂层膜。如果要改色，需要把原有涂饰层剥掉，然后重新涂饰。这样处理对皮衣本身有一定的伤害，而且工艺和操作过程都很复杂。所以，一些洗衣店就可能采用不剥掉原来涂饰层，仅仅重新涂饰一层新的涂层，罩在原有涂层之上的方法染色。于是皮衣的涂层变厚了，手感变硬了，皮革的自然质感也就差了许多。而经过认真剥掉涂饰层重新涂饰的皮衣，虽然没有上述问题，但是剥掉涂层时造成的伤害仍然不可忽视，皮衣原有的质感状态大大受损，就好像一个人忽然衰老了许多。因此，皮衣改色的实际意义很小。能够经过改色还能维持原有质感状态的皮衣不是很多，所以这类皮衣还是尽量不要改色。

采用染色方法的皮衣比较容易改色，但是也不是无条件地任意改。这类皮衣以绒面皮和磨砂皮为主。其改色原理及过程与纺织品衣物改色相类似，也就是浅色可以向同一色调的深色方向改，如浅黄色可以改成棕色、紫色、黑色等，而棕色只能改成黑色。由于改色的工艺条件远不如制革工厂的情况，所以改色后的染色牢度要差一些。原有皮衣本身是否存在重点污渍，也会制约改色的结果，因为改色后不能彻底洗净的重点污渍还会显现出来。所以，对于改色后皮衣质量的期望值也不能太高。

440.什么样的皮革衣物可以水洗？

随着制革工艺的科技进步，皮革制品的抗水性已经有了大幅度的提高，所以目前有许多皮革制品可以进行水洗洗涤，也就是说一些皮革服装可以通过水洗获得较好的结果。一件皮衣能否进行水洗关键从两个方面考虑，一是这件皮衣的制革工艺是否具有较高的耐水性，另一个就是水洗皮革服装的方法是否正确。

一般来说，制革工艺中采用了铬鞣为主的结合鞣工艺、采用了醛鞣为主的结合鞣工艺和油鞣工艺的几类皮革制品耐水性较高。这几类皮革材料制成的皮衣适合使用水洗洗涤。市场上可以见到的衣物大体上如下：① 多数的麂皮、麋皮、羊皮绒面革服装；② 多数羊皮光面革服装；③ 普通羊皮皮毛一体服装；④ 某些质料较厚重的小牛皮服装、猪皮服装；⑤ 常见的磨砂革、金属效应革涂层的光面革服装。

水洗皮衣也是要求较高的水洗洗涤技术，需要从洗涤工艺、洗涤剂选择使用、洗涤条件控制等多方面考虑，才能够获得好的洗涤效果。也就是说，水洗皮衣是需要认真通过专业技术学习才能掌握的技术技能。

441.什么样的毛皮衣物可以水洗?

毛皮衣物中如同皮革服装一样,也有一些可以采用水洗洗涤。比如近些年来装饰在某些羽绒服上的一些毛皮帽圈、袖头等附件、装饰件,经过水洗以后也能安然无恙。当然,这类毛皮一定是经过鞣制工艺、具有很高耐水性的制品。但是,传统毛皮制品未必都能承受水洗洗涤,如产在河套地区的滩羊羔皮就不适合水洗。

毛皮服装附件大多是采用较高耐水性鞣制工艺的产品,因此可以通过水洗洗涤。但是并非所有的毛皮服装都可以水洗,首先需要确认是否适合水洗。目前可以进行水洗的毛皮服装大体有这样几类:① 普通绵羊皮服装、羊剪绒服装;② 采用铬鞣工艺鞣制的养殖狐狸皮、水貂皮一类毛皮服装;③ 一些獭兔皮毛皮服装等。

毛皮服装能否采用水洗洗涤,除去毛皮本身的耐水性以外,还有毛皮服装的颜色问题。经过染色的毛皮制品往往染色牢度很低,虽然经过水洗以后毛皮质地并未发生较重损伤,但毛被的颜色有可能已然面目全非。因此即使有经验的人在水洗毛皮服装以前准确地识别、判断仍然是极其重要的。

442.怎样防止皮革配饰干洗搭色、洇色?

为了防止带有皮革附件、装饰件的衣物发生洗涤事故,许多人会尽可能采用干洗这类衣物。但是,干洗过程中仍然有可能发生皮革附件装饰件搭色或洇色。其实这个问题的关键是控制干洗机内的水分。

首先,不能让衣物上的皮革附件沾上水。如果某些预处理时带入干洗机内的水沾在皮革件上,就有可能使那个部位发生掉色沾染。某洗衣店多次干洗这类衣服都没有发生过问题,却有可能在某一次洗涤过程中突然出现搭色、洇色,就是这个原因。

其次,干洗机内的总体湿度不能太高。如果干洗机内环境湿度过高,就非常有可能发生大范围皮革镶条滚边一类皮革附件的掉色、洇色现象。

第十四章　干洗机原理

443.为什么同为干洗机要使用不同规格的过滤粉？

我们到商场去买鞋，售货员首先要问：您穿多大号的？在购买过滤粉时也是一样，首先，要清楚你的干洗机适用过滤粉的规格。这要查阅该台干洗机的相关资料，因为不同厂家产品并不统一，即使是同一厂家的产品，不同时期生产的设备也会有所变更。所以，要查阅、确认后再行购买。如若确实原始资料遗失，在此推荐一个使用过滤粉的最低标准，规格：180～200目（"目"又称为"眼"或"孔"，表示颗粒物大小的单位，是由"目/厘米²"的筛网筛出的颗粒）。

444.为什么干洗机使用过滤粉的重量不同？

过滤粉的用量是根据该台干洗机过滤盘的总面积而计算出来的，所以，应按其原始资料的指导数据进行投放为佳。如若原始资料遗失，可向厂家咨询。若是进口设备可能就较难咨询了。在此向大家介绍一个办法，其具体如下所述。

在预敷过滤粉时，要分若干次进行投放，不要一次投放量过多，并将每次的投放量记录下来。同时，还要随时观察过滤压力表的读数，当过滤压力表的指针达到0.04MPa时，就结束投放过滤粉。这时将每次投放过滤粉的重量加在一起，就是今后预敷过滤粉的总重量。

445.为什么要更换过滤粉？怎样更换过滤粉？

当过滤洗涤下来的悬浮物过多后，溶剂流量就会明显下降，没有充足的干洗剂与衣物接触，洗涤质量也就随之下降。为了恢复过滤器的功能，就要将过滤器内的悬浮物清理掉。与此同时预敷在过滤盘上的过滤粉也就一同清理掉了，所以要重新预敷过滤粉。

更换过滤粉的前提：当过滤压力达到0.15～0.2MPa时，即应重新更换过滤粉。当过滤压力达到0.2MPa时，是过滤器的最高使用极限，必须及时更换过滤粉，否则会明显降低洗涤质量。在洗涤要求质量较高的条件时，过滤压力达到0.15MPa即应更换。

更换过滤粉的程序：脱污—排污—加液—加过滤粉—预敷。

更换过滤粉的操作具体如下所述。

① 脱污。即将过滤器内滤除下来的污垢及失效的过滤粉与过滤筛网分离。

操作方法：启动离心过滤器电机，电机带动过滤器内的过滤盘高速旋转，在离心力的作用下，过滤盘上的污垢分离下来并与过滤器内的干洗剂相混合。此过程即称为脱污。

② 排污。将已经从过滤盘脱离的污垢及过滤器内的干洗剂一同排入蒸馏箱。

操作方法：脱污电机开启30秒后，即可开启手动排污阀，使污垢排入蒸馏箱。在蒸馏箱的观察窗可以看到排污状况。当排污结束后，要及时关闭脱污电机和排污阀，以免影响后续工作。

③ 加液。开启油泵抽取清洁溶剂箱的清洁溶剂，注入过滤器，当过滤器加满后，滚筒内也应保持一个低液位的干洗剂，以形成正常的液体循环。此时不必停泵。

④ 加过滤粉。将事先称好的过滤粉倒入纽扣捕集器，并用一干净的木棍进行搅拌，使过滤粉与干洗剂混合，以便使过滤粉尽快进入过滤器。

⑤ 预敷。当过滤粉加入后，干洗剂继续循环的过程就是过滤粉预敷的过程。当观察窗内的干洗剂完全透明后（一般需要2分钟），将洗衣滚筒正反运转1分钟，去除漏掉并粘到滚筒上的过滤粉，并全部预敷到过滤器内。预敷过程用时3分钟。

446.为什么过滤粉能帮助干洗机提高过滤质量?

过滤器（见图14-1）是由筛网制作的过滤盘，筛网再密也是有间隙的，而尘土的颗粒很小，有相当多的微小颗粒已达到纳米级。所以，只依靠筛网的过滤，无法达到干洗纺织服装的过滤要求。因此，人们采用了在过滤器筛网上敷过滤粉的方法，以提高过滤质量。

当过滤时，干洗剂从入口进入，经过滤粉层得到过滤，同时进入筛网过滤盘，再进入空心轴后，从出口排出，完成过滤工作。

在使用过滤器前，先将过滤粉预敷在筛网过滤盘上（要达到一定的厚度），当油泵将干洗剂打入过滤器后，在油泵的压力作用下，干洗

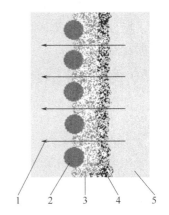

图14-1　过滤原理示意

1—过滤后不含悬浮物的干洗剂；2—过滤筛网；3—预敷过滤粉层；4—滤除之悬浮物；
5—过滤前含悬浮物的干洗剂

剂穿透过滤粉层及筛网，与此同时将干洗剂内的悬浮物隔离在过滤粉层之外，不含悬浮物的干洗剂进入过滤盘内，经空心轴并排出过滤器，进入洗涤滚筒，就完成了过滤任务，并重新参与洗涤。过滤原理见图14-1。

447. 为什么过滤粉能保护过滤器？

在干洗过程中，衣物在机械力（摔打、挤压、滚动、摩擦等）的作用下，会脱落一些纤维毛絮，如果没有过滤粉层，纤维毛絮会钻入过滤筛网并挂在上面，数量达到一定程度就会造成筛网的堵塞。并且，在清理过滤器（脱污）时，也难以清理彻底。当预敷了过滤粉后，情况就大不一样了，由于过滤粉的松散性及脱污时的离心力，过滤筛网上的杂物会很顺利地离开。所以，洗涤纺织品服装时，过滤器必须使用过滤粉，以利于保护过滤器，防止过滤器筛网堵塞。

448. 为什么干洗要使用枧油？

在干洗过程中，干洗溶剂只能去除油溶性污垢，对水溶性污垢基本不起作用。有机溶剂的溶解范围不包括蛋白质、淀粉、盐及糖类，而我们的衣物上又不可避免地会污染这些水溶性物质，要想去除水溶性污垢，就要有水和表面活性剂的参与。干洗枧油的主要成分，就是阴离子表面活性剂与非离子表面活性剂的复配和微量的水。在干洗过程中，利用纺织纤维的吸湿性所吸收的水分与助剂配合，即可达到去除水溶性污垢的目的。所以说，在干洗过程中要使用枧油。

449. 为什么干洗要适量加水？

干洗剂是不含水的，这是自身性质所决定的。水溶性污垢没有水的参与就去除不掉，这是一个非常简单的道理。干洗助剂——枧油中水的含量是很有限的，故此，干洗对水溶性污垢的去除能力也就受到了限制。

如果无限度地加水，那就不是干洗了，衣物的缩水、缩绒、变形等事故就会随之发生。所以，加水量必须严加控制。尤其是干洗毛织物一定不能加水，以防止缩绒事故的发生。

450. 为什么干洗会脱脂？脱脂有什么害处？

就干洗而言，在干洗去除油污的同时将纤维中的部分油脂也一同洗掉的现象，称为脱脂。

干洗剂的溶解度越高，去除油污的能力就越强，与此同时脱脂的现象也就越严重。在工作过程中，不免有时会将干洗剂弄到手上，手会发白、发干，干性皮肤的人接触干洗剂次数多了，还会出现皮肤开裂等现象。这些都是因脱脂而造成的结果。

纺织纤维的脱脂，会造成纤维理化性质的下降，如纤维的柔软性、弹性、耐磨性、抗拉性、耐酸碱性、光泽、色泽等性能的下降，直接影响纺织品的穿用性能及寿命。

451. 为什么二次污染会影响干洗质量？

在干洗过程中，洗涤下来的污垢又回到衣物上的现象，称为二次污染。在干洗过程中，二次污染现象始终在进行着，而且是一个无限循环的过程。

干洗后的厚料衣物，用手拍打会尘土飞扬，严重的在衣物上还会留有拍打的手印。该种现象属于悬浮物的二次污染。

干洗后的衣物发灰，如浅色衣物灰暗、深色衣物挂雾，用手拍打并无灰尘，总体上讲就是不透亮。该种现象属于溶解物的二次污染。

根据以上的介绍，不论哪种二次污染都直接影响洗净度，所以就影响干洗的质量。

452.为什么悬浮性污垢与溶解性污垢要分别处理？

这是干洗原理所决定的，不同的污垢，要用不同的原理及相应的方法进行去除。如油溶性（溶解性）污垢，通过干洗溶剂进行溶解的方法去除；对于水溶性污垢，可通过助剂与适量的水相配合达到去除的目的；对于颗粒性（悬浮性）污垢，就要通过干洗机的过滤器给予去除，要分别处理。

453.为什么过滤能去除悬浮物？

悬浮物是溶液内的不溶物，它们分散在液体中，其体积相对较大，无法通过一般的过滤装置。所以，过滤可以使溶液与悬浮物分离。去除液体还是去除悬浮物可根据需要而选择。

在干洗过程中，衣物上的灰尘、泥土、细小的沙粒及纺织物脱落的纤维毛絮等，都属于悬浮物。在初中的化学课中，老师曾经做过一个过滤的化学试验，见图14-2。

首先老师用烧杯A加入清水，然后加入泥土和食盐，并且用搅棒搅匀，这时的水即成为浑浊状态，接着老师将过滤纸放在玻璃漏斗里，又拿出一个烧杯B，放在漏斗下面，然后，将烧杯A中浑浊的水倒入放有过滤纸的漏斗，这时，经过过滤的水慢慢流入烧杯B

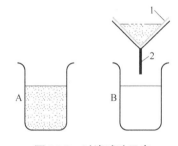

图14-2　过滤试验示意

1—过滤纸；2—漏斗

中，水变得清澈透明，而过滤纸上留下的泥沙就是悬浮物。通过这个过滤实验，浑浊的水过滤后能够变为澄清状态，说明过滤的方法可以去除悬浮物。在我们的干洗过程中，过滤的作用就是去除衣物上洗涤下来的灰尘等颗粒性物质。

454.为什么过滤不能去除溶解物？

溶解物是以单个分子状态溶解在溶液之中，其体积很小，一般的过滤装置对溶解物没有过滤作用，所以也就无法去除溶解物。

在上面所提到的过滤试验做完后，接下来老师又会叫学生尝一尝过滤后的水，是咸的，还是淡的？大家可能还会记得，水是咸的！通过这个过滤实验，浑浊的水过滤后能够变为澄清状态，说明过滤的方法可以去除悬浮物。而老师叫同学们尝水的目的，是证明过滤对溶解在水里的食盐是不起作用的。换句话说就是，过滤无法去除溶解物。同样的道理，在我们的干洗过程中，过滤后的干洗剂虽然是清澈透明的状态，但是，它并不是纯净的，溶解在干洗剂内的油脂类物质依然存在，同时也就证明过滤不能去除溶解物。

455.为什么蒸馏既能去除溶解物又能去除悬浮物？

蒸馏是一种液体汽化分离方式。通过对液体的有限加热，使液体转化为气体并回收。而溶解物和悬浮物都不能转化为气体。因此，蒸馏既能去除溶解物又能去除悬浮物。

在干洗过程中的蒸馏，是干洗剂的提纯过程，通过蒸馏可得到纯净的干洗剂。

456.为什么干洗时过滤与蒸馏一个都不能少？

过滤与洗涤同时进行，能在洗涤过程中随时去除悬浮物，其耗能少，成本低，具有较高的实用价值。

蒸馏需要单独进行，在蒸馏过程中，既能去除溶解物，也能去除悬浮物，可得到纯净的干洗剂。但其耗时长，耗能多，成本高。

通过以上的对比及对干洗的认识，从本质上讲，过滤虽然只能去除悬浮物，而且是在洗涤过程中随时去除悬浮物，在这方面蒸馏是比不上的。过滤与洗涤同时进行，不用增加时间，只需很少的过滤粉和很少的油泵电耗，就能将随时洗涤下来的悬浮物及时去除，这就是过滤的实用价值。但蒸馏也不能偏废，只有蒸馏才能彻底清洁溶剂。这就是过滤与蒸馏的本质区别。所以，要合理使用过滤与蒸馏，哪一个都不能少。

457.为什么干洗还有缺点？其缺点是什么？

事物总是一分为二的，有优点就会有缺点，它们是共存的关系。作为洗衣界业内人士，不能只知道干洗的优点，优点只是前辈留下的遗产，而缺点正是当今洗衣人必须了解和克服的课题。干洗的缺点就是有一定的脱脂性、会产生严重的"二次污染"和对水溶性污垢的去除能力有限。

458.为什么要控制干洗时间？

干洗的过程，就是有机溶剂溶解油污的过程，溶解需要时间，油溶性污垢的洗涤时间一般控制在7～8分钟即可，在此时间内洗不掉的污渍，再延长更多的时间也不会去掉，因为有机溶剂的溶解力有一定的限度，再加上污渍固着的诸多因素，如受热、长时间的氧化、复合污渍内酸碱物质对纤维的腐蚀等，都是造成洗涤困难的因素。因此，不能试图以洗涤代替去渍，洗涤时间延长越多，衣物的脱脂就越严重。

在干洗的过程中，经常有人将没洗干净的衣物再次返洗，其结果依然如故，既没有达到预期的效果，同时又给衣物再次脱脂。所以，没有特殊情况，最好不要返洗，严重的污渍要以去渍的方法解决。

在设计干洗工艺时，也要注意整体洗涤时间的安排，如果需要二浴洗时，两次洗涤时间加在一起不应超过最长洗涤时间。如果洗涤浅色衣物或轻度污染的衣物，要适当减少洗涤时间，以减少不必要的脱脂和二次污染。

459.为什么要控制干洗温度?

在溶解过程中，提高温度可以加快溶解的速度，同样在干洗过程中也是如此。随着干洗机洗涤次数的增加，油泵加压的过程会使干洗剂提高温度，烘干、蒸馏时的温度及环境温度都会提高干洗机的温度，导致干洗剂，因此，在洗涤过程中的脱脂率就会提高。所以，高档干洗机上都有干洗剂降温装置，用以控制并保持洗涤剂的最佳洗涤温度。在一般的干洗机上，也会设有干洗剂的简单降温装置（见图14-4）。

在干洗机后面的下方，也就是储存干洗剂的工作箱（又称底箱）上，有两个水管接口，就是工作箱的冷却盘管接口（见图14-3），这是底箱冷却水盘管进出口示意图，由于诸多因素，很多人不了解它，所以也没有用它，给干洗工作带来了一定的损失。底箱冷却盘管见图14-4。

正确安装底箱冷却盘管的方法很简单（见图14-5），把原来安装在蒸馏冷凝器上的供水管拆掉（图中画 × 的管线），接到底箱的任何一个接口上（哪个方便、合适就接哪个），再将另外一个接口与蒸馏冷凝器入水口相接即可。这样，干洗机工作过程中，烘干或蒸馏的时候（也就是干洗机用水的时候），水先经过底箱冷却盘管，就将溶剂中的热量带走了，溶剂的温度降低了，脱脂率也就相应降低了。

图14-3   底箱冷却水盘管进出口示意

1—出水口；2—进水口

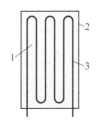

图14-4   底箱冷却盘管

1—干洗剂；2—箱体；3—冷却水盘管

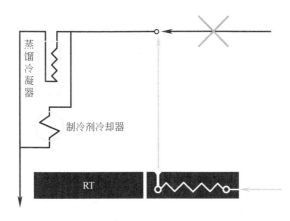

图14-5   底箱冷却盘管的正确安装示意

在干洗丝绸或带有皮革附件、装饰物时，可选在每天早上第一车，也就是设备温度最低的时候工作，这样也会更有效地达到降低脱脂率的效果。

在干洗过程中，有干洗剂降温装置的干洗机，要根据不同的洗涤对象，恰当地控制干洗剂的温度。温度过低会降低干洗剂的溶解度，洗净度会相应下降。

460. 为什么要控制脱液时间？

控制脱液时间，是降低脱脂率的重要环节。脱液是利用干洗机的高速旋转所产生的强大离心力来完成的。在干洗的过程中，干洗剂已将纤维内的油脂溶解在其中，随着脱液时间的延长，强大的离心力会将纤维深处被干洗剂溶解的油脂一同甩出，因此，脱液时间必须严格控制，以免过多脱脂。

在日常工作中，为了减少烘干时间而采取长时间脱液的方法是不合理的。在一般情况下脱液时间见表14-1（特殊情况单独调整）。

表14-1　脱液时间参考表

设备容量/千克	8～10	12～20	22～30	32～40	45～50	55～60
脱液时间/分钟	1～1.5	1.5～2	2～2.5	2.5～3	3～3.5	3.5～4

461. 为什么过滤器内要加入炭粉？

炭粉是用木材经干馏后，再碾成粉制成的。

炭粉的作用：碳分子的表面积很大，具有极强的吸附力，在干洗过程中用炭粉可以吸附干洗剂中纺织品掉的颜色。该功能称为"脱色"。

炭粉的使用方法：炭粉不能单独使用，要与过滤粉配合使用。当过滤粉预敷好以后，不必停泵，接着再将炭粉预敷在过滤粉外面即可。

炭粉的规格：应按干洗机说明书的要求购买。其规格应与该机过滤粉的规格是相同的。

注意事项：购买过滤粉的规格必须符合说明书的要求，如果规格高于说明书的规格就会产生"跑碳"现象。

462. 为什么购买炭粉的规格必须符合说明书的要求？

"跑碳"现象的产生，是炭粉由过滤网漏出来所造成的，炭粉的规格越高其颗粒越小，当炭粉的颗粒小于过滤筛网的孔时就会形成跑碳。所以，购买炭粉的规格必须符合说明书的要求，规格超过得越多"跑碳"现象就越严重。

463. 为什么干洗机要加装炭芯装置？ 如何使用炭芯装置？

在炭粉的储运过程中，炭粉的颗粒相互摩擦会产生一部分极细的粉末，在使用过程中或多或少会有一定的"跑碳"现象，因此，使用炭粉脱色的方法没有100%的把握。为此，干洗机制造厂家在设备上加装了炭芯装置，避免了跑碳带来的麻烦。

炭芯：将炭粉用过滤纸及金属网包裹起来的圆筒，中间为空心（见图14-6）。

炭芯的作用：炭芯与炭粉的作用完全相同，起到脱色的作用。由于炭粉相对封闭在过滤纸内，故此不会产生"跑碳"现象。因其安全可靠、使用放心，现在的干洗机普遍采用该装置。

炭芯的使用方法（见图14-7）：炭芯装置与循环系统管路呈串联状态。在干洗机正常工作情况下，阀A关闭，阀B开通，其目的是不启用炭芯。当干洗剂需要脱色时，先将干洗剂中的悬浮物过滤掉，经过滤器排出的干洗剂，经阀B（开通）进行过滤循环。当观察窗的干洗剂完全清澈透明后（但还有颜色），再维持1分钟的过滤（以使干洗剂内的悬浮物彻底滤除）后，将阀A开通，阀B关闭，此时开始启用炭芯，进行脱色即可。当观察窗内干洗剂完全无色时，说明脱色完成，此时即可进入下道工序。注意及时开启阀B，关闭阀A，以免造成炭芯堵塞。

图14-6　炭芯实物

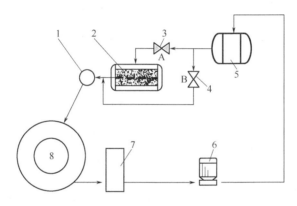

图14-7　炭芯使用示意

1—观察窗；2—炭芯；3—阀A；4—阀B；5—过滤器；6—油泵；7—纽扣捕集器；8—滚筒

464.为什么不能将水直接加入干洗剂中？如何正确加水？

干洗剂与水不互溶的，水在干洗剂内处于游离状态。游离水一般呈集团状态，会被织物直接吸收而造成缩水或缩绒。所以不能将水直接加入干洗剂中。

如需在干洗剂内加水，要通过适宜的介质才能使水均匀地分布在干洗剂中。干洗枧油在这里是最合适的介质。首先将适量的水加入枧油中并充分搅拌，然后将其加入干洗剂中并经机械搅拌，即可使水均匀地分布在干洗液中。

465.为什么干洗时加水量要区别对待？

干洗时加水的主要目的是去除织物上的水溶性污垢，但要根据材质的不同而区别对待。合成纤维一般不会缩水，所以可以适当多加一些。而天然纤维（棉、麻、丝）和黏胶纤维织物就要适当控制加水量，否则会造成缩水。毛织物因其具有缩绒的特性，所以不能加水，枧油自身所含的水分已够用。

466. 为什么抗静电剂可以减少或消除静电?

在干燥季节或干燥环境，化纤混纺的服装稍有摩擦就会产生静电，静电会吸附周围的尘土使衣物加速污染，同时人体会带电，给日常工作、生活带来很多麻烦。服装所产生的静电一般为负电荷。而抗静电剂其成分主要以阳离子表面活性剂为主，它们刚好能相互抵消，因此可以减少或消除静电。

467. 为什么使用枧油进行前处理时刷涂法好于混合法?

混合法是将枧油按一定比例与干洗剂混合在一起进行干洗，去除一般性水溶性污垢的方法。由于机械洗涤的过程衣物的受力基本是一致的，不可能使某个局部加大洗涤力，如有必要只能整机延长洗涤时间或增加枧油的用量。

刷涂法是将配制好的枧油刷涂于水溶性污垢处，然后装入干洗机内整体清洗。由于刷涂法针对性强，所以效果明显、经济实用，适用于中小企业。

刷涂法在使用过程中，既要涂更要刷（除掉色的深色丝织物外），不能只涂不刷。刷的过程就是刷洗去污的过程，此时局部的刷洗机械力远远高于干洗机内的洗涤力，可提高局部去除水溶性污垢的效果。所以，使用枧油进行前处理时刷涂法好于混合法。

468. 为什么不同的干洗机使用的炭粉用量不一样?

炭粉的用量是根据该台干洗机过滤盘的总面积而计算出来的。若用量少，会降低脱色质量。如果用量过多，又会缩短过滤粉的更换周期，同时提高了成本，所以，应按其原始资料的指导数据进行投放为佳。如若原始资料遗失，可向厂家咨询。若是进口设备可能就较难咨询了。在此向大家介绍一个办法，其具体操作方法如下。

在预敷过滤粉后，将过滤压力表读数记录下，然后分若干次进行投放炭粉，不要一次投放量过多，并将每次的投放量记录下来。同时，还要随时观察过滤压力表的读数，当过滤压力表的指针达到原记录压力的基础上再增加0.01MPa时，就结束投放炭粉。这时将每次投放炭粉的重量加在一起，就是今后预敷炭粉的总重量。

469. 为什么干洗机要有轻柔洗涤方式?

轻柔洗涤又称温柔洗、弱洗或摇篮洗，用以干洗娇柔面料衣物。在干洗机的控制部分，可将标准洗涤按键转换为轻柔洗涤按键即可（见图14-8）。

图14-8 洗涤键选择示意

在干洗机标准洗涤时，一般正转20秒、停止10秒，然后再反转20秒、停止10秒，如此反复运转。而轻柔洗涤一般是正转10秒、停止20秒，然后反转10秒、停止20秒，如此反复运转。由于滚筒运转时间短，洗涤机械力也相应减小，达到减弱洗涤机械力的目的。

还有一种进口干洗机，在轻柔洗涤状态时，滚筒不转整圈，只转半圈，就像摇篮似的反复摇动。由于该种运转方式不会形成摔打，因此，洗涤力就显得更为温柔。

轻柔洗涤，适合洗涤各种丝绸、缎类及易产生拔丝、并丝现象的薄尼龙绸等，可减少事故发生。

470. 为什么在正常情况下干洗机应使用电脑自动操作程序？电脑自动操作标准程序是怎样的？

使用电脑自动操作程序可以减少操作人员的精神负担，并可提高干洗的可重复性，是提高干洗质量的重要措施。操作人员可在干洗机自动运行过程中，集中精力做各种准备工作等。电脑自动操作标准程序如表14-2所示。

表14-2　电脑自动操作标准程序

序号	程序名称	操作按键名称	温度/℃	时间
1	装载衣物			
2	加干洗液	洗涤、出箱1、入筒体、油泵、高液位		
3	过滤循环洗	洗涤、出筒体、入筒体、过滤器、油泵		8分钟
4	排液	洗涤、出筒体、入箱1、油泵		1分钟
5	脱液	脱液、出筒体、入箱1、油泵		2分钟
6	延时	停（无需按键操作）		40秒
7	松衣	洗涤		30秒
8	预加热	洗涤、高速风扇、加热	65	30秒
9	预烘干	洗涤、高速风扇、加热、制冷	65	3分钟
10	自动烘干	洗涤、高速风扇、加热、制冷、自动烘干	65	
11	充分烘干	洗涤、高速风扇、加热、制冷	65	4分钟
12	高速降温	洗涤、高速风扇、制冷		1分钟
13	低速降温	洗涤、低速风扇、制冷	35	5分钟
14	卸载衣物	当自动鸣笛后再开门取衣		

注：自动烘干的时间无需输入，由自动烘干控制装置决定。

471. 为什么干洗车间要有正确的通风？

干洗车间的通风必须良好。由于四氯乙烯干洗车间与烃类溶剂干洗车间的通风方式不同，因此，四氯乙烯干洗车间与烃类溶剂干洗车间应分别独立安装。

烃类溶剂干洗车间的通风方式：可在窗户或墙壁开孔，用风扇强制通风，以降低室内溶剂挥发气的浓度。

四氯乙烯干洗车间的通风方式：由于四氯乙烯气体比空气重，从干洗机内泄漏出的四氯乙烯气体一般情况是下沉后聚积在地面上，若没有较大的气流扰动，站立的人是闻不到气味的。如采用高位强制通风，地面沉积的四氯乙烯气体就会被气流扰动，扩散到整个车间，见图14-9。因此，在四氯乙烯干洗车间，应采用低位排风法（见图14-10），这样就顺应了气流的下降趋势，同时也不会扰动车间内的气流。

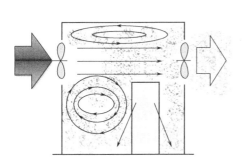

图14-9　不正确的通风方式

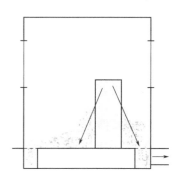

图14-10　正确的通风方式

低位排风，是在干洗车间内靠墙壁的地面上挖一圈沟，深度在30～40厘米即可，并在上面盖上水箅子，在干洗机附近的地方向外做排风道并安装排风机。当车间内有四氯乙烯气体时，就会顺着地面进入周边的沟内并从排风道排出。

如果没有挖沟的条件或干洗车间在楼上，也可采用贴地面将墙体开孔并安装排风机的方法，其效果基本相同。

472.为什么干洗机要有控制系统？如何正确使用控制系统？

控制系统是根据需要洗涤衣物的状况，按照操作人的意图，通过输入相应的程序或手工按钮操作，使干洗机顺利完成洗涤、排液、脱液、烘干、冷却等一系列程序。

有了控制系统的自动程序装置，降低了干洗机操作的技术含量，解放了人的精神负担，也提高了操作的规范性、准确性和可重复性，为规范操作奠定了良好的基础。

控制系统的构成：控制系统由指令部分和执行部分组成。

指令部分：是发出指示命令的部分。具体方法有三种方式，早期的自动控制是卡片程序控制；随着数字技术的发展，电脑程序控制已取代了卡片控制；还有就是手动按钮控制。

使用卡片自动程序控制的干洗机，在我国的数量较多，尤其在中小城市，使用该种控制方式的设备比例较高。卡片程序控制是将相应的功能通道及各功能通道的不同运转时间段刻掉，成为一个协调统一的程序控制卡片，卡片自动程序控制示意见图14-11。

在使用程序控制卡时，将其插入卡片控制器，当卡片被刻掉的部位行进到位时，即接通相应的功能触点。

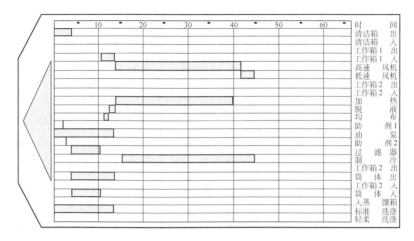

图 14-11　卡片自动程序控制示意

当卡片全部通过后，整个自动程序即告结束。

卡片的刻制较为复杂，要求也很严格，如有一格刻错，卡片就要作废。

卡片刻制程序：编制干洗程序—寻找卡片对应通道—用记号笔标注刻除点—审核—刻制。

电脑程序控制：可通过电脑语言输入所需程序，如有输入错误，可以随时修改，如某个自动程序不适用了，也可删除，并重新设置。

电脑程序控制在使用时更为方便，只要选择程序号，然后启动运行即可开始工作。在自动运行过程中，某个工序需要延长时间，可通过延时键完成，见图14-12所示。

如果某个工序需要减少时间，可通过跳步键完成，见图14-13。

电脑自动程序的运用，解放了劳动力，同时也解放了人的思想负担，在设备运行过程中，只要适当监视即可，同时还可做其他的准备工作。

电脑自动程序可以代替手工程序。如果电脑存储量允许，应将经常使用的手动程序全部输入到电脑内，变为自动程序，以备随时使用。

手工按钮控制：有自由操作功能，可作为电脑自动程序不足的补充之功能，如

图 14-12　延时键

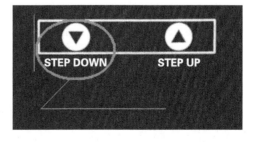

图 14-13　向下跳步键

洗涤某些特殊衣物时使用。还可作为应急操作系统，当自动程序系统出现故障时，如果不能立即恢复，机内的衣物会长时间停滞在静止状态，在洗涤状态下时会导致衣物搭色、串色，在烘干状态时会导致衣物伤料，形成无法烫平的死褶。如遇此种情况，应采用手动按钮的操作方法，继续完成该车衣物的全部程序。当把衣物取出后，再进行自动程序控制器的维修。

执行部分是按照指令完成（执行）设备应做的工作。在干洗机上的具体任务就是，按指令部分发出的信号，通过压缩空气的力量打开或关闭水、电、蒸汽、干洗溶剂等阀门。实际也就是利用压缩空气的力量代替人手来控制干洗机。下面以烘干时的加热为例，说明自动控制过程。控制系统示意见图14-14。

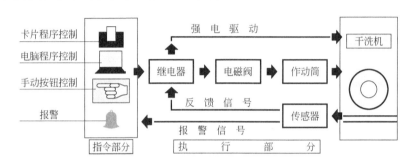

图14-14　控制系统示意

当指令运转到烘干工序时，强电部分继电器接通，滚筒拖动电机低速运转、风机运转、制冷系统运转。弱电执行部分控制烘干加热器的继电器接通，打开电磁阀，电磁阀导通压缩空气，压缩空气推动作动筒，作动筒的阀杆拉开蒸汽阀，开始加热。当烘干衣物达到预调温度时，传感器反馈一个信号，使控制烘干加热器的继电器断电，相应的电磁阀关闭，推动作动筒的压缩空气断开，在作动筒内的弹簧作用下关闭蒸汽阀门。随着烘干温度的降低，滚筒内的温度下降 $1 \sim 2℃$ 时传感器又反馈一个信号，继电器重新接通电磁阀、压缩空气推动作动筒，重新打开蒸汽加热阀进行加热。如此反复循环，达到自动控制恒温的目的。

在烘干过程中，如果出现冷却水供应不足等情况，制冷系统传感器会反馈给指令部分报警，并同时停止运行。

其他系统的自动控制原理与烘干系统的恒温控制基本相同。在干洗机上，每一个阀门或每一个自动执行动作都由一个专门的执行通道来完成，图14-13只是干洗机上几十个自动执行通道中的一个而已。

473. 为什么干洗机要有循环系统？如何正确使用循环系统？

循环系统为洗衣提供了不同洗涤方式，通过干洗剂的循环、过滤达到最佳的洗涤去污作用。

循环系统的构成：循环系统主要由滚筒、纽扣捕集器、油泵、过滤器、观察窗以及相关的管道和阀门等所构成。

主要部件的结构及功能如下所述。

滚筒：由外筒和内筒组成。外筒上有装衣门、干洗剂的进出口及烘干风道的进出口。

外筒的功能：主要是使洗涤、脱液及烘干过程处于相对封闭的状态，使干洗剂不会泄漏及挥发。

内筒的功能：内筒的结构像一个大圆网篮，内筒壁根据筒体的大小有3～5个筋板。内筒主要控制洗涤衣物的运动范围。圆筒为多孔状，能使装在滚筒内的衣物与干洗剂充分接触。滚筒外侧中间为主轴，用以传输运转的动力，在滚筒低速、双向、交替运转的过程中，滚筒内筋板（见图14-15）将衣物带到上方，随之形成摔打、挤压、滚动、摩擦等机械力，而达到洗涤去污的作用。滚筒的直径越大，装载量就越大，摔打、挤压力也就越大。衣物在滚筒内的跌落距离越大，洗涤机械力也就越大。因此，在洗涤时要根据衣物具体情况选择不同大小的干洗机，以达到最佳洗涤力，防止过大洗涤力造成衣物的破损。

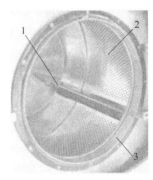

图14-15　滚筒

1—筋板；2—内筒体；3—装衣门

纽扣捕集器：由外壳和网篮构成（见图14-16）。其功能是保护循环系统的管路及油泵。一旦有金属或坚硬物品（如纽扣、硬币、钥匙、别针及粗纺织物脱落的纤维毛絮等）进入外筒，在干洗剂循环过程中，这些物品会存留在纽扣捕集器的网篮内，避免造成管道堵塞或油泵损坏。

油泵：由驱动电机和泵体构成。其功能是为循环系统所用干洗剂的传输与循环提供动力。

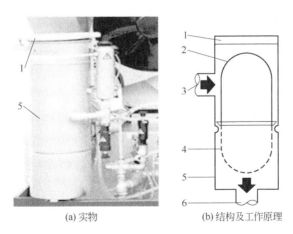

(a) 实物　　　　　　(b) 结构及工作原理

图14-16　纽扣捕集器示意

1—箱盖；2—网篮手柄；3—溶剂入口；4—网篮；5—箱体；6—溶剂出口

干洗机所使用的泵，主要是离心式油泵（见图14-17）。其工作原理是，通过电机的高速运转，带动叶轮按叶轮的运转方向高速旋转，使叶轮的中心形成一个负压区，将油泵入口的干洗剂吸入。与此同时，离心力使叶轮中心的干洗剂甩向叶轮的外周并同时加压，从排液口排出，以此达到输送干洗剂的任务。

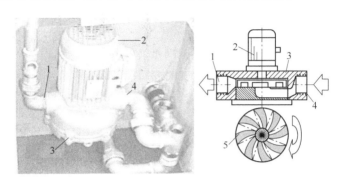

图14-17　油泵工作原理示意

1—溶剂出口；2—电机；3—泵体；4—溶剂入口；5—叶轮

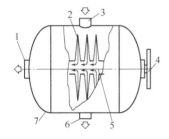

图14-18　过滤器解剖图

1—干洗剂出口；2—筛网过滤盘；3—干洗剂入口；
4—皮带轮；5—空心轴；6—排污口；7—外壳

过滤器（见图14-18）：其结构较为复杂，它由空心轴、皮带轮、筛网过滤盘（见图14-19）及外壳构成。其功能是：将含有悬浮物的干洗剂从溶剂入口泵入，经过预敷好的滤粉层，进入筛网过滤盘即得到过滤，悬浮物留在过滤层上，不含悬浮物的干洗剂进入空心轴，并从溶剂出口排除，回到滚筒，重新参与洗涤。

图14-19　过滤器内部过滤盘

观察窗（见图14-20）：它是由观察窗体、窗口玻璃及后面的照明灯构成，是干洗剂循环洗涤过程中的监视窗口。通过照明灯的光照，可以清楚地看到干洗剂的清澈度（含悬浮物的量越少干洗剂的透明度就越高），如有掉色也可以看到，以判断衣物洗涤及干洗剂的过滤状况。

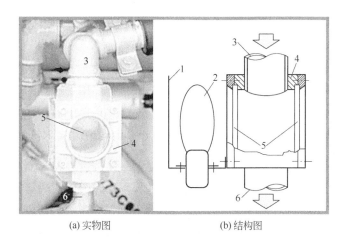

(a) 实物图　　　　　(b) 结构图

图 14-20　观察窗示意

1—反光板；2—照明灯；3—溶剂入口；4—窗体；5—玻璃；6—溶剂出口

干洗机循环方式如下所述。

泵循环洗（见图 14-21）：泵循环洗时，干洗剂的循环路线如下。

滚筒→纽扣捕集器→油泵→观察窗→滚筒

泵循环洗主要用于预洗时使用，由于泵循环洗的干洗剂没有经过过滤，悬浮物无法去除，因此，不能作为主洗。一般用于污染较重或灰尘较多的衣物，作为两浴洗的第一浴洗涤，这样先将污垢去除一部分，同时，也减轻了过滤器的负担。

泵循环洗时，可使用已经用过的溶剂，洗后的干洗剂要排入蒸馏器，并进行蒸馏。不要排入底箱，以免污染底箱。

由于泵循环洗无法去除悬浮物，所以洗涤时间要短，以减少悬浮物的二次污染。一般控制在 2 分钟以内。

过滤循环洗（见图 14-22）：过滤循环洗时，干洗剂的循环路线如下。

滚筒→纽扣捕集器→油泵→过滤器→观察窗→滚筒

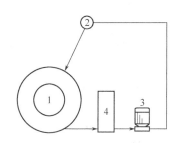

图 14-21　泵循环洗示意

1—滚筒；2—观察窗；3—油泵；4—纽扣捕集器

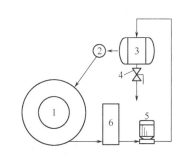

图 14-22　过滤循环洗示意

1—滚筒；2—观察窗；3—过滤器；4—排污阀；
5—油泵；6—纽扣捕集器

过滤循环洗的过程，就是将从衣物上洗下来的悬浮物过滤掉，然后再回到滚筒参与洗涤，这样就将悬浮物二次污染的循环链打断，洗涤质量得以提高。由于过滤循环洗的质量高，一般作为主洗。

474.为什么纽扣捕集器要采用软清理法？

清理纽扣捕集器时，不要采用摔打或用棍棒敲打的方式，应采用喷水的软清理法，以免纽扣捕集器的筛篮变形。在用水清理后，不要用毛巾擦干，应采用去渍风枪吹干的方法，以免毛巾掉毛污染深色衣物。

475.为什么过滤器排污后要及时关闭排污阀？

在更换过滤粉时，排污后可能有时不需要立即预敷过滤粉，但要及时将排污阀关闭。如果不予关闭，当下次蒸馏时，蒸馏箱所产生的四氯乙烯蒸气就会从过滤器排污管道进入过滤器内，因四氯乙烯蒸气温度高达121℃，会将过滤器内的尼龙筛网熔化而造成过滤器的损坏，同时也会影响干洗工作的正常进行，即使修理也要较长的时间。

476.为什么干洗机要有烘干系统？烘干系统是怎样工作的？

烘干系统是将洗涤、脱液后残留在织物纤维内的干洗剂强制回收的系统，当衣物内的干洗剂全部回收了，衣物也就干燥了。

烘干系统的构成（见图14-23）：烘干系统是由滚筒、棉绒捕集器、风机、制冷机、加热器及相应的风道和阀门所构成。

图14-23　烘干系统结构

1—棉绒捕集器；2—风机；3—风道；4—加热器；5—滚筒

主要部件的结构及功能如下所述。

① 风道。是用金属板材制作的专用异型管道。其功能是控制烘干时空气循环流动方向，并将烘干系统相对封闭在一个循环的管道中，以保证在烘干过程中干洗剂的挥发气不会泄漏。

② 滚筒。该系统所使用的滚筒是洗涤时用的滚筒，在烘干时，滚筒的运转方式

与洗涤时完全相同（低速、双向、交替运转），此时通过滚筒的运转将衣物松散开来，充分接触热空气，便于衣物温度的升高，使含在织物纤维内的干洗剂能随时挥发出来而得以干燥。

③ 棉绒捕集器。是由棉布或绒布、尼龙筛网、海绵等透气物质做成的过滤装置。其功能是在烘干过程中滤除衣物上因滚动摩擦而脱落的纤维毛絮，以免进入制冷机的热交换器上，影响烘干效率。

④ 风机。由驱动电机和通风机构成。其功能是通过风机的通风作用使烘干系统内的空气按照一定的路线进行循环，以达到烘干的目的。

⑤ 制冷机组（冷却器）。制冷机组的结构较为复杂，主要由压缩泵、冷却器、蒸发器、膨胀阀等部件所构成。其功能是利用制冷机组的冷却器（热端）所散发的热量对所需烘干的衣物进行初步加热，利用制冷机组的蒸发器（冷端）的低温使空气中的气态干洗剂得以冷凝回收。

⑥ 加热器。以高导热率的铜材所制成的翅片式热交换器。其功能是为衣物烘干提供热能。加热的方式有蒸汽加热和电加热两种。在设备购买时，应根据具体情况提出要求。

烘干原理（见图14-24）：在烘干时，机内的空气处于闭路循环状态，其路线如下。

滚筒→棉绒捕集器→风机→制冷机冷端（蒸发器）→制冷机热端（冷却器）→加热器→滚筒

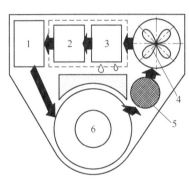

图14-24　烘干系统工作原理

1—加热器；2—冷却器；3—蒸发器；

4—风机；5—棉绒捕集器；6—滚筒

风机将加热器周围的热空气输送到滚筒内，衣物逐渐升温，织物纤维内的干洗剂转化为气态，挥发到空气中，随着循环的气流通过棉绒捕集器，将绒毛滤除，进入风机，通过风机对空气的加压，继续前进，当进入制冷机组的冷端时，热空气中的气态干洗剂凝结成液态干洗剂，通过管道输送至分水器。此时，空气也被降低了温度。随着气流的循环，空气进入制冷机组的热端，进行初步加热，接着再进入加热器二次加热，并再次送入滚筒，继续给衣物加热。如此反复循环，直至将衣物烘干。

如何确定衣物已经烘干：初学者应采用自动操作程序工作，当衣物烘干后会自动进行冷却工序。当手工操作时，要随时观察分水器内烘干回收溶剂的流量。当溶剂呈每秒一滴的情况时就可以认为已经烘干了，如果继续烘干，所消耗能源的成本会远远超过回收的溶剂成本。残余的溶剂在冷却时还可以继续回收。

477. 为什么衣物烘干后还要冷却？

衣物烘干后的温度较高，出机后堆积，自然冷却后会形成难以熨烫的褶皱。

冷却温度一般应在30℃以下。在冷却过程中，衣物内残余的溶剂还会继续回收，当冷却结束时，溶剂就基本全部回收了，其残余量已甚微，可在最后的炭吸附过程中彻底吸附。这样出机后的衣物就不会有味了。

478. 为什么要经常清理棉绒捕集器？

棉绒捕集器是烘干系统的保护装置，可防止衣物脱落的绒毛附着到制冷机的热交换器上而降低回收效率。如果棉绒捕集器的绒毛过多，会阻碍烘干气流的畅通而降低烘干效率。所以要经常清理棉绒捕集器。

479. 为什么要定期清理制冷机的蒸发器？

制冷机的蒸发器是烘干过程的冷凝回收装置。在烘干过程中，棉绒捕集器虽已将大量衣物脱落的绒毛收集了，但极微小的绒毛会被遗漏，虽然烘干一次遗漏的数量不多，但时间长了积累的数量就多了。当达到一定的程度就会影响烘干效率，如果绒毛过厚还会导致无法烘干，所以要定期清理制冷机的蒸发器，以维持正常的烘干效率并减少能源的浪费。

480. 为什么干洗机要有蒸馏系统？

蒸馏系统是将使用后变脏的干洗剂再生为清洁的干洗剂，以提高干洗剂的重复使用率，同时也提高干洗的质量。如果没有蒸馏系统，干洗质量就没有保证。如果用脏的干洗剂不能重复使用，就会造成大量浪费，同时也明显提高了成本。

481. 为什么蒸馏箱要定期清理？

蒸馏箱（见图14-25）：其结构为底部呈夹层的箱体，外侧有观察窗和出渣门。

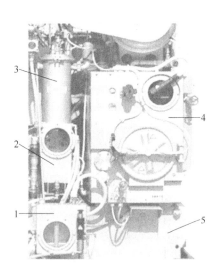

图14-25　蒸馏系统结构

1—储水箱；2—分水器；3—冷凝器；
4—蒸馏箱；5—清洁溶剂箱

其功能是气化分离。将用脏的干洗剂通过蒸馏箱底部夹层加热，液态干洗剂变为气态，通过管道输出，最后无法变成气态的物质就是残渣了。蒸馏残渣中既有固体物质，也有液态物质。

蒸馏箱是通过蒸汽在底部箱体循环而达到加热的目的。每次蒸馏后都会使溶剂内的大量污垢沉积在蒸馏箱底部，同时还会有部分污垢黏附在箱底，这些污垢是热的不良导体，会降低热能的传导，会浪费大量的能源。如果污垢过厚还会直接影响正常蒸馏。所以要定期清理残渣，以保证蒸馏箱的正常运行。

482. 为什么要严禁蒸馏沸溢？如何防治蒸馏沸溢？

"沸溢"是在蒸馏过程中，因被蒸馏液体过分沸腾而使液体溢出蒸馏箱的现象。

在蒸馏过程中一旦产生沸溢，会造成整个蒸馏系统的污染，如果使用被污染的干洗剂洗涤，会造成衣物严重的污染，甚至形成无法去除的污垢，给干洗工作带来灾害性的损失。所以要严禁蒸馏沸溢。

防止沸溢的措施：在蒸馏过程中，必须有人全程监视，根据干洗剂的沸腾情况随时给以控制。

首先要控制蒸馏箱内的溶剂加入量，不能超过蒸馏箱观察窗的下边缘线。由于蒸馏过程中干洗剂的沸腾会产生大量的泡沫，泡沫量越大蒸馏速度就越快，如果不给所产生的泡沫留有一定的空间，就很容易产生沸溢。

另外，蒸馏过程中要根据干洗剂沸腾的情况随时控制加热蒸汽的量。在开始蒸馏时可以用最大的蒸汽量，以提高加热速度，使其尽快达到蒸馏温度。当干洗剂出现泡沫时，就要注意泡沫的增长情况，一旦泡沫升至观察窗的中线时，如果还有增长的趋势，就要关小蒸汽阀门。若泡沫有所下降，可适当开大蒸汽阀门，以保持蒸馏速度，此时监视人不能有半点疏忽。当分水器内不再有清洁溶剂流入时，说明可蒸馏物已蒸馏完毕，这时即可关闭蒸汽阀。

483.为什么冷凝器能使四氯乙烯气体还原为液体？

冷凝器的外观呈圆筒状，内部有冷凝水盘管。其功能是将热的气态四氯乙烯冷却为液态四氯乙烯。在冷凝器工作状态下，冷凝水盘管使内部形成低温区，当蒸馏箱内的干洗剂蒸气及水蒸气进入后，遇冷就还原为液态，通过管道排出及完成冷凝任务。冷凝器解剖图见图14-26。

484.为什么蒸馏会报警？

由于冷凝器是一个封闭的腔体，冷凝水的温度就决定了冷凝器的工作效率，冷凝水的温度越低冷凝效果就越好。当夏季蒸馏时经常会出现报警的情况，其原因就是冷凝水的温度过高或是冷凝水的流量过小。为了防止因无法正常冷凝而造成溶剂的浪费和污染工作环境，干洗机设计者在冷凝器内设置了温度报警探头，用以提醒操作工及时降低冷凝水的温度或提高冷凝水的流量，使冷凝器及时恢复正常工作。

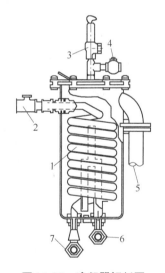

图14-26 冷凝器解剖图

1—冷凝水盘管；2—冷凝水出口；
3—正压安全阀；4—负压安全阀；
5—溶剂蒸气入口；6—溶剂出口；
7—冷凝水入口

485.为什么分水器不能空着使用？整个蒸馏系统的工作原理是什么？

分水器的（见图14-27）外观呈方形箱体，内部有分水隔栅及管路。其功能是将干洗剂内的水分离出去，以保证干洗的安全性，防止纺织物的缩水或毛织物的缩绒。

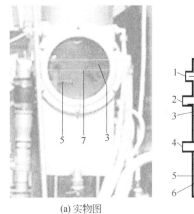

(a) 实物图 　　　　　(b) 工作原理图

图 14-27　分水器示意

1—溶剂入口；2—废水出口；3—水；4—溶剂出口；5—溶剂；

6—分水隔栅；7—油水分界线；8—观察窗；9—箱体

　　由于干洗剂与水的密度不同，且不互溶，在同一个容器内的两种液体就会有明显的分界线，这样就为分水提供了条件。四氯乙烯的密度比水大，水浮在上面，通过溢流的方式即可将水排出。石油溶剂比水轻，水就沉到下边，排水的方式与四氯乙烯干洗机的排油方式相同。

　　分水器在使用之前，必须使其先进入工作状态，不能空着直接使用，否则，会造成底箱进水。由于四氯乙烯的密度大于水，在使分水器进入工作状态时应加入清洁的四氯乙烯；而石油溶剂比水轻，石油机分水器进入工作状态时，应加入清洁水。两种机型不同，千万不要搞混，以免机内进水，酿成事故。

　　在使四氯乙烯干洗机分水器进入工作状态时，加入清洁溶剂的量如何确定？在加入过程中，当溶剂液面不再上升时即可结束。流出去的溶剂也不会浪费，又回到清洁溶剂箱了。

　　在使石油溶剂干洗机分水器进入工作状态时，要加入清洁水。其水量应如何确定？在加入过程中，要随时观察排水口，当排水口有水排出时即可结束。

　　蒸馏系统工作原理如图14-28所示。

　　蒸馏箱——汽化分离：通过加热，使有用的溶剂与无用的残渣彻底分离。

　　冷凝器——冷凝还原：通过冷凝，使气态溶剂还原为液态溶剂。

　　分水器——分水净化：利用水与干洗剂密度的不同和水与干洗剂不互溶的特性，将水分离出去。

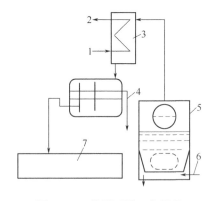

图 14-28　蒸馏系统工作原理

1—冷凝水入口；2—冷凝水出口；3—冷凝器；4—废水；5—蒸馏箱；6—加热蒸汽；7—清洁溶剂箱

清洁溶剂箱——单独储存：蒸馏后的清洁溶剂必须单独储存，以备随时使用。

蒸馏注意事项如下所述。

① 将用脏的溶剂排入蒸馏箱时，最高液位不要超过观察窗的中线，一般液位应在观察窗以下。液位过高会造成蒸馏困难，加热温度稍高，即会产生沸溢。

② 在蒸馏过程中，操作人应随时监视，并控制好加热蒸汽的给量，蒸汽给量少蒸馏速度慢；蒸汽给量大又会产生沸溢，蒸汽给量要掌握得恰到好处，才能顺利蒸馏。

③ 在蒸馏4～5次后，应对蒸馏箱进行清理。但要到第二天工作前，蒸馏箱彻底冷下来再清理残渣。排放了过滤器后的蒸馏，无论以前蒸馏过几次，即使一次也没蒸馏过，也要及时清渣，以免过滤器排放的物质（灰尘、泥土、过滤粉、纤维毛絮等）长时间沉积在蒸馏箱底部，形成很厚的隔热层，造成蒸馏困难，并浪费更多的能源。

486.为什么干洗机要有传动系统？传动系统是如何工作的？

传动系统的功能：通过驱动电机与传动皮带和皮带轮的配合拖动滚筒，根据不同任务的需要改变滚筒的运转速度，得以完成洗涤、脱液或烘干等任务。

传动系统的构成：传动系统是由驱动电机、大小皮带轮、传动皮带、主轴、轴承及滚筒等构成。

早期的干洗机，一般使用单速电机或双速电机。因其转速较快，所以需要一套减速装置，致使设备的结构显得复杂、体积庞大。现代的干洗机，大多使用变频调速装置，设备转速可由变频器来调整，设备的结构简单多了，同时皮带轮的尺寸也减小了许多。在需要高速运转时，可通过变频器使电机渐进加速，既安全可靠，又节约能耗。

① 皮带轮。大皮带轮与主轴配合，小皮带轮与电机配合，它们之间以V形传动带相连，以达到传动及减速的作用。皮带轮的槽数，要由传动负荷决定，一般20千克以下的干洗机，两槽A型即可。

② 传动皮带。为V形传动皮带。其型号有O型、A型、B型、C型、D型、E型、F型，共7种。一般小型干洗机上多用A型传动带两条。

③ 主轴。是滚筒的支撑体，承受全部装载负荷。在装衣物时不要超载，以免脱液时造成主轴变形。脱液时，如果设备震动较大，应及时停机，重新进入均布、脱液操作，即可消除震动。切不可强行脱液，否则，有变形或断轴的危险。

④ 轴承。是维持主轴正常运转的支撑点，如有磨损，极易产生机震现象。一般洗衣厂的工作环境湿度较大，对润滑剂有特殊的要求，应采用钙基润滑剂。该润滑剂在潮湿环境下工作时不会变硬、结块，能长期保持良好的润滑作用。

工作原理：如图14-29所示。

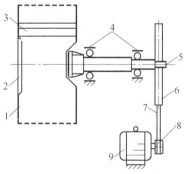

图14-29　传动系统工作原理示意

1—内筒；2—装衣门；3—筋板；4—轴承；
5—主轴；6—大皮带轮；7—V型传动带；
8—小皮带轮；9—调频控制电机

传动系统由驱动电机提供动力，通过小皮带轮将动力传给V形传动带，同时拖动大皮带轮，经过主轴传递到滚筒来完成洗涤、脱液、烘干及冷却等工作。

传动系统在工作状态下，变频器使电机低速、双向、交替运转，以完成洗涤或烘干等任务。在脱液时，为渐进式提速运转，通过变频器使电机逐渐提速，达到高速脱液的目的。由于变频装置的使用，干洗机的机械结构变得简单多了，同时也减少了整机的重量和体积。

487. 为什么V形传动皮带在使用过程中要适当调整？

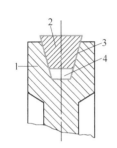

图14-30　V形传动带受力示意

1—V形槽皮带轮；

2—V形传动带；

3—传动摩擦面；

4—预留空间

传动系统在使用过程中，要经常检查皮带的张力。V形传动带过松，磨损会加快；过紧则会使传动带拉长，同时还会缩短轴承的寿命。正常的张力应是：用大拇指按压大小皮带轮切点中间时，能按下15～20毫米的情况下为合适。

V形传动带在使用过程中，受力面为两侧，V形传动带两侧呈楔形磨损后会自动向内走，继续保持原有的摩擦面。一旦V形传动带的最窄处与皮带轮的底部接触，两侧的摩擦面就不能正常受力了，这时就应该更换V形传动带，否则，设备会丢转，尤其是脱液时，会出现甩不干的现象。V形传动带受力示意见图14-30。

488. 为什么干洗机要有制冷系统？制冷系统是如何工作的？

在干洗机上的制冷系统，主要利用制冷方式降低干洗剂的温度，以降低干洗过程中对织物的脱脂率，降低衣物的掉色率及回收烘干过程中的干洗剂。其效果比水冷回收效率高，可减少对空气的污染，同时也缩短了烘干时间，并降低了成本。

在皮革干洗机上，除了利用制冷系统回收干洗剂外，还利用制冷系统给干洗剂降温，以降低干洗过程中的脱脂现象，保持皮革的柔软度。

制冷系统的构成及部件的功能：主要由压缩机、冷却器、蒸发器、冷凝收集器、压力控制器、干燥过滤器、膨胀阀及相关的阀门和管道所构成。制冷机组见图14-31（a）、（b）。

① 膨胀阀。此阀能感受蒸发器出口的温度及压力，对制冷剂的喷射量进行自动调节。蒸发器出口温度越高，膨胀阀的开度就越大。

② 电磁阀。此阀随着压缩机的启动而工作，当压缩机停止工作时，此阀关闭，以防制冷剂进入蒸发器。

③ 旋锁阀。压缩机入口封闭阀。制冷机维修时或加注制冷剂时使用。

④ 压缩机。对制冷剂进行压缩及循环提供动力。

⑤ 压力控制器。能感受压缩机进口及出口的压力，以保护制冷系统不超压，

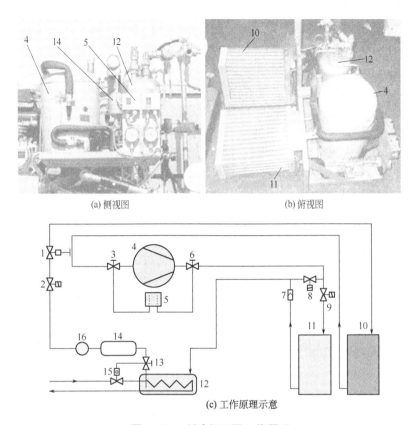

(a) 侧视图   (b) 俯视图

(c) 工作原理示意

图14-31 制冷机组及工作原理

1—膨胀阀；2，8，9—电磁阀；3，6，13—旋锁阀；4—压缩机；5—压力控制器；7—单向阀；
10—蒸发器；11—冷却器；12—冷凝收集器；14—干燥过滤器；15—温控水阀；16—观察窗

也不会出现负压。

⑥ 旋锁阀。压缩机出口封闭阀。制冷机维修时使用。

⑦ 单向阀。又称逆止阀。防止制冷剂倒流。

⑧，⑨电磁阀。对冷却器进行切换。在烘干后冷却时，关闭冷却器，停止加热功能，由冷凝收集器对制冷剂进行降温。

⑩ 蒸发器。即制冷机组的冷端。从膨胀阀中喷出的液态制冷剂在此蒸发，将周围的热量带走，达到制冷的目的。

⑪ 冷却器。即制冷机组的热端。制冷剂经制冷压缩泵压缩时会产生大量的热，其热量与制冷量相等，要先经冷却器冷却，才能达到高效率的制冷。

⑫ 冷凝收集器。储存并冷凝制冷剂。

⑬ 旋锁阀。冷凝收集器出口封闭阀。制冷机维修时使用。

⑭ 干燥过滤器。能将制冷剂内的水分及杂物滤除掉。

⑮ 温控水阀。感受冷凝收集器出口的温度及压力，控制冷凝水的流量，也可称为节水阀。

⑯ 观察窗。从此处可以观察到制冷剂的循环状况和干燥状况。正常循环状态时，观察窗内的叶轮快速运转；当循环异常时，叶轮减慢，甚至停止运转。当观察窗内出现小气泡时，说明制冷剂干燥状况下降。

工作原理：如图14-31（c）所示。

启动压缩泵④，电磁阀②同时打开，使冷凝收集器⑫中的液态制冷剂通过膨胀阀①流入蒸发器⑩；处于高压下的液态制冷剂通过膨胀阀时，由于突然膨胀，压力下降，降低了制冷剂的沸点，因此，制冷剂快速气化，制冷剂在气化过程中从蒸发器周围吸收大量的热能，达到制冷的目的。膨胀阀在工作过程中又控制着制冷剂的流量，它既感受蒸发器出口的温度，又感受蒸发器出口的压力，来控制阀的开度。

经过蒸发，气化后的制冷剂被压缩机④吸入，压缩后，经过电磁阀⑨进入冷却器⑪中，由于压缩的原因，制冷剂的温度上升，在通过冷却器时，热量被空气道内的循环空气带到滚筒，给需要烘干的衣物加热。此时，制冷剂被冷却，并流入冷凝收集器⑫。

当衣物烘干后，进入冷却阶段时，电磁阀⑨关闭，电磁阀⑧打开，经压缩后的制冷剂直接进入冷凝收集器⑫，由冷凝水进行降温。

489.为什么干洗机要有压力平衡系统？

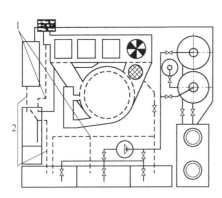

图14-32　压力平衡系统示意

1—专用平衡管；2—复合平衡管

压力平衡系统，又称呼吸系统（见图14-32中虚线部分）。在干洗机的工作过程中，平衡系统起到平衡干洗机内各系统之间或机内与大气之间的空气压力作用，以保证干洗机的正常工作。

在日常生活中，有很多与压力平衡有关系的现象，其道理与干洗机相同。例如，要想往空的香水瓶内注水，没有特殊工具是办不到的。这是因为瓶内的空气排不出去，水就注不进去。还有，在用香水时，即使瓶口向下，香水也不会流出。以上两例，都是因为瓶内与瓶外压力不平衡所致，故此，瓶内的液体流不来出，也灌不进去。所以在商场里销售散装香水时，要用空心注射针才能灌入瓶内。其道理是，当针头往瓶内注射时，瓶内的空气就从针头的周围排出来了，内外压力得到了平衡，问题就解决了。

在干洗机内也有同样的问题。某单位在维修干洗机时，将一根认为没有用的管子（它既不走水，也不走蒸汽，更不走干洗剂）拆掉了，当维修后使用时，这台干洗机出现了很多问题。首先就是底箱的干洗剂抽不上来；原来蒸馏箱的半箱脏油，在正常沸腾的状态下，怎么也蒸馏不出来。后来在无意中打开了纽扣捕集器的盖子，结果一切都正常了。其原因就是拆掉了那条认为没用的管子所造成的。而那条管子，正是干洗机平衡系统的总通道。

图14-32中的虚线为平衡系统的管路，其中有专用平衡管路，也有复合平衡管路。专用平衡管路，只为平衡作用而设。如：各底箱的连接管、烘干风道与底箱的连接管、由分水器至呼吸口的总通道。复合平衡管路既有平衡作用，又有输送干洗剂的作用。如：冷凝器通向分水器的管道和分水器通向清洁溶剂箱的管道，都属于复合平衡管。复合平衡管，由于经常有溶剂的流动，不易产生堵塞。而专用平衡管路，使用时间较长后，由于内外气体在平衡的过程中会吸入车间内或机内的绒毛，故此，有堵塞的可能。所以在每年的维护中，要有疏通平衡管路的任务。

490. 为什么干洗机要增加炭吸附系统？炭吸附系统如何工作？

在治理大气环境污染的大趋势下，干洗机也在紧跟其步伐，尽量降低污染物的排放量，所以第五代四氯乙烯干洗机安装了炭吸附系统。当干洗烘干冷却后，对衣物及滚筒内的残余气体进行吸附，或干洗机开门时风机可将滚筒内形成负压状态，防止四氯乙烯气体溢出。同时，利用活性炭将滚筒内所含四氯乙烯气体进行吸附及回收。它既可以降低空气的污染，又能回收排放的溶剂气体，降低了生产成本。

图14-33　炭吸附装置

1—气泵；2—炭吸附罐

（1）炭吸附装置的构成。由炭吸附罐及内部的加热盘管、气泵与相关的阀门和管道等所组成。炭吸附装置见图14-33。

工作原理：将干洗机内含四氯乙烯的排气利用活性炭进行吸附。当活性炭吸附饱和后，再用加热的方法使活性炭内所含的四氯乙烯蒸发，利用干洗机的制冷系统回收，并还原为四氯乙烯液体。

炭吸附工作原理（见图14-34）：在吸附过程中，只使用制冷机的冷端（蒸发器），风机及气泵运转，风机继续维持冷却状态，同时可起到继续回收的作用。与此同时，炭吸附系统的气泵将风机出口的气体吸走，加压后打入活性炭吸附罐，使空气中的四氯乙烯成分被活性炭吸收，经过净化的空气又回到滚筒内。如此反复循环，达到净化滚筒内空气的目的。

炭吸附操作：在干洗冷却后，启动吸附功能。

操作方法：按炭吸附键即可（见图14-35）。

炭吸附时间：一般不少于10分钟。

（2）退吸附。退吸附是将活性炭内吸附的四氯乙烯与活性炭分离并回收的过程。也可称为还原或再生的过程。

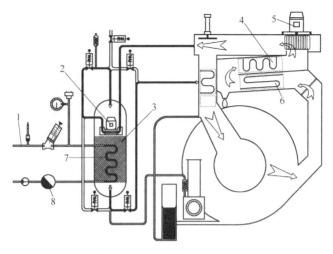

图 14-34 炭吸附工作原理

1—蒸汽入口；2—气泵；3—炭吸附罐；4—冷却器；5—风机；6—蒸发器；7—热盘管；8—疏水器

图 14-35 炭吸附键

退吸附工作原理（见图14-36）：活性炭的吸附能力是有限的，当其吸附饱和后，就没有吸附能力了，要恢复其功能，退吸附是唯一的方法。

退吸附工作应在干洗机不工作的时候进行。因为退吸附的过程需要在干洗机制冷回收系统的配合下才能完成。

在退吸附时，炭吸附罐的蒸汽阀开启，使活性炭吸附罐内快速升温，活性炭内的吸附物（四氯

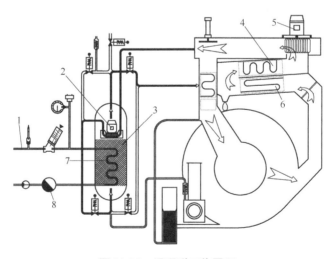

图 14-36 退吸附工作原理

1—蒸汽入口；2—气泵；3—炭吸附罐；4—冷却器；5—风机；6—蒸发器；7—热盘管；8—疏水器

乙烯）就被蒸发出来。在气泵的负压作用下，挥发物从活性炭吸附罐内排出，经干洗机滚筒进入制冷机的冷端（蒸发器），此时空气中的四氯乙烯气体遇冷还原为液态。而空气进入气泵，再次加压，进入活性炭吸附罐。如此反复循环，直至将活性炭中的吸附物全部退出即告结束。

图14-37　退吸附键

退吸附操作：当炭吸附器使用一定次数后（根据说明书的指示），需要启动退吸附功能，将活性炭再生，并将吸附的四氯乙烯全部回收。

操作方法：按退吸附键即可（见图14-37）。

退吸附时间：由于干洗机容量及设计的不同，退吸附的时间要根据说明书的指示操作。

（3）简易吸附装置。简易吸附装置（见图14-38）是第五代以前全封闭式干洗机所使用的炭吸附装置。它的作用主要是在干洗机开门时，将滚筒内含有四氯乙烯的气体抽出，通过炭吸附器将四氯乙烯成分吸收，并使经过净化的空气排入大气。与此同时，滚筒内形成负压，以防止污染工作环境。

(a) 整体干洗机图　　　　(b) 简易炭吸附器图

图14-38　简易炭吸附装置

1—简易炭吸附罐；2—风机

工作原理（见图14-39）：当打开干洗机门时，吸附装置的电机启动，将滚筒内的空气抽出并打入炭吸附罐，经过活性炭将四氯乙烯成分吸附，不含四氯乙烯的空气排入大气。

使用注意事项如下所述。

① 在新干洗机使用前，要检查吸附装置内活性炭包是否放置合理。应将炭包均匀覆盖整个吸附罐，尽量使其不留空隙。

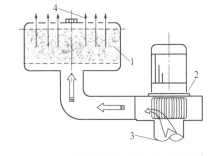

图14-39　简易炭吸附器工作原理示意

1—炭吸附罐；2—风机；3—空气入口；4—空气出口

② 在使用过程中，当打开干洗机门时，感觉空气中有四氯乙烯的气味时，就应及时更换活性炭包。

491.为什么全封闭式烃类溶剂（石油）干洗机在使用时要抽真空?

石油溶剂是由碳元素及氢元素构成，碳氢元素易燃易爆，在空气中烃类溶剂的挥发气含量在浓度20%下，如遇明火就会产生爆炸。在石油干洗机工作时，将机内空气抽出，使机内呈真空状态，也就是机内没有氧气了，不具备爆炸的条件，干洗过程中的烘干及蒸馏工作也就有了安全保障。所以，烃类溶剂（石油）干洗机在使用时要抽真空。

492.为什么全封闭式烃类溶剂（石油）干洗机要使用氮气?

氮气为惰性气体，在全封闭式烃类溶剂（石油）干洗机烘干或蒸馏时，机内温度较高，机内压力相对也会提高，一旦超过设备的安全系数，控制系统会及时打开氮气阀门，使氮气迅速进入机内，抑制温度及压力的上升，以保安全生产。

493.为什么烃类溶剂干洗机要安装在独立的车间内?

烃类溶剂干洗机之所以要安装在独立的车间内主要还是为了安全。有以下两方面的原因。

其一，减少车间内的空气污染，保证人体健康的安全。由于四氯乙烯溶剂的挥发气体比空气重，而烃类溶剂挥发气体又比空气轻，其排风方式正好相反，如果两种干洗机安装在同一个车间内，由于排风方式的矛盾，车间内污染的空气会因气流的扰动使四氯乙烯的挥发气上升而使人体受害。

其二，防爆的安全，其中也包括了人的生命安全。烃类溶剂干洗机的配电箱是经过封闭处理的，电器所产生的火花与外界处于隔离的状态，不会引起火灾。而四氯乙烯干洗机的配电箱并没有经过隔离处理，一旦车间内烃类溶剂挥发气浓度过高，四氯乙烯干洗机内的继电器产生的电弧就会引爆车间内的可燃气体。所以，烃类溶剂干洗机要安装在独立的车间内才安全。

494.为什么烃类溶剂干洗车间内要使用防爆型用电器?

烃类溶剂干洗机自身的电气部分，设备厂家已做了封闭隔离处理，但是这并不能保证车间的安全。因为车间内还有其他的用电器，即使所有干洗设备都是合格的，车间内还有照明灯以及灯的开关、通风机和开关、继电器等，这些用电器在开启或关闭时都会产生电火花，因此，烃类溶剂干洗车间内要使用防爆型用电器。使用电器所产生的电火花与外界封闭隔离，即使车间内烃类溶剂挥发气浓度再高，没有火源就不会引发火灾。

495.为什么干洗后还要进行后处理? 怎样做后处理?

经干洗后的衣物不一定完全达到理想的效果，还会残留一小部分水溶性污渍。

这就要最后进行检查及处理，以达到完美的效果。

服装检查：干洗后的衣物，可能还会有一部分污渍。在预处理时，已将必须去除的蛋白质类、糖、单宁及胶原类污渍去除了，在装机干洗时又将油污洗掉了，最后剩下的主要是水溶性污渍，一般为淀粉类污渍，这些污渍要在熨烫前彻底去除。

检查方法如下所述。

视觉检查：通过操作人的眼睛直接观察。此方法只适合检查较浅颜色的衣物，如有污渍，可直接看到。较深颜色的衣物就不适合了。

干刷检查：较深颜色的衣物用眼睛看，不易发现。由于在干洗过程中油溶性污垢会附着在水溶性污渍上面，形成一层暗灰色的薄膜，影响视觉观察的敏感性。尤其是较小的污点，就很难发现。为此，可用干刷的方法进行检查。即用干的大鬃毛刷（见图14-40），在衣物的各部位刷一遍，将水溶性污渍上面暗灰色的薄膜破坏，污渍也就显现出来了。污渍的检查与去除不能分开，要随时发现随时去除。否则，面积较小的污渍，过一会儿就找不到了。

图14-40　大鬃毛刷

手工处理如下所述。

干刷法：对于淀粉类污渍，凡是沾污后未经处理的，一般都附着在织物的表面，比较容易去除。只用干的短毛小鬃刷（见图14-41）即可刷掉。随后，用半潮干毛巾擦掉即可。在去除该种污渍时不要用水，以免造成水印，带来更多的麻烦。

图14-41　短毛小鬃刷

搓揉法：又称干搓法。如遇较大面积的淀粉污渍，可用双手搓揉的方法。此时，衣物必须是干燥的才能搓掉污渍，当污渍变为粉末后，用半潮干毛巾擦掉即可。此法效率高，而且面料不易起毛。

清水刷法：淀粉类污渍在没有干燥前，如果经过擦拭，就会使污垢进入织物的内部。此时，用干刷法将无明显效果。但可采用清水刷法。即用短毛小鬃刷，蘸水后将水甩掉，刷子上只剩少量的水，对污渍进行刷拭即可去除。最后，用半潮干毛巾擦拭均匀即可。

在去除该种污渍时，用水量要少，以不出水印为合适，免除更多的麻烦。

加料去渍法：有些污渍用以上方法去除效果不佳时，可用表面活性剂去除。一般采用乳化剂、酒精皂或中性皂等均可。

在加料去渍前，先将织物润湿，以免纤维内进入过浓的表面活性剂，难以清除，在长期保存过程中，还会造成纤维腐蚀、颜色损失等。

图14-42 长毛小鬃刷

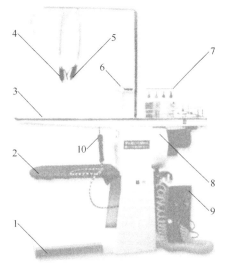

图14-43 去渍台

1—吸风踏板；2—托架；3—大台面；
4—喷水枪；5—药剂枪；6—小台面；
7—去渍剂；8—吸湿机；9—压缩泵；
10—空气枪

在去渍时表面活性剂浓度不必过高，一般水溶性污渍较易去除，同时也可减少后续的麻烦。如遇丝绸面料，应使用长毛小鬃刷（见图14-42），因其毛长，硬度较低，有一定的保护作用。丝绸织物可从反面处理，以免正面掉色。

当污渍去除后，应将表面活性剂残留物彻底清除干净。要多次喷水并用干毛巾吸干，以减少残留物对织物的负面影响。

去渍台后处理：在去渍台（见图14-43）上去渍要比手工去渍效率高，而且，织物内残留物较少，对织物的负面影响小。

蒸汽去渍法：用蒸汽直接吹污渍即可去除，然后，打开去渍台的吸风，再用压缩空气将潮湿部分吹干，任务就完成了。

加料去渍法：当用蒸汽去渍法效果不佳时，可用加料去渍法。先用清水喷枪将污渍处润湿，然后用喷料枪少许喷料，并用短毛鬃刷在去渍台的无吸风处进行拍打，当污渍去除后，打开去渍台的吸风，在去渍处喷水，接着用压缩空气吹干。后期的喷水及吹干至少需要三次，以减少残留物的负面影响。

干燥：经过后处理的衣物，即使用压缩空气吹过，纤维内还会有水残留，尤其是天然纤维，吸湿性较强，特别是含毛织物吸湿性极强，因此不能积压堆放，否则有搭色的危险。尤其在夏季，还有霉变的可能。凡是经过后处理的衣物，应挂上衣架充分晾干为妥。

496.为什么干洗机要定期维护保养？干洗机的维护保养规则如何？

干洗设备要按时加油润滑、清理等，以保证正常运行。否则，就会影响正常生产，甚至会缩短设备的使用寿命。

干洗机的维护保养规则如下所述。

（1）每日保养

① 每工作4车清理1次纽扣捕集器。

② 每工作4车清理1次棉绒捕集器。

③ 每日开机前应检查气动三联件，有水要及时排放，油位不足要及时加注润滑油。

④ 每日应给主轴承加油，即将油脂杯按顺时针方向拧1/3～1/2圈即可。

⑤ 检查离心过滤器的压力，当压力达到0.15MPa时，应及时清理过滤器。

⑥ 每蒸馏5～6次应清理1次蒸馏箱。排放过滤器后蒸馏完毕时，必须清理蒸馏器。

⑦ 对于电加热干洗机，每日开机前必须检查蒸汽发生器中的水位，确保水位不低于观察窗的下沿。

⑧ 每日检查机器是否有跑、冒、滴、漏的现象，如有必要及时处理。

（2）每周保养

① 清理纽扣捕集器、棉绒捕集器的筒体及通道口聚集的绒毛。

② 彻底清理1次蒸馏箱。

③ 清理蒸汽入口处的过滤器。

④ 检查干洗剂的pH值（pH值保持6～11）。

⑤ 检查自动烘干控制器是否堵塞，如有必要及时清理。

（3）每月检查

① 主轴承是否有异响，工作是否正常。

② 风扇电机轴承有无异响，工作是否正常。

③ 检查主传动三角皮带张力，如有必要及时张紧（测量方法：用拇指垂直按压两皮带轮切线的中点，三角带内陷15～20毫米范围内为合格）。

④ 检查并清理溶剂泵。

⑤ 电加热干洗机，检查压力控制器工作是否正常。

（4）半年检修

① 打开烘干气道上盖，清理盘管及空气道内的绒毛。清理方法：将盘管上的绒毛等杂物清理干净。注意请勿损坏盘管翅片。也可以使用压缩空气清理，清理完毕将上盖复原。

② 清理风扇叶轮及蜗壳内的绒毛。

③ 排放、清理油水分离器。

④ 排放、清理蒸馏冷凝器及氟里昂收集器的冷却水管路。

（5）年度维护

① 清理溶剂箱。

② 打开离心过滤器，彻底清理过滤盘或更换损坏的滤盘。

③ 将压力表、压力控制器、安全阀送交有关部门检校。

497.为什么要学习干洗机的一般故障处理？如何处理？

机械设备在使用过程中，不可能不出故障，设备越复杂，出故障的可能性就越高。设备故障是大家都不愿发生的，但又是客观事实。设备的故障会带来一连串的麻烦，在这种情况下，很多店主或老板都会想"自己要会维修就好了"，所以要学习干洗机的一般故障处理（见表14-3）。

表14-3　干洗机一般故障的处理

故障现象	故障原因	处理方法
电脑没电	主开关是否正常导通	断开总电源，用万能表测量主开关三相电是否正常导通。断开进线、出线接点，检查接点是否牢固。如有损坏需更换
	配电箱内保险丝熔断	断开总电源，用万能表检测配电箱内保险丝是否熔断
	电脑板上保险丝熔断	断开总电源，用万能表检测电脑板保险丝是否熔断
电脑工作不稳定	电脑电源不稳定	检查电脑电源进线是否是两个独立的10V交流电，波动是否在10%以内，如果波动过大，应配备稳压电源
电脑工作正常，电机不工作	电脑板输出插头松脱	断电后将插头插回电脑板的相应位置
	电机继电器损坏	更换电机继电器
电脑工作正常，但气动阀门打不开	气压不足	增大气压到0.4～0.5MPa
	电磁气阀损坏	检查相应电磁气阀线圈或阀体是否损坏，更换相应部件
液位不正常	液位开关气管漏气	更换液位开关气管
	液位开关失灵	更换液位开关
温度显示不正确	温度探头损坏	更换温度探头
	温度探头插头松脱	将温度探头插头插回相应位置
干洗剂循环不畅	溶剂泵堵塞	清理溶剂泵
	管路堵塞	清理管路
	气动阀失灵	维修或更换气动阀
	气压不足	提高气压到0.4～0.5MPa
	由于底箱过脏，使吸管堵塞	清理底箱，疏通吸管
	溶剂泵内无溶剂	给溶剂泵内加溶剂
	电源相序变更，使溶剂泵反转	调整电源相序，使泵正转
油水不分离	油水分离器虹吸管破裂	修补虹吸管或更换
	油水分离器虹吸管堵塞	清理油水分离器
	油水分离器排水管堵塞	清理油水分离器
	水收集器排水阀不排水	检修排水阀
蒸馏速度慢或不蒸馏	蒸汽压力不足	提高蒸汽压力到0.4～0.5MPa
	蒸汽回水管路不畅	清理疏水阀或管路
	进汽管路堵塞	清理进汽过滤器或管路
	蒸馏箱底太脏，长期未清理	清理蒸馏箱
	蒸汽套表面结壳	清理蒸汽套表面硬壳

续表

故障现象	故障原因	处理方法
蒸馏箱中 溶剂沸溢	蒸馏箱注入溶剂过多	控制蒸馏箱溶剂注入量
	溶剂内枧油过多	减少枧油用量
	蒸馏箱较脏，未清理	清理蒸馏箱
	蒸汽压力高	控制蒸汽流量
衣物烘不干或 干洗剂耗量大	气流不畅，盘管翅片绒毛堵塞	清理风道及各盘管
	风扇叶片沾满绒毛	清理风扇叶片
	电源相序变更，风扇反转	调整电源相序
	蒸汽压力不足	提高蒸汽压力到0.4～0.5MPa
	蒸汽过滤器堵塞	清理蒸汽过滤器
	蒸汽回水不畅	清理疏水阀
	冷却水不足，或冷却水温度过高	提高供水压力，或降低供水温度
	制冷剂不足	补加制冷剂
	蒸汽阀失灵，蒸汽无法进入	维修或更换蒸汽阀
	蒸汽盘管损坏，不能加热	维修或更换蒸汽盘管
	膨胀阀失灵	维修或更换膨胀阀
	滚筒内衣物装载量过多	严格控制装载量
	干洗机密封差或因腐蚀渗漏	检查泄漏点并维修
	绒毛捕集器长期不清理	定期清理绒毛捕集器
	电加热机型，发生器供水不足	电加热机型，开机前补足蒸馏水
	冷却水温度过高	调整冷却水温度或流量
烘干温度过高， 衣物过热	温度探头表面污垢过厚或损坏	清理或更换温度探头
	蒸汽阀门漏汽	修理或更换蒸汽阀
	温控器失灵或探头表面污垢过厚	清理探头或更换温度控制器
制冷系统不制冷	制冷压缩机损坏	更换压缩机
	制冷剂漏完	添加制冷剂
	膨胀阀失灵	维修或更换膨胀阀
	冷盘管电磁阀损坏	维修或更换冷盘管电磁阀
	干燥过滤器堵塞	清理或更换干燥过滤器
制冷压力控制器 自动保护	热盘管电磁阀或热盘管旁通电磁阀门损坏	更换热盘管电磁阀或热盘管旁通电磁阀
	冷却水不足或水温度过高	开大控制水阀，提高冷却水压力或降低水温
	冷凝收集器的热交换管壁上结垢	清理冷凝收集器盘管的水垢
	制冷剂不足（低压保护）	添加制冷剂
	冷盘管电磁阀未打开（低压保护）	更换冷盘管电磁阀
	膨胀阀未打开（低压保护）	更换膨胀阀

续表

故障现象	故障原因	处理方法
脱液时噪声大或主轴前轴封漏出	主电机轴承磨损或损坏	更换主轴承，注意定期加油
	主轴前轴承座油封损坏	更换前轴承座油封
干洗剂内有水	油水分离器故障	维修油水分离器
	烘干加热盘管泄漏	维修或更换加热盘管
衣物冷却速度慢	制冷热盘管电磁阀损坏（常开）	更换热盘管电磁阀
	电路故障使制冷热盘管电磁阀无法关闭	检修电路
	筒体进风口温度探头失灵或设定值过高	清理或更换温度探头，降低设置温度
	卡机控制机型，可能是温度控制器故障	检修或更换温度控制器
	风扇故障，气流不通畅	清理、维修风扇
	冷盘管绒毛堵塞	清理冷盘管
	制冷剂不足	填加制冷剂
	冷却水不足	调整温控水阀，提高冷却水流量
过滤压力过高或脱污电机不转	过滤器内污物过多	彻底清理过滤器
	过滤盘受热损坏	更换过滤盘。注意，蒸馏时要关闭过滤器排污阀
	轴承损坏	更换轴承
无法启动	电机过载保护或其他控制器保护	参看说明书及电脑提示处理
	筒体门未关到位	将筒体门关好
	装衣门干簧管位置偏移或损坏	调整干簧管位置或更换干簧管
泵电机不启动或转速不正常	泵内杂物堵塞	清理泵体
	泵内有空气	向泵内注入溶剂
	泵输出管路堵塞或阀门未打开	检修管路及阀门
	电压过低	等待电压正常后再开机
	电路缺相	查找缺相并恢复
	纽扣捕集器堵塞	清理纽扣捕集器
风扇噪声明显增大	风机内绒毛过多	清理风机
	轴承损坏	更换轴承
	轴封损坏	更换轴封
筒体门打不开	没打开门锁键	按说明书操作
	门锁气动阀卡住	维修门锁或气动阀
	电路故障	查找电路故障原因并恢复
	干簧管损坏	更换干簧管

498.为什么有些服装明明标注要干洗，而洗衣店非要水洗？

顾客的一件夹克衫，送到洗衣店去洗，洗衣店服务员说，这件衣服虽然标注的是干洗，但是只能水洗，如果干洗，出了问题要顾客自己负责。顾客就奇怪了，"我是来洗衣服的，为什么洗坏了还要我自己负责呢？"这其中最为主要的原因是衣物面料上带有树脂性的涂层，在干洗后有可能发生变脆变硬现象，使衣服无法穿用。

带有防水涂层面料的基布多是以合成纤维为主的，如锦纶绸、涤纶绸或维纶细布，也有混纺面料，如涤/棉细布、维/棉细布等，其涂层部分目前多是由PVC（聚氯乙烯）、PE（聚乙烯）、PA（聚丙烯酸酯）、PU（聚氨酯）等合成树脂构成，其涂饰后的结构多为极薄的网状膜形式，附着在纺织品表面。在制作服装时，为了具有较好的手感，涂层部分多是朝向内侧，只有少量的服装采用涂层处于衣物表面状态。现代的防水涂层面料除了具有较好的防水功能以外，还有轻薄、柔软、防缩、防皱特性，保持一定透气性，穿着这类服装的人往往不会感到防水涂层的存在，这也是广受人们欢迎的原因。

但是在所有的涂层面料中能够耐受四氯乙烯溶剂干洗的是极少数，大多数经过干洗后就会变质，无法恢复原状。而相当多的服装制造商往往不掌握这个情况，在采用防水涂层面料制成的成衣上标注"只可干洗"，以标榜其产品档次。

所以，一些服装虽然标注要求干洗，实际上是并不适合干洗洗涤。

499.为什么熨台要有吸风？

熨台吸风是服装熨烫过程中的一种冷却方式。冷却分为自然冷却和强制冷却两种。使用电熨斗时，不用吸风熨台，因为电熨斗的温度高，同时可将饱和蒸汽转化为过热蒸汽。当熨斗离开熨烫物后，环境温度就完全可以起到自然冷却作用。而蒸汽熨斗温度较低，而且饱和蒸汽湿度大时，自然冷却就无能为力了。所以要用吸风熨台进行强制冷却，才能达到冷却定型的目的。

强制冷却，对蒸汽熨斗的熨烫作用是非常重要的，但要控制好冷却的风量。风量过大会降低熨烫温度、带走应该暂时保留的水分（这是熨烫的重要条件，会影响熨烫质量），同时也浪费了大量的能源。所以，吸风熨台的风门要根据衣物材料的薄厚适当调整，以达到最佳熨烫效果。

吸风熨台工作原理很简单（见图14-44），它是由高速运转的风机使熨台内形成负压，将空

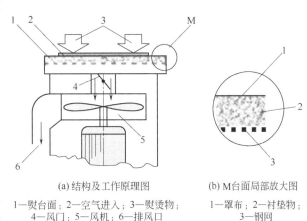

(a)结构及工作原理图　　(b) M台面局部放大图

1—熨台面；2—空气进入；3—熨烫物；
4—风门；5—风机；6—排风口

1—罩布；2—衬垫物；
3—钢网

图14-44　吸风熨台工作原理

气由台面吸入并经风机的离心作用排出，同时将铺在台面织物内的水分和温度一同带走，完成强制冷却。为了适应不同薄厚织物的需要，风机进风口设置了风门，可通过脚踏板控制风门的进风量。

500.为什么蒸馏与过滤不能相互代替？

在干洗过程中，过滤与蒸馏的分工不同、工作方式不同、能耗不同，因此，在工作中必须分别合理使用，才能以最小的成本换取最大的经济效益。但是，有部分干洗工在干洗时只使用蒸馏而不使用过滤，经过详细了解后才知道，原来他们认为"用蒸馏后的纯净干洗剂洗涤，要比过滤的方法洗得好"。其实这种认识也是干洗的一个误区。蒸馏后的干洗剂虽然是纯净的，但在干洗过程中被洗涤下来的悬浮物不能随时去除，悬浮物二次污染的问题就无法解决。即使采用两次清洁溶剂的洗涤，不经过滤，悬浮物也是无法彻底去除的。就去除悬浮物这一方面来说，用蒸馏后的纯净干洗剂洗涤（不经过滤）的方法比不上过滤洗涤的效果。

另外，可以通过循环系统的观察窗证实，不经过滤的干洗剂，观察窗是不透明的，而经过过滤的干洗剂是透明的。干洗剂透明了，说明干洗剂内没有悬浮物了，洗涤的衣物也就没有悬浮物了。如果观察窗不透明，说明干洗剂内含大量的悬浮物，衣物随时处在被二次污染的状态下，就不会洗干净。通过以上的分析，得出的结论是：过滤与蒸馏，两者是互补的关系，绝对不能相互代替。

还有一种更奇怪的说法："过滤器没用。"请问：既然没用，为什么正宗的干洗机上都有过滤器呢？从最简单的干洗机诞生起，就伴有过滤器，随着干洗机的发展，过滤器一直在不停地改进，其过滤质量及效率都有了很大的提高。而且，现在的干洗机还增加了过滤器的数量，这已充分说明过滤器的重要性。而"过滤器没用"的说法，更是无稽之谈。

附 录

一、常见纺织纤维的鉴别

纺织纤维的鉴别是洗染业中各工种都离不开的业务基础知识。熨烫工作中，要根据不同熨烫对象的理化特性适当调整熨斗温度，调整给水或给蒸汽量，调整拉伸力度等熨烫条件。因此纤维的鉴别就显得非常重要了。

纤维的鉴别方法主要有感官鉴别法、燃烧鉴别法、溶解鉴别法和显微镜观察法等多种方法。鉴于洗染业各方面条件（硬件及环境）所限，日常工作时主要以感官鉴别与燃烧鉴别为主。至于其他鉴别方法，如有条件应充分利用并亲手试验鉴别，会收获颇丰。

1.感官鉴别法

感官鉴别法即凭人的感觉器官（眼、鼻、耳、手）来分辨被鉴别织物的成分。

（1）棉。手感柔软、弹性小、无光泽，丝光过的棉纤维虽有光泽但不能闪光，纱头断口处纤维不齐，湿强度略有增长但无明显变化。

（2）麻。光泽晦涩、手感挺实而缺乏绵软感，色织物和印花织物的颜色不够鲜艳，纯麻织物深色少见，湿强度明显增高。

（3）蚕丝。手感柔软，富有柔和的光泽，触之有滑感，弹性较好，湿强度无明显变化。

（4）羊毛。手感柔软并富温暖感，光泽柔和，强光照射时反光柔和，用手抓紧后有较强的回弹力，松手后褶皱很少，并能很快恢复，纱线断口处纤维呈卷曲形外露，且易脱纱开捻。

（5）黏胶纤维。柔软，悬垂性好，保型性较好，纱线断口整齐，湿强度明显下降。

（6）锦纶。强度大、弹性大、保型性差，纯锦纶织物多为针织品，混纺梭织物易起球。

（7）涤纶。强度大、弹性好、织物挺括、保型性好，纯纺织物剪口处易脱丝、光泽较死板。

（8）维纶。有光泽但亮度不均匀、反光不细腻，手感不够柔软，且稍有挺的感觉，强度大，弹性比棉好，但不如涤纶或锦纶。

（9）腈纶。柔软、蓬松，纤维有经加工的卷曲，形似羊毛纤维，有一定的弹性，但拉伸回复率较差。

（10）丙纶。体轻、柔软、蓬松、强度大，挺括度似涤纶，不吸湿，干湿强度无变化。

（11）氯纶。外观似维纶，手摸有涩润感，颜色特别深重鲜艳，不耐热，60℃以上即收缩。

（12）氨纶。是最好鉴别的，其弹性特别大，比橡皮筋弹性还大。

2.燃烧鉴别法

燃烧鉴别法是化学鉴别法中的一种。根据纺织纤维化学成分的不同以及在燃烧的全过程中其各种特征（火焰颜色、燃烧速度、气味、灰烬状况等）的不同，来鉴别纤维的种类。

燃烧鉴别法简便易学，能快速地分辨纤维的大类，但对化学成分相近的或混纺的纤维就难于鉴别了。该法虽较为粗糙，但对洗染业还是具有很大实用价值的。

方法如下。首先从待测织物上取一段纱线并将其折成四股，再捻到一起，用镊子夹住，缓慢地靠近火焰。此时要把握五个要点：第一，观察试样在靠近火焰时的状态，是否收缩、熔融；第二，将试样移入火焰中，观察其在火焰中的燃烧状况，是否燃烧或其燃烧速度及火焰的颜色；第三，将试样移出火焰，看其燃烧状况，是否延燃（继续燃烧）；第四，要仔细辨别火焰刚熄灭时的气味；第五，待试样冷却后，仔细观察残留灰烬的颜色、硬度、形态等。常见纤维的燃烧特征见附表1。

附表1　常见纤维的燃烧特征

纤维名称	燃烧状态			燃烧的气味	灰烬的特征
	靠近火焰时	燃烧时	离开火焰后		
棉	不熔不缩	迅速燃烧黄色火焰	延燃	烧布味	呈细而软的灰黑絮状物
麻	不熔不缩	迅速燃烧黄火、蓝烟	延燃	烧枯草味	呈细而软的灰白絮状物
蚕丝	卷曲熔融	卷曲熔融燃烧略带闪光	不延燃	烧毛发味	呈松而脆的黑色颗粒物
毛	卷曲熔融	卷曲熔融燃烧黄色火焰	不延燃	烧毛发味	呈松而脆的黑色焦状物
黏胶纤维	不熔不缩	立即燃烧黄色火焰	延燃	烧纸味	有少许灰白色灰烬
醋酯纤维	熔缩	缓慢燃烧有火花	延燃	醋味	呈硬而脆的不规则黑块
大豆蛋白纤维	熔融	缓慢燃烧	熔融燃烧	特异气味	呈黑色焦炭状硬块

续表

纤维名称	燃烧状态			燃烧的气味	灰烬的特征
	靠近火焰时	燃烧时	离开火焰后		
牛奶蛋白纤维	熔融	缓慢燃烧	延燃	烧毛发味	呈易碎的黑色焦炭
涤纶	熔缩	熔融燃烧并冒黑烟	延燃	芹菜味	呈黑而硬的圆珠状
锦纶	熔缩	熔融燃烧	不延燃	氨气味	呈淡棕色透明硬圆珠状
腈纶	熔缩	熔融燃烧有闪光	延燃并冒黑烟	辛辣味	呈易碎的黑色不规则小珠
维纶	熔缩	收缩燃烧	延燃并冒黑烟	特殊气味	呈茶色不规则硬焦块
氯纶	熔缩	熔融燃烧并冒黑烟	不延燃	刺鼻气味	呈深棕色硬块
丙纶	熔融	熔融燃烧熔液下滴	延燃	石蜡味	呈灰白色蜡片状

3. 显微镜鉴别法

根据纤维的外观形态特征的不同，在显微镜下观察纤维的表面特征及截面形状以达到鉴别的目的，但无法鉴别形态相似的纤维。需要与其他鉴别方法相配合，才能达到目的。

方法如下。观察纤维表面时，将纤维平行排列在载玻片上；横截面观察时，将切厚度为10～30微米的纤维截面切片置于载玻片上，加一滴透明液，然后盖上盖玻片，放到100～500倍生物显微镜的载物台上，即可观察其形态。常见纤维的纵向表面形态及横向截面形态特征见附表2。常见纤维在显微镜下所看到的纵向表面及横向截面见附图1～附图13。

附表2　常见纤维的纵向表面形态及横向截面形态特征

纤维名称	纵向表面形态	横向截面形态
棉	扁平带状，有天然转曲	呈不规则状腰圆形，有中腔
苎麻	纤维较粗，有纵向条纹及竹状横节	腰圆形，有中腔，胞壁有裂纹
亚麻	纤维较细，有竹状横节	多边形，有中腔
桑蚕丝	有光泽，纤维直径及形态有差异	不规则三角形或多边形，角是圆的
柞蚕丝	扁平带状，有微细条纹	呈锐角三角形，内部有毛细孔
羊毛	表面粗糙，大多呈环状或瓦状鳞片	圆形或椭圆形
羊绒	表面光滑，鳞片较薄且包覆较完整，鳞片大多呈环状，边缘光滑，间距较大，张角较小	大多呈圆形，有少部分椭圆形
兔毛	鳞片较小与纤维纵向呈倾斜状，髓腔有单列、双列或多列	圆形、椭圆形或不规则多边形，细毛有一个中腔，粗毛为腰圆形，有多个中腔
黏胶纤维	表面平滑，有清晰条纹	齿轮形，有皮芯结构

续表

纤维名称	纵向表面形态	横向截面形态
醋酯纤维	表面平滑，有沟槽	三叶形或不规则锯齿形
涤纶	表面平滑，部分纤维有小黑点	圆形或椭圆形（异型纤维呈各种异形截面）
腈纶	表面平滑，有沟槽或条纹	圆形、哑铃形或叶形
涤/锦复合纤维	表面平滑，部分纤维有小黑点	大多为圆形

注：涤/锦复合纤维用于梭织物，以防止织物起球。纯锦纶纤维主要用于针织物。

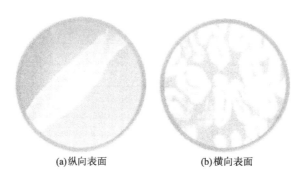

(a)纵向表面 (b)横向表面

附图1　棉纤维照片

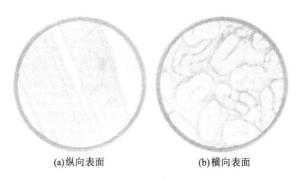

(a)纵向表面 (b)横向表面

附图2　苎麻纤维照片

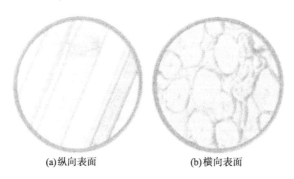

(a)纵向表面 (b)横向表面

附图3　亚麻纤维照片

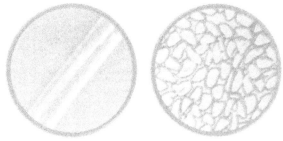

(a)纵向表面　　　　　　(b)横向表面

附图4　桑蚕丝纤维照片

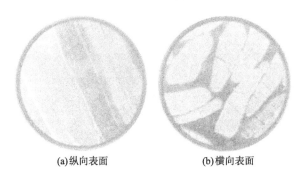

(a)纵向表面　　　　　　(b)横向表面

附图5　柞蚕丝纤维照片

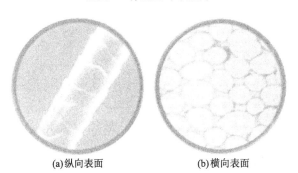

(a)纵向表面　　　　　　(b)横向表面

附图6　羊毛纤维照片

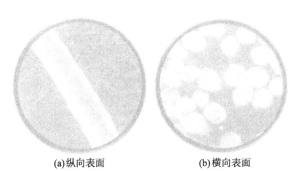

(a)纵向表面　　　　　　(b)横向表面

附图7　羊绒纤维照片

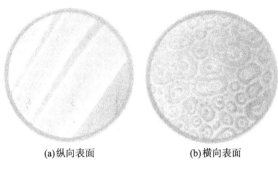

(a)纵向表面　　　　　　(b)横向表面

附图8　兔毛纤维照片

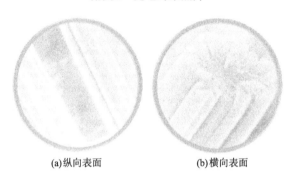

(a)纵向表面　　　　　　(b)横向表面

附图9　黏胶纤维照片

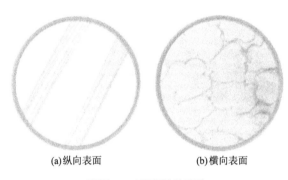

(a)纵向表面　　　　　　(b)横向表面

附图10　醋酯纤维照片

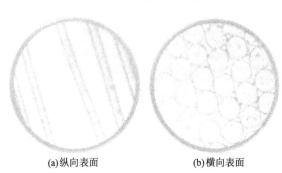

(a)纵向表面　　　　　　(b)横向表面

附图11　涤纶纤维照片

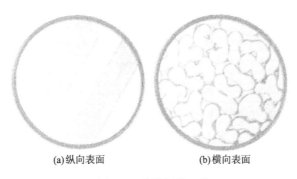

(a)纵向表面　　　　　　(b)横向表面

附图12　腈纶纤维照片

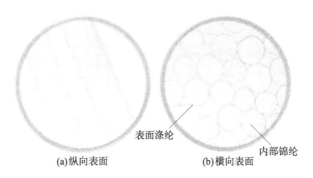

表面涤纶

内部锦纶

(a)纵向表面　　　　　　(b)横向表面

附图13　涤/锦复合纤维照片

二、市售去渍剂介绍

1.德国西施去渍剂

Purasol（绿瓶）：适用于清除一些油性化合物的前后期去污剂。可溶解胶水、油漆、清漆、油、蜡、润肤膏、沥青、指甲油、圆珠笔油、口香糖等。

Purasol挥发快，不会对醋酯化纤丝织品产生损坏。

Quickol（蓝瓶）：适用于清除一些油污类化合物的前后期去污剂。可溶解油渍、指甲油、口红、沥青、润肤膏、圆珠笔油、记号笔、鞋油、油脂、蜡、蛋黄酱、鱼肝油等。

Quickol对于时间久、难以去除的顽渍需要较长的反应时间。对于小的污渍，可用Quickol喷涂，污渍处理后再将清洗物放入洗衣机或手工清洗。

Lacol（紫瓶）：适用于油漆、清漆和胶水的去污剂。可溶解油漆、胶水、天然或合成树脂、动植物油脂或矿物油脂、指甲油、金属印泥、圆珠笔油、记号笔、口红、墨水、蜡或其他油性污渍。

注意：Lacol会破坏醋酯纤维、化纤、丝织品的颜色。

Frankosol（黄瓶）：适用于清除湿性污渍的去污剂。可去除糖、芥末、冰淇淋、霉斑、淀粉、蛋白质、蜂蜜、奶制品、绍酒、菜汁残迹、啤酒、污泥、色素、巧克力、尿渍等。

Cavesol（橙瓶）：适用于一些含有单宁类污渍的去污剂。可去除咖啡、茶、水果汁、香水、草汁、可乐、烟草、葡萄酒、药物等。

Blutol（红瓶）：适用于清除蛋白质类污渍的去污剂。可去除血污、刚沾上的蛋白、菜汁、鱼肉汁、奶制品、冰淇淋、巧克力、可可、汗渍、蛋黄酱、呕吐物等。

Colorsol（棕瓶）：适用于清除所有颜色污渍。可去除天然或合成颜色、口红、圆珠笔油、葡萄酒、芥末、鞋油、墨水、油墨、化妆品等。

Ferrol（黄色方瓶）：适用于去除铁锈。使用Ferrol去渍后必须要用碱性溶剂Blutol进行中和，并用清水或蒸汽将残留物从织物中清除。

注意事项：Purasol、Lacol、Quickol属含有溶解剂的产品，使用后要用清水或蒸汽清除残留物。出于安全考虑，切勿放入使用烃或硅溶剂的清洗机内。

污渍颜色识别及药剂使用次序见附表3。

附表3　污渍颜色识别及药剂使用顺序

	红色	绿色	蓝色	黄棕色	灰黑色	软性污渍	严重污渍
	口红	青草	蓝墨水	水果	石墨	蛋白质	机油
	红墨水	铜锈	复写纸	咖啡	涂料	牛奶	涂料
	红圆球笔油	芥末	**蓝圆球笔油**	茶叶	金属	啤酒	焦油
	红酒	菠菜	化妆品	可乐	磨损	**冰淇淋**	黏性油
	浆果	绿墨水	彩色笔	芥末	硝酸	呕吐物	指甲油
	化妆品	啤酒	油漆	尿液	湿气	肉汁	蜡油
	蜡剂	霉斑		烟草	碳纸	血液	清漆
	彩色笔			泥泞	鞋油	鱼肝油	润滑油
				染料	尘泥	巧克力	油漆
				锈垢	油烟	糖果	蔗糖
				刮痕	显影液	汗液	树脂
				香水	印泥	蜂蜜	
				药剂	碘酒		
				啤酒			
绿	●						●
蓝	●	●	●	●	●	●	
紫	●						
黄	●		●	●		●	●
橙						●	
红	●					●	
棕							
去锈迹	●						

2. 美国Wilson（威尔逊）去渍剂

TARGO（棕色玻璃瓶）：去油剂。可去除油渍、圆珠笔油、化妆品、油漆、唇膏、指甲油、沥青、彩色笔、乳胶漆等油性污渍。

QWIKGO（红瓶）：去蛋白质剂。可去除血渍、奶渍、脓渍、尿渍、汗渍、鱼肉汁、糖、巧克力、可乐、雪糕、冰淇淋、蛋清、酱油等含蛋白质类污渍。

BONGO（黄瓶）：去果汁剂。可去除果汁、咖啡、茶、饮料、啤酒、色酒等含单宁类污渍。

RUSTGO（白瓶）：去锈剂。可去除铁锈、碘酒渍。

YELLOWGO（大黄瓶）：除色剂。可去除圆珠笔油、广告色、复印机墨、墨汁等色渍。

3.英国嘉利临去渍剂

SPOT—GREEN绿宝：去除油漆、沥青、圆珠笔油、油墨等油类污渍。

SPOT—ONRED红宝：去除血渍、淀粉等类污渍。

SPOT—ONGTEY灰宝：去除圆珠笔油、墨水、染发水等色渍。

SPOT—ONYELLOW黄宝：去除茶渍、咖啡、墨水、青草等单宁色素类污渍。

SPOT—ONBLUE蓝宝：去除白色织物或敏感性织物上的油性污渍或难以辨认的污渍。

4.北京日光精细化工久朋去渍剂

绿瓶：去除咖啡、茶渍、葡萄酒、啤酒、草汁、芥末、果汁。

红瓶：血渍、蛋、奶质品、啤酒、糕点、食物残渣。

蓝瓶：去除墨水、墨汁、圆珠笔油、化妆品、染料、花汁色素。

黑瓶：去除油漆、油迹、油脂、柏油、蜡油、鞋油、口香糖、染发水。

黄瓶：去除铁锈及其他金属污渍。

【注意】在重磅真丝织物及金属织物上禁用。本品呈酸性，不宜接触皮肤，一经接触应尽快用冷水冲洗。

粉瓶（久朋氧漂粉）：去除血渍、茶渍、果汁、巧克力、咖啡、牛奶、葡萄酒、红墨水及可氧化性污渍。

【注意】使用时将本品以 1：10～1：20,50℃以上的水溶解后对衣物进行浸泡。

灰瓶：去除干油漆、胶、指甲油、焦油、蜡、涂料等。

【注意】本品挥发性强，去渍时要做好局部防挥发措施。

绿瓶（去油剂）：适合去除各种织物上沾污的动植物油、矿物油、焦油等污渍。

本品由多种高级表面活性剂组成，具有很好的分解油脂能力，且不留任何痕迹。一般情况下对有色织物安全，可放心使用，但对易掉色织物，建议做试验后，在确认安全的情况下方可使用。将本品滴于衣物油污处浸润几分钟后放入洗衣机内洗涤即可。

三、洗涤标识

国际通用洗涤标识见附表4。

附表4 国际通用洗涤标识

图标	说明	图标	说明
	悬挂晾干		不可滚筒洗涤
	阴干		可以滚筒洗涤
	平摊晾干		低温滚筒烘干
	滴干		中温滚筒烘干
A	可使用各种干洗剂洗涤		可以拧绞
P	可使用四氯乙烯干洗，无特殊要求		不可拧绞
P	可使用四氯乙烯干洗，轻柔、低温、不得加水		悬挂晾干
P	可使用四氯乙烯干洗，干洗时间要短		阴干
P	可使用四氯乙烯干洗，烘干温度要低		低温熨烫
P	可使用四氯乙烯干洗，不得加水		中温熨烫
F	使用氟类干洗剂洗涤，无特殊要求		高温熨烫
F	使用氟类干洗剂，小心洗涤		垫布熨烫
	可以干洗		可以蒸汽熨烫
	不可干洗		手洗，须小心操作

图形	说明	图形	说明
(手洗图形)	只能手工洗涤	弱 40	40℃洗涤液，机械弱洗
(搓板打叉图形)	不能使用搓板搓洗	40	40℃洗涤液，机械洗涤
手洗30 中性	使用30℃中性洗涤液，只能手工清洗	60	60℃洗涤液，机械洗涤
℃	只能手工洗涤	95	95℃洗涤液，机械洗涤
30	30℃洗涤液，手工洗涤	(打叉图形)	不可机洗
40	40℃洗涤液，手工洗涤	(三角形)	可以氯漂
40	40℃洗涤液，手工轻柔洗涤	Cl	可以氯漂
40	40℃洗涤液，手工轻轻洗涤	氯	不可氯漂
50	50℃洗涤液，手工轻柔洗涤	(打叉三角形)	不可氯漂
60	60℃洗涤液，手工洗涤	(熨斗图形)	可以熨烫
60	60℃洗涤液，手工轻柔洗涤	(打叉熨斗图形)	不可熨烫
70	70℃洗涤液，手工洗涤	(熨斗垫布图形)	垫布熨烫
弱	机械弱洗	(打叉蒸汽熨斗图形)	不可蒸汽熨烫

四、常见服装标志词汇中、英、日文对照表

中文	英文	日文
棉	cotton	綿、木綿、コットン
麻	linen	リネン
苎麻	ramie	ラミー、苧麻
亚麻	flax，cambric	亜麻
真丝	pure silk	本絹、シルク
桑蚕丝	mulberry silk	絹絲、シルク
柞蚕丝	tussah silk	柞蠶絲
羊毛	wool	羊毛、ようもう
羊绒	cashmere	カシミヤ
兔毛	rabbit hair	兔の毛、うさぎのけ
驼绒	camel's cashmere	ラクダの綿毛 らくだのわたげ
涤纶（聚酯）	polyester	ポリエステル
维纶	vinylon	ビニロン
腈纶	acrylic	アクリル
丙纶	polypropylene	アクリル繊維
锦纶	polyamide	ポリアミド繊維
尼龙	nylon	ナイロン
氯纶	polyvinylchloride	ポリ塩化ビニル
氨纶	spandex	スパンデックス
莱卡	lycra	ライカ
聚氨酯	polyurethane	ポリウレタン
黏胶纤维	viscose fibre	ビスコース
醋酸纤维	acetate fibre	エチルセルロース
人造丝	rayon	レーヨン
干洗	drycleaning	ドライ（クリーニング）
碳氢溶剂干洗	petroleum dry cleaning	セキュ系ドライ
水洗	wash	洗濯
机洗	machine wash	マシン洗う
手工水洗	hand wash	手洗

中文	英文	日文
浸泡	soak	ふやかす（浸す）
冷水	cold water	生水（冷水）
轻柔	soft，gentle	柔らかい（軽柔）
漂白	bleach	さらす（漂白）
甩干	spin	廻る（スピン）
烘干	tumble dry	乾燥
阴干	hang in cool place	陰干しにします
日晒	sun drying	太陽が照りつける（晒干）
铺平晾干	dry flat	平たい
低温熨烫	low iron	低い温度でアイロンを掛ける
中温熨烫	warm iron	中程度の温度でアイロンを掛ける
高温熨烫	hot iron	高い温度でアイロンを掛ける
常规	routine	恒例（こうれい）
禁止	prohibit	禁止、禁断、するな

五、世界各国合成纤维的商品名称对照表

纤维名称	国家	商品名称	中文译名
polyamide fibre聚酰胺纤维	中国	锦纶	锦纶
	美国、英国	Nylon	耐纶、尼龙
	英国	Celon	赛纶
	日本	Amilan	阿米纶
	意大利	Delfion	德尔菲翁
	法国	Polyfilbres	波利菲伯斯
	荷兰	Aknlon	阿库纶
	印度	Nilom	尼纶
	罗马尼亚	Dederon	德德纶
	波兰	Polana	波兰那
	比利时	Dorix	多里克斯
	匈牙利	Danulon	达努纶
	保加利亚	Vidlon	维德纶

续表

纤维名称	国家	商品名称	中文译名
polyester fibre 聚酯纤维	中国	涤纶	涤纶
	美国	Dacron	达可纶
	美国	Vycron	维克纶
	美国	Kodel	科代尔
	英国	Terylene	特丽纶
	英国、荷兰	Terlenka	特纶卡
	日本	Tetoron	帝特纶
	日本	Kuraray	可乐丽
	意大利	Leaster	利阿斯特
	意大利	Kalimer	卡利梅尔
	意大利	Terital	泰里塔尔
	印度	Terene	特纶
	法国	Tralbe	特拉尔贝
polyacrylonitrile fibre 聚丙烯腈纤维	中国	腈纶	腈纶
	美国	Orlon	奥纶
	美国	Acrilan	阿克利纶
	美国	Creslan	克丽斯纶
	美国	Zefran	泽弗纶
	英国	Courtelle	考特尔
	日本	Cashmilan	开司米纶
	日本	Exlan	依克丝纶
	日本	Nitlon	尼特纶
	日本	Vonnel	毛丽龙
	日本	Toraylon	东丽纶
	意大利	Crylene	克利纶
	意大利	Krylion	克里利翁
	法国	Crylor	克里洛
	罗马尼亚	Rolan	罗纶
polyvinyl alcohol fibre 聚乙烯醇纤维	中国	维纶	维纶
	美国	Vinal	维纳尔
	日本	Vinyion	维尼纶
	日本	Kuraion	可乐纶
	日本	Mewlon	妙龙
polypropylene fibre 聚丙烯纤维	中国	丙纶	丙纶
	美国	Hercuion	赫克纶
	美国	Marvess	马维斯
	英国	Spunstron	斯本斯特纶
	英国	Cournova	考诺瓦
	日本	Poiypro	波力普罗
	日本	Pylen	帕纶
	意大利	Merakion	梅拉克纶
	荷兰	Poiyfilene	波利菲纶

续表

纤维名称	国家	商品名称	中文译名
polyvinyl chloride fibre 聚氯乙烯纤维	中国	氯纶	氯纶
	美国	Voplex	沃普勒克斯
	日本	Teviron	帝维纶、天美龙
	意大利	Movyl	莫维尔
	意大利	Leavil	利阿维尔
	法国	Rhovyl	罗维尔
polyethylene fibre 聚乙烯纤维	中国	乙纶	乙纶
	美国	Agil	阿吉尔
	美国	Vectra	维克特拉
	日本	Platiion	普拉蒂纶
	澳大利亚	Perfil	珀菲尔
	法国	Oletene	奥莱唐
acetate fibre 醋酸纤维	中国	醋酸纤维	醋酸纤维
	美国	Acele	阿西尔
	日本	AtlonAcetat	阿特纶
	法国	Albene	阿尔本
	英国	Dicel	代赛尔
	英国	Lansil	兰锡尔
polyurethane fibre 聚氨基甲酸酯纤维	中国	氨纶	氨纶
	美国	Spandex	斯潘德克斯
	日本	Uryion	乌利纶
	美国	Lycra	莱克拉、莱卡、拉架
	美国	Vyrene	瓦伊纶